中南财经政法大学一流学科建设项目“中国形态的生态文明理论与中国生态文明发展道路研究”（21123541819）

生态文明与绿色发展研究报告

（2020）

RESEARCH REPORT ON ECOLOGICAL CIVILIZATION AND GREEN DEVELOPMENT (2020)

王雨辰　主编

中国社会科学出版社

图书在版编目（CIP）数据

生态文明与绿色发展研究报告. 2020 / 王雨辰主编. —北京：中国社会科学出版社，2020. 9

ISBN 978 - 7 - 5203 - 6586 - 4

Ⅰ. ①生…　Ⅱ. ①王…　Ⅲ. ①生态环境建设—研究报告—中国
Ⅳ. ①X321. 2

中国版本图书馆 CIP 数据核字（2020）第 092833 号

出 版 人　赵剑英
责任编辑　杨晓芳
责任校对　张　婉
责任印制　王　超

出　　版　中国社会科学出版社
社　　址　北京鼓楼西大街甲 158 号
邮　　编　100720
网　　址　http://www.csspw.cn
发 行 部　010 - 84083685
门 市 部　010 - 84029450
经　　销　新华书店及其他书店

印　　刷　北京君升印刷有限公司
装　　订　廊坊市广阳区广增装订厂
版　　次　2020 年 9 月第 1 版
印　　次　2020 年 9 月第 1 次印刷

开　　本　710 × 1000　1/16
印　　张　17. 25
字　　数　292 千字
定　　价　99. 00 元

前　言

“生态学马克思主义”与“生态文明理论与实践问题”研究是中南财经政法大学哲学院哲学学科重要的研究方向和研究领域。近年来，学院承担相关国家社科基金重大课题、一般课题、教育部和省部级社科基金课题10余项，在人民出版社、中国社会科学出版社等出版社出版“生态学马克思主义”和“生态文明理论与实践问题”的论著近20部，论著先后获得教育部高校人文社会科学奖二等奖。湖北省社会科学优秀成果奖一、二、三等奖、武汉市优秀社会科学成果奖一、二等奖等。中南财经政法大学哲学院是我国学术界研究“生态学马克思主义”的重要研究机构，具有重要的学术地位和学术影响。而中南财经政法大学在生态经济学、环境法学、绿色会计等研究领域也具有深厚的学术积淀。为了整合全校的研究资源，推进对生态文明理论与实践问题的研究，形成学校学科的核心竞争力和学科特色，在学校的支持和推动下，我们不仅组建了由哲学院、经济学院等学院研究人员构成的“生态文明与绿色发展研究中心”学术研究机构，还投入了大量研究经费，先后确立了中长期研究课题“马克思主义生态文明理论及其当代价值”以及交叉创新研究课题“新时代中国特色生态治理体系和治理能力现代化研究”等，并不定期举办全国性学术会议。从2020年开始，哲学院和“生态文明与绿色发展研究中心”决定每年出版一本《生态文明与绿色发展研究报告》，力图通过课题研究、学术交流和研究报告的出版，进一步提高我们的理论研究水平，促进学科特色的形成和学科的竞争力的提升，并力图为建构中国形态的生态文明理论和中国生态文明建设做出我们力所能及的贡献。

这本《生态文明与绿色发展研究报告》就是2019年由全国当代马克思主义研究会、中国社会主义生态文明研究小组、中南财经政法大学、《武汉大学学报》（哲学社会科学版）编辑部发起，由哲学院和“生态文明与绿色发展研究中心”承办的“生态治理与中国生态文明发展道路”学术研讨会的部分成果，会议的顺利召开不仅得到了我校校领导的大力支持，而且也得到了兄弟院校师友的鼎力帮助。本书的编辑出版得到了中国社会科学出版社杨晓芳女士的大力支持和帮助，在此一并致谢！

王雨辰

2020 年 5 月 25 日

目　录

上编　中国形态的生态文明理论研究

下编　生态治理理论与区域生态治理研究

上编

中国形态的生态文明理论研究

人与自然“主奴关系”形态向平等秩序的转型*

——对人与自然和谐共生方略的哲学思考

曹孟勤**

党的十九大报告提出，新时代中国特色社会主义必须坚持人与自然和谐共生方略，建设美丽中国，为全球生态安全做出贡献。由此，人与自然和谐共生方略作为中国生态文明建设的基本理论和永续发展的大计摆在了中国人面前，并成为新时代中国特色社会主义生态文明建设的基本原则和实践要求。人与自然和谐共生方略具有广泛的世界意义，人们可以从不同视域对其价值进行解读，但从哲学向度来看，人与自然和谐共生思想所蕴含的普遍意义首先是，开启了对人在自然世界位置中的一种新的解读，实现了人与自然由“主奴关系”向公平正义秩序的转型，以及在此基础上遵行人与自然共生共荣的生产模式。

一　人与自然的“主奴关系”形态

自人类诞生并有自我意识以来，确认人在自然世界中的位置，建构一种合理而正当的人与自然关系，就成为历代人锲而不舍的追求。之所以如此，是因为人在自然世界中的位置问题，牵涉到人对整个自然世界的根本看法，属于哲学世界观范畴。人在自然世界中的位置不同，对待自然世界的基本态度、所承担的道德责任，以及改造自然世界的方式也不尽相同。尽管不同国家、不同民族，以及不同时代，对人在自然世界中的位置有不同的体认，但每个国家、每个民族和每个时代都必定有自

* 本文为国家社科基金重大专项课题“人与自然和谐共生的理论创新与中国行动方案”（18VSJ014）阶段性成果。

** 曹孟勤：南京师范大学公共管理学院教授。

己对自然世界的根本看法，有自己普遍认可的人与自然世界关系。因此，设置人在自然世界中的位置，是人类确定如何与自然世界打交道的一个普遍而根本的问题，必定为历代人所重视。从人类发展的历史向度来看，对人在自然世界中位置的设定有两种基本形态：一是将人摆置在自然世界之下，形成自然神圣、自然支配人的根本看法，属于自然中心主义立场；二是将人摆置在自然世界之上，形成现代人控制自然的根本观念，属于人类中心主义立场。然而，无论是将人摆置在自然世界之下，还是将人摆置在自然世界之上，均属于人与自然分裂对立的二元论世界观，属于人与自然关系的"主奴式"建构，未能找到人在自然世界中的恰当位置。

在前工业社会时期，古代人不能从科学上理解大自然发生的风雨雷电、生老病死、福祸灾喜等种种现象，以及受到改造自然界能力的限制，致使古人总感到自然世界对人具有无上的威力，自然世界掌控万物生长的能力和整体运行秩序，以致于古人认为人类智慧是无法觊觎的，从而自觉或不自觉地将自然世界凌驾于人类之上。对人在自然世界中位置设定的理论形态属于哲学，每个时代对自然世界的根本看法就呈现在哲学世界观上。西方古希腊人的哲学世界观属于宇宙本体论，无论是朴素唯物主义，还是朴素唯心主义都追问的都是，决定自然宇宙运行秩序的根本是什么？万事万物生成毁灭的根据是什么？然而，正是这样一种理解自然世界的思维方式，决定了古代人必然将自然世界分裂成为两个对立的存在，其中一个存在必然决定和支配另一个存在。古希腊哲人经过爱智慧的思考而普遍相信：自然宇宙本身是一个有生命、有灵魂的存在，她在为自身制定存在法则的同时，也为包括人类在内的所有自然万物制定生存秩序，因而自然世界本身被视为本体、本原，视为唯一永恒不变的存在；自然万物作为从自然世界本身中生成出来的生成物则是"有死者"、可变化的现象存在。本体统摄现象、规定现象和决定现象，现象则要依据本体而生、依据本体而在，用自身的生成变化显现本体的存在。泰勒斯（Thales）的"水"，阿那克西美尼（Anaximenes）的"气"，赫拉克利特（Heraclitus）的"火"，德谟克利特（Leucippus）的"原子"，柏拉图（Plato）的"理念"，亚里士多德（Aristotle）的"实体"，斯多葛学派的"自然"等，都是作为决定世界存在的本体提出来的，它们代表自然宇宙生成一切，决定一切。人作为有死者，与自然万物的存在一样，同样被作为本体、本原的自然世界统摄、主宰。如赫拉克利特强调万物都是根据“逻各斯”生成的，因此他教导人们，千万“不要听我的话，而要听从逻各斯，承认一切是一才是智慧”①。对此黑格尔（Geog Wilhelm Friedrich Hegel）认为，“逻各斯”表达的是自然宇宙的普遍必然性和命运，听“逻各斯”的话，就是要求人们要认识和理解自然世界的普遍必然性和事物存在的命运，并依照普遍必然性和命运而想一切事和做一切事。晚期希腊哲学的斯多葛学派则明确提出“顺应自然而生活”，如塞涅卡（Lucius Annaeus Seneca）告诫人们：要听从自然的指导，不要远离自然，根据她的法则和模式塑造我们自己，这才是真正的智慧。斯多葛学派所谓的“自然”，既是自然世界的灵魂、宇宙之神和主宰者，又是自然世界的“逻各斯”、宇宙理性，同时还是自然世界运行秩序和普遍法则，而人作为仅仅是分有宇宙之神火的一朵火花，其命运必然由自然世界秩序和普遍法则主宰，因而只有顺应自然、合乎自然而生活才是道德合理的好生活。法国哲学家吕克·费希（Lnc Ferry）在研究古希腊人的“好生活”观念时，对自然宇宙的神圣力量左右古希腊人生活的观点进行了深入论证：“大部分古希腊思想家都将关于‘好生活’的问题与世界的总体秩序、宇宙整体相提并论，而不像我们今天这样往往只把该问题与主观性、个人满足感或者个体的自由意志相联系。柏拉图、亚里士多德乃至斯多葛等哲学家都理所当然地认为，美满生活以意识到自己从属于一个‘外在于’并‘高于’我们每个人的现实秩序为必须条件。”②当代伦理学家汉斯·约纳斯（Hans Jonas）对西方古人的世界观总结道：“对于宇宙的虔敬，也是对于人作为其中之一部分的那个整体的崇敬。人要在一生的行为中保持与宇宙之适当关系，其中的一个方面就是要承认并服从自己作为一个部分的这种地位。这是基于更大的整体来解释他的存在，这个更大整体的完美在于它的所有部分的整合。在这个意义上，人的宇宙虔敬乃是让他自己的存在臣服于比他更完美者以及万善之源的要求。”③

无独有偶，中国古代人在其语境下对人与自然世界的关系表达了同样的看法。中国古代人往往用“天”代表自然世界，泱泱大国几千年，中国古人始终萦绕在“天”之下而存在、而生活，“天”被赋予了主宰一切、

---

① 汪子嵩等：《希腊哲学史》第1卷，人民出版社1988年版，第465页。

② ［法］吕克·费希：《什么是好生活》，黄迪娜等译，吉林出版集团2010年版，第19页。

③ ［德］汉斯·约纳斯：《诺斯替宗教》，张新樟译，上海三联书店2006年版，第226页。

统摄一切的本体地位。所谓“天命不可违”，如果违背了“天命”，便会引起“天怒”、遭到“天谴”等，这便是对万能之“天”的本体地位的写照。虽然中国古代人也提出“天人合一”的思想，但“天”的至高、至圣地位是人无法撼动的。孔子提出“君子有三畏，畏天命、畏大人、畏圣人之言”，就是将“天命”置于敬畏的对象。在老子确认的“人法地、地法天、天法道、道法自然”的规则中，毫无疑问地将“自然”视为凌驾于万物之上的“道”，人只能通过效法“道”、效法“自然”，才能赢得自己的合理性存在。

西方近现代哲学改变了古希腊哲学宇宙本体论传统，而一跃成为认识论。哲学认识论主要探究人的思维能否正确把握自然世界、获得真理性知识问题。近现代哲学认识论的出现，彻底颠覆了古代哲人将自然宇宙置于人之上的思维习惯，形成了将自然宇宙置于人之下的哲学思维模式。哲学认识论彻底完成了对自然宇宙的祛魅，将人置于自然世界之主人的位置。因为要发生认识，必须要有认识者和认识的对象。在这个世界上能够进行认识的存在物只能是拥有理性的人，因而人作为认识者是认识的主体；被认识的对象是认识的客体，从自然科学维度来说，作为认识对象的只能是自然世界。由此一来，自然世界就从神秘的圣坛上跌落下来，仅仅作为自然物、作为认识对象而存在，而人作为认识主体成为支配自然世界的存在。因为从认识原理来说，认识主体规定着认识对象的显现并成为认识对象的存在根据，认识者认识什么，怎样进行认识，获得什么样的真理性知识，要受到认识主体自身的影响。康德（Immanuel Kant）经过对纯粹理性的批判而明确道出了认识论的本质，即认识自然世界就是人为自然立法。这表明，哲学认识论内在蕴含着征服自然、担保人成为自然之主人的逻辑张力。弗兰西斯·培根（Francis Bacon）提出“知识就是力量”意在表明，当人拥有了对自然的知识时，就能够对自然拥有权力，因为力量是权力的象征。存在主义哲学家海德格尔（Martin Heidegger）就将作为哲学认识论之实现载体的自然科学研究，视为对自然世界的一种“摆置”，即人成为认识主体之际，自然世界就必然成为摆置在人面前并被人摆置的一幅图像。现象学哲学家舍勒（Alfred Schütz）则认为，现代自然科学实际上是一门控制自然的控制学，自然科学“把世界设想为价值中立的，这是人为了一种价值而为自己确定的任务，这种价值就是主宰和支配事物的生命价值”①。

古代宇宙本体论内在蕴含的逻辑是将人置于自然宇宙之下，强调人对自然宇宙的敬畏与屈从，近现代认识论所内在蕴含的逻辑是将人置于自然宇宙之上，主张自然世界向人类俯首称臣。尽管二者表面看来处于对立位置，本质上却存在共谋，即将人与自然的关系建构成为一种“主奴式”的等级秩序。这样一种不平等的人与自然关系秩序本身是不合理的，人与自然压迫与被压迫关系本身也是不和谐的。当人匍匐于自然宇宙脚下时，人类自我就不能获得自由和解放，人的自我价值无法张扬和展示，自我的正常需要不能得到满足，只能委屈存活于自然世界之中而听天由命，不敢积极开发自然资源。就像斯多葛学派所认为的那样，人的命运就“好比一条狗被拴在一架车上，当它情愿遵从时，它拉车；当它不情愿遵从时，它被车拉”。反之，当自然宇宙完全被踩在人脚下而屈从于人的权力意志时，人就会以自己的主观偏好作为自然万物的尺度，疯狂向自然界索取，对自然世界胡作非为，根本不顾及恩格斯（Friedrich Engels）所说的自然界对人的报复能力。就此而言，无论是人做自然世界的奴隶，还是做自然世界的主人，都没能给人在自然世界中确定一个合理的位置，没有把捉住人与自然的本然关系，其结果不仅给人自身，也给自然世界带来了不幸和灾难。

二 对人与自然关系的平等建构

保护自然环境，建设生态文明，根本前提是准确定位人在自然世界中的位置，摆正人与自然的关系。一种合理而正当的人与自然关系，才能够生成一种合理而正当的对待自然世界的态度和行动。党的十九大报告提出的人与自然和谐共生的方略，超越了人与自然关系的“主奴式”结构，建构起一种平等的新型人与自然关系秩序，为人们对自然世界形成合理的道德态度和采取恰当的实践活动奠定了基础。

人与自然和谐共生思想的关键是“和谐”，唯有人与自然关系和谐，才能使人与自然共生。人与自然关系和谐是基础，人与自然共生是现实结果。那么，什么是人与自然的和谐关系呢？从党的十九大报告来看，建立在平等主义地平上的人与自然关系才是和谐关系，即人与自然和谐关系是

① ［加］威廉·莱斯：《自然的控制》，岳长龄等译，重庆出版社1993年版，第98页。

人与自然平等基础上生成的和谐关系。党的十九大报告所确认的“人与自然是生命共同体”的命题，是解读人与自然平等和谐关系的钥匙。人与自然是生命共同体，意味着人与自然是生命统一的整体。人与自然在生命的意义上融合为一体，其内在意蕴的指向是：人既不在自然世界之下，也不在自然世界之上，而是人在自然世界之中，自然世界在人之中。人与自然彼此融入对方之中，才能是一个整体，才构成一个整体。所谓人与自然彼此融入对方中，指认的是人与自然相互影响、相互制约、相辅相成、互惠互利，彼此不可分裂。“人在自然世界之中”是说，人的生命和本质对象化到自然世界之中，自然世界成为人本质的对象化、成为反观自照自身的对象性人。“自然世界在人之中”所指的是，自然世界的生命对象化到人之中，人把自然世界普遍本质内化为自我意识，完成人的自然化，从而使人成为自然世界的代表和象征，成为自然世界普遍法则的表征者和执行者。当人内在于自然世界之中、自然世界内在于人之中，即人与自然在生命与本质上融合为一个整体，达成“人即自然、自然即人”的境界与状态时，人与自然关系的主人与奴隶、中心与边缘、本体与现象的等级结构秩序的建构不再成为可能，人与自然的“主奴关系”秩序理所应当随之被宣告为非法，由此生成的人与自然关系只能是且必然是平等的关系。人与自然建构起平等的关系秩序，人与自然真正意义上的和谐关系才能得以呈现出来。支配与被支配、控制与被控制的“主奴关系”不可能是和谐的。如果一定要把等级秩序说成和谐，那也是非正义的和谐、非正当的和谐。

人与自然的平等和谐关系，符合当今生态学所认定的生态事实。生态学揭示了自然世界存在的一个普遍现象或生态事实，在生命和生命之间，生命与周围环境之间存在着相互影响、相互作用、相互制约的关系，它们通过物质、信息、能量的交换构成一个和谐的生态存在状态。在所有生命之间并不存在什么等级秩序，生态概念本身在一定意义上就表达着自然万物之间的平等和谐。无论是微生物、植物，还是食草动物、食肉动物，都是生态系统中的一个不可或缺的基本环节，它们要么是作为“生产者”而存在，要么是作为“消费者”而存在，要么是作为“还原者”而存在，对生态系统来说它们具有同等重要的价值，缺少哪一部分都会造成生态系统的崩溃和自然世界大厦的坍塌。那种将自然万物划分为“高级的”存在、“低级的”存在，在自然世界中建构起等级秩序的行为，纯粹是将人类不平等的等级主义观念运用于自然世界之中。人与自然的关系同样是一种生态关系，人类作为生态系统中的一个成员，同样与自然万物、与周围之一自然环境构成相互制约的关系。尤其是人类作为自然世界中最晚出的成员，对自然世界的依存性更强。自然世界可以没有人类，但人类不能没有自然世界。没有人类的自然世界仍然可以生机盎然，但没有自然世界的人类将面临毁灭。生态科学充分描绘出了自然世界的生态景观，给出了自然万物之间的相互关联而构成平等和谐存在的基本事实，人与自然和谐共生的理念则是对这一生态事实的哲学概括，它充分表明了人与自然因平等而和谐的基本关系。

人与自然的平等和谐关系，不仅符合生态学事实，还充分体现了辩证唯物主义哲学立场和当今世界哲学发展新趋势。在马克思（Karl Heinrich Marx）的哲学视域里，人与自然不仅不是对立的存在，更是统一的存在，人与自然本来就是一种相互影响、相互制约、相互依存的关系。如马克思强调“人创造环境，同样，环境也创造人”[①]，虽然这里的环境不完全是指自然世界，但包含自然世界确是无疑的。在马克思视域中，未来共产主义社会“是人同自然界的完成了的本质统一，是自然界的真正复活，是人的实现了的自然主义和自然界的实现了的人道主义”[②]。马克思始终坚持，脱离了人的自然界属于无，属于抽象性的自然界；脱离了自然界的人，同样也属于无，属于抽象性的人。由此可以证明，辩证唯物主义关于人与自然关系的对立统一性和相互制约性观点，决定了人与自然相互之间必然处于平等地位。因为对立统一本身就意味着对立双方具有相互依存性，人离不开自然，人依存于自然世界之中；同样的道理，自然也离不开人，因为离开了人，自然世界的所有存在及其价值就根本不能得到显现，甚至自然世界是存在还是不存在，根本上是不可知的。辩证法创始人赫拉克利特就强调和谐产生于对立的东西之中，“相反的力量造成和谐，就像弓与琴一样”[③]。正因为相反，才能相成；正因为对立，才能统一。对立产生统一，而统一本身则意味着对立双方成为一个不可分割的整体，成为一种平等和谐的存在。有人说自然科学研究发现，人是最晚出的存在，在人出现以前自然世界早就存在上万年了，但是我们一定要注意，当科学研究得出这种

---

① 《马克思恩格斯选集》第1卷，人民出版社1995年版，第92页。

② 苗力田主编：《古希腊哲学》，中国人民大学出版社1989年版，第41页。

③ 中共中央文献研究室编：《习近平关于社会主义生态文明建设论述摘编》，中央文献出版社2017年版，第8页。

结论时，前提是有了人，有了科学家对自然世界的研究。人与自然平等和谐思想不仅在马克思那里存在，还成为当今世界哲学研究的新趋向。现象学创始人胡塞尔（Edmund Gustav Albrecht Husserl）指证，欧洲现代科学发生了严重危机，即将整个自然世界彻底数学化和物理学化，要消除现代科学的危机，就必须回归“生活世界”，而胡塞尔的“生活世界”概念则是一种意向、一种现象学直观，即人与自然原初融合为一体的存在状态。在此基础上，存在主义哲学大师海德格尔强调“此在”与“存在”的共在。海德格尔的“此在”概念，指的是人，这个人不是一个普遍性的人，而是一个生活在“此”的人，即生活在一个具体时空范围内的人。而海德格尔的“存在”概念则是与古希腊原初的“自然”含义等同，即“涌现”出来。所谓“此在”与“此在”共在，即人与自然世界只有融为一体，才能使自己真正涌现出来。在海德格尔后期思想中，其“存在”概念发生某种含义的转变，“存在”概念指认的是天、地、人、神平等的共舞和共在。在当今的世界哲学中，人与自然平等和谐、人与自然是生命共同体，已经成为基本信念。

人与自然平等和谐关系，还与伦理学发展的最新愿景相一致。随着全球性环境保护运动的高涨，伦理学本身发生了一场深刻的革命，由原来的仅仅局限于人与人的关系范围扩展到人与自然关系方面，形成了环境伦理学或生态伦理学，自然万物和自然环境本身亦成为道德关怀的对象。环境伦理学中的动物解放论、动物权利论，敬畏生命论和尊重自然的伦理学，以及大地伦理学、罗尔斯顿（Rolston）的环境价值论、深层生态学，尽管在这些理论中存在着各式各样的问题和尚需完善的不足，但他们都共同坚持人与动物、人与所有生命、人与自然万物之间存在着权利上或价值上的平等，不坚持这种基本道德理念，就会犯“物种歧视主义”的错误。即使是人类中心主义环境伦理学，主张将人类的利益作为环境伦理的形而上学基础，但他们也不否认人与自然之间存在着平等关系。那种主张人是自然世界主人的现代性观念，已经被当今的人们抛弃。人与自然平等和谐不仅在环境伦理学中如此，即使在当今的西方基督教伦理学中也如此。古斯塔夫森神学家所著的《人在世界中的位置及其责任》一书，在基督教神学界产生了较大影响，该著作的基本观点是，人与自然世界是一个整体，人与自然和谐整体秩序是整个世界的应有秩序，人的责任就是看管这种秩序、维护这种秩序。由此可见，人与自然平等和谐已经成为深入人心的伦理学基本理念和最新愿景，人与自然平等和谐秩序是当今负责任存在的人类必须维护的秩序。

三 人与自然的共生共荣

人生活在自然世界之中，必然要加工改造自然界，寻求过上生活富足、精神愉悦的美好生活，这是人的不可剥夺的神圣权利，也是至善的目的性追求。然而不同时代的人，将自己摆置在世界中的位置不同，会形成不同的对待自然界的基本态度，不同的道德责任，以及不同的改造自然界方式，其结果必然会造成不同的生活方式和生活状态。

在古希腊和中国传统社会，古人将自身摆置在自然世界之下，让自然世界宰制自己，从而形成了一种恐惧自然的道德态度，产生了只对自然世界负责的道德责任和对自然世界不敢有所作为的行为方式。猎人上山打猎之前，先要祭拜山神；渔民出海打鱼之前，先要祭拜海神；农民播种和丰收时，都要祭拜土地神、谷神等。古代人在改造自然世界的过程中，之所以没有发展出现代性的改造自然的工具和能力，除了认识能力和生产能力低下之外，更主要的是因为他们畏惧自然和不敢有所作为的消极心态，他们生怕引起大自然的愤怒而遭到“天”遣，结果失去了发展自己认识能力和生产能力的动机和兴趣。古人要求与“天”保持一致，与自然世界保持一致，努力做到听“逻各斯”的话，向往近神而居，其最后的逻辑结果只能是对大自然战战兢兢，抑制自己的生活需求，形成相对意义上的物质贫乏和生活贫困的局面。在古代社会，自然世界虽然保持了较强的自为性状态，显得郁郁葱葱，但人却付出了压抑享受幸福欲求的代价。当然，有人会说，古代人有古代人的幸福观，古代人的生活在古代人看来就是好生活，就是幸福生活。不可否认，古代人可能感到他们的生活很幸福，但从历史发展的向度来看，古代人相对于现代人来说，他们的生活仍然是贫乏的，如果我们赞同人类社会是不断进步、生活变得越来越美好的观点，那么，现代社会超越古代社会，就足以证明古代社会的生活是贫乏的、幸福不足的。

近代发生在西方的启蒙运动，彻底颠覆了古代人在世界中的位置，而一跃将自然踩在脚下，把自身摆置在自然之上。在这种人本主义世界观支配下，近现代人形成了征服自然的道德态度，如弗兰西斯·培根提出“知识就是力量”，康德主张“人为自然立法”；产生了只对人自身负责而不对自然负责的道德责任，如现代道德观认为，道德只能局限于人与人之间，因为在这个世界上唯有人拥有理性，自在的是目的，其他自然存在物仅仅是实现人之目的工具，不可能对其发生任何道德关怀；生成了只按照自己主观偏好对自然世界胡作非为的行动方式，如现代人只追求自己在物质丰饶纵欲无度，战天斗地，根本不顾及自然界的死活。在现代社会中，人们的物质生活得到了极大的提高，但自然界却遭到了严重的破坏，生态危机成为当代人不得不喝的苦酒。

无论是古代人的生活贫困，还是现代人的骄奢淫逸，都属于不正常、不合理的人类生活方式，理应遭到社会正义的拒绝和禁止。因此，建构人与自然的平等和谐关系，真正成就人类美好生活，就成为人类社会发展不得不做出的有理性的选择。人与自然平等和谐关系，将人摆置在与自然世界生命一体、与自然万物平等存在的位置，如中国古人庄子所言，“天地与我并生，万物与我齐一”。当人与自然的关系在世界观高度不再分彼此时，关心自己必然关心自然，关心自然必然关心自己，其实践结果就会合乎逻辑地带来人与自然的共生共荣。所谓人与自然共生共荣，是指人与自然共同存在、共同繁荣、协同进化。人与自然共生共荣是对人与自然和谐共生方略中的“共生”的解读，唯有人与自然的平等和谐，才有人与自然的共生共荣。人与自然平等和谐是生态文明时代产生的世界观，人与自然共生共荣则是生态文明世界观的实践后果和外在形态。

为什么人与自然平等和谐关系，能够带来人与自然的共生共荣呢？同以往的人与自然“主奴关系”比较而言，人与自然平等和谐关系彰显了人与自然万物拥有相同道德地位的伦理价值，其实践指向必然生成一种新型的、充分体现平等主义伦理精神的对待自然的道德态度、道德责任和行为方式。这种体现平等主义伦理精神的新型道德态度就是党的十九大报告提出的“尊重自然、顺应自然、保护自然”。人与自然和谐平等关系本身就内在蕴含着对自然的尊重，唯有人与自然平等，才有对自然的尊重。既然古代人畏惧自然和现代人支配自然不是人类对待自然应有的道德态度，那么，人与自然和谐共生所倡导的尊重自然、顺应自然、保护自然就理所应当是人对自然界道德态度的正确选择。人与自然平等是尊重自然的内在根据，尊重自然则是人与自然平等的外在显现。这种体现平等主义伦理精神的新型道德责任就是强调人与自然融为一体，现实自然界就必然成为人本质的存在和象征，成为对象性的人，由此合乎逻辑的结论必然是：自然美就是人性美，自然恶就是人性恶，像对待自己的生命一样对待自然就成为人不得不承担的道德责任。如果说人类只对自然负责任而不对自己负责任，或者只对自己负责任而不对自然负责任，都不是人类应有的道德责任，那么既对自己负责任，又对自然负责任，就是人类道德责任的应当。这种体现平等主义伦理精神的新型实践方式就是党的十九大报告所说的“坚定走生产发展、生活富裕、生态良好的文明发展道路”。人与自然和谐平等关系，内在规定着人与自然互助、互利、互荣的相互依存性，人们在满足自己不断增长的物质需求同时，又要还自然界宁静、和谐、美丽，才能从根本上担保人类过上美好生活。如果说对自然不敢有所作为和对自然胡作非为是人类不合理的生产生活方式，那么对自然有所作为且不胡作非为就是人类加工改造自然界的恰当方式。人类文明进步发展的最终趋势是自我完善，从必然王国走向自由王国，即不断反思和批判以往一切存在的不合理性，使人类文明越来越趋向合理和完善。当人们对待自然的道德态度、承担的道德责任、改造自然界的方式趋于合理之时，人与自然的共生共荣就会自然而然地呈现出来。人与自然和谐共生思想，作为当代人有理性的价值选择，显现着当代人决心要为自己在自然世界中的存在谋划一种合理而正当的位置，以用一种合理而正当的道德态度和行为方式同自然世界打交道，真正成就人类对美好生活的愿景。

论建构中国生态文明理论话语体系的价值立场与基本原则

王雨辰*

生态文明作为超越工业文明的新型文明形态，在哲学世界观、文化价值观、发展方式和人的生存方式等问题上都有别于工业文明。正是对工业文明发展所造成的生态危机的反思，形成了当代西方以生态中心论为基础的“深绿”生态思潮、以现代人类中心论为基础的“浅绿”生态思潮和以马克思主义为基础的“红绿”生态思潮。中国的生态文明理论研究开始于20世纪90年代初对西方生态思潮的引进和评介，并呈现出借鉴或认同“生态中心论”和“现代人类中心论”，建构中国生态文明理论的发展趋势。进入21世纪以后，随着中国学术界对“红绿”生态思潮，特别是对生态学马克思主义研究的深入，国内学术界开始挖掘、整理马克思主义生态文明理论，并提出了建构以马克思主义理论为基础的中国形态的生态文明理论体系的主张。由于任何理论体系都必须最终以话语体系表达出来，而任何一种生态文明理论都是秉承一定的价值立场建构出来的，这实际上给我们理论工作者提出了一个重要任务，即建构中国生态文明理论话语体系应秉承何种价值立场，应遵循何种基本原则，而这正是本文力图探讨的问题。

一 “西方中心论”和“非西方中心论”的生态文明理论话语体系

所谓话语体系，就是借助建立在一定经济基础和历史文化传统基础上的语言、文字、概念，表达一个民族、国家的特定价值诉求和人们之间交往的彼此接受、理解和评价的理论体系与工具。这就决定了任何一种话语

* 王雨辰：中南财经政法大学哲学院教授。

体系都必然包含话语主体、话语主体的价值立场，以及不同话语主体之间如何对话的问题和如何获得话语主导权的问题。把上述话语体系的界定落实到当代生态文明理论研究中，我们可以把当代各种不同的具体理论大致分为“西方中心论”和“非西方中心论”的生态文明话语体系。具体说：“深绿”和“浅绿”的生态思潮属于“西方中心论”的生态文明话语体系；以马克思主义为基础的“红绿”生态思潮则属于“非西方中心论”的生态文明话语体系，这是由他们对生态危机根源的不同诊断和其理论服务的对象决定的。

在如何看待生态危机的根源问题上，“深绿”和“浅绿”生态思潮都脱离社会制度和生产方式，把生态危机的根源归结为人类生态价值观的缺失，实际上把生态问题简单地归结为一个价值观问题，而不去探讨人类和自然界之间实际的物质和能量交换过程，“忽视了社会思想与自然—物理环境之间的联系，因此，切断了社会理论与对人类和自然关系反应之间的真正联系”[①]，不了解人类正是在一定的社会制度和生产方式下，通过劳动实践与自然界展开物质与能量交换过程。这也意味着要真正把握生态危机的本质，必须联系社会制度和生产方式展开分析，所谓生态价值观只能对生态危机起到增强或弱化的作用。从生态危机的发展历史看，生态问题根源于资本主义的现代化。马克思、恩格斯在《共产党宣言》和《德意志意识形态》等一系列著作中做过分析。在他们看来，资本主义现代化的根本目的是使资本获得利润。在利润动机的支配下，资本不仅消耗和破坏本国的自然资源和生态环境，最终造成了人类与自然物质与能量交换关系的裂缝，而且必然要向外不断扩张，以开拓世界市场。资本早期是通过殖民落后国家，掠夺其自然资源，把落后国家纳入资本主义体系中，既使之成为资本生产的原材料供应基地，也使之成为资本所生产的产品的倾销之地。其结果是一方面导致了落后国家封建社会生产关系的瓦解；另一方面也导致了对落后国家自然资源的掠夺使用和环境的破坏。从生态危机的现实看，资本在通过资本全球化和资本的空间生产获取利润的同时，利用其支配的不公正的国际政治经济秩序和国际分工中所处的有利地位，迫使落后的发展中国家以低价向发达国家出卖自然资源，提高落后的发展中国家所

---

① ［美］约翰·贝拉米·福斯特：《马克思的生态学：唯物主义与自然》，刘仁胜等译，高等教育出版社2006年版，第22页。

需要的工业品的价格，剥削和掠夺发展中国家的自然资源。不仅如此，资本为了获得高额利润和转嫁生态危机，还把具有高污染的产业转移到发展中国家，破坏落后国家的生态环境，造成了生态危机的全球化发展趋势。正因为如此，“富国对过去的大多数排放负有责任，而发展中国家却最先也最严重地受到冲击”①。但是，“深绿”和“浅绿”生态思潮却撇开资本主义制度和生产方式，单纯从抽象的价值观维度探讨生态危机的根源，客观上为资本起到了推卸其应当为生态治理承担责任的作用，其本质是以资本为基础的“西方中心主义”的生态思潮。

在生态文明理论服务的对象上看，“深绿”生态思潮把生态危机的根源归结为人类中心主义价值观，以及建立于其上的科学技术，强调“地球优先论”，认为生态文明建设就是要拒绝科学技术的运用和经济增长，实际上把生态文明的本质理解为人类屈从于自然的生存状态。“深绿”生态思潮的这种主张导致了拒斥人类哪怕为了生存而利用和改造自然的激进环保运动，不懂得穷人的基本生活需要得不到满足，就必然会以破坏自然的行为维系其生存，其理论具有反工具理性、反现代性的后现代色彩，其理论目的本质上是维系中产阶级的既得利益；“浅绿”生态思潮虽然认为生态文明建设必须以科技进步和经济增长为基础，但他们所标榜的人类中心主义价值观并不是维护人类真正的整体利益和长远利益，而是为了资本的利益，他们所说的人类中心主义价值观本质上是资本中心主义价值观、地区中心主义价值观，他们所说的生态文明建设本质上是维护资本主义再生产的自然条件，其目的是维系资本主义经济的可持续发展。

正是由于“深绿”和“浅绿”生态思潮脱离社会制度和生产方式，单纯从生态价值观的角度探讨生态危机的根源，因此他们都力图在资本主义制度框架范围内，或者以德治主义为基础，强调用生态价值观的变革和生活方式的改变，来克服生态危机；或者以技术主义为基础，强调通过技术革新和制定严格的环境政策，来克服生态危机，其理论的目的或者是维护中产阶级的既得利益，或者是保证资本主义经济的可持续发展，二者都具有为资本推卸全球生态治理应当承担责任的功能。正因为如此，“深绿”和“浅绿”生态思潮是一种“西方中心主义”的生态文明理论的话语体

① ［英］尼古拉斯·斯特恩：《地球安全愿景》，武锡申译，社会科学文献出版社 2011 年版，第 5 页。

系。以马克思主义为基础的包括有机马克思主义和生态学马克思主义在内的“红绿”生态思潮，则是强调资本主义制度及资本所承载的价值观才是生态危机的根源，明确提出只有实现资本主义制度和价值观的双重变革，才能克服生态危机。撇开其理论存在的缺陷，他们都是反对资本的“非西方中心主义”的生态文明话语体系。有机马克思主义是以怀特海式的马克思主义为理论基础，对资本主义制度和现代性价值体系批判而形成的生态思潮。在有机马克思主义看来，马克思的经济分析法和阶级分析法依然具有当代价值，但却存在着不重视历史发展过程中文化因素的作用和经济决定论、机械决定论的缺陷，以及其秉承现代主义的立场，因而不适应作为分析生态问题的工具。而怀特海（Alfred North Whitehead）哲学缺乏经济分析和阶级分析，但却具有后现代哲学的性质和注重有机性、文化因素的特质，只有把马克思主义与怀特海过程哲学相结合，形成怀特海式的马克思主义，才能成为分析生态问题的工具。正是以怀特海式的马克思主义理论为基础，有机马克思主义认定资本主义制度和现代性价值体系是生态危机的根源，其理论重点是对现代性价值体系的批判。有机马克思主义认为，现代性价值体系是一种以人类为中心的价值观，忽视人类之外的存在物的价值，导致了人类粗暴地对待自然；同时，现代性价值体系追求无限经济增长，并把发展简单归结为 GDP 增长，否定了人类幸福内容的丰富性，导致了物质主义幸福观流行；现代性价值体系奉行个人主义价值观，它所标榜的“自由”“民主”和“正义”都是虚假的。因此，有机马克思主义提出了“自由市场不自由”“资本主义正义不正义”和“穷人将为全球气候遭到破坏付出最为沉重的代价”三个命题，不仅揭示了资本主义制度和现代性价值体系是当代生态危机的根源，而且揭示了穷人受生态危机危害最严重的事实。基于以上观点，有机马克思主义在强调树立有机思维和生态思维的同时，主张应当通过以共同体价值观为主要内容的有机教育，破除资本主义制度和个人主义价值观，建立市场社会主义社会，才能最终解决生态危机。但由于有机马克思主义的理论基础是怀特海式的马克思主义理论，秉承的是怀特海后现代主义的价值立场，因此，尽管其理论具有反对资本主义制度的“非西方主义”的性质，但是它把生态文明与人类文明对立起来，把生态文明的本质理解为拒斥现代技术和经济增长的“农庄经济”，因而也就无法真正找到解决生态危机的现实途径，且无法真正展开生态文明建设。

生态学马克思主义始终坚持历史唯物主义的历史分析法和阶级分析法，探讨生态危机的根源与解决途径。他们批评西方“深绿”和“浅绿”思潮脱离社会制度和生产方式探讨生态危机本质的做法，并根据历史唯物主义关于人与自然关系的学说，明确肯定生态危机虽然以人与自然关系的危机表现出来，但其本质却是人与人在生态利益关系上的危机，这就意味着只有调整好人与人在生态利益关系上的矛盾，生态危机才能够得到真正的解决。基于以上认识，他们通过揭示资本主义生产力、生产关系与自然条件的第二重矛盾、资本主义生产方式的特点、资本的本性和资本运行的逻辑，明确提出“资本主义在本性上是反生态”的命题，强调资本主义制度与生产方式是生态危机发生的真正根源。生态学马克思主义通过对“深绿”“浅绿”生态思潮所主张的“生态中心主义”和“现代人类中心主义”生态价值观的反思，结合他们对以资本所承载的物欲至上的价值观的批判，形成了以福斯特（Forster）、佩珀（David Pepper）、格伦德曼（Grudman）等人为主要代表的秉承人类中心主义价值观，和以科威尔（Kewell）、本顿（Benton）及本顿阵营为代表的秉承生态中心主义价值观的生态学马克思主义理论。生态学马克思主义所主张的“人类中心主义”价值观不同于“浅绿”生态思潮借口人类整体利益和长远利益，实际上是以资本利益为中心的人类中心主义价值观。生态学马克思主义所主张的人类中心主义价值观是以满足穷人基本需要为基础的；生态学马克思主义所主张的“生态中心主义价值观”虽然具有“深绿”思潮所说的生态中心主义价值观所说的事物的本性相一致的内容，但是他们所说的生态中心主义价值观是与批判资本交换价值紧密联系在一起的，而这是“深绿”生态思潮所不具备的内容。对于如何从根本上解决生态危机，生态学马克思主义理论家提出了实现社会制度和生态价值观双重变革，建立生态社会主义社会的理论设想，并且强调资本主义社会最多只有保证资本再生产自然条件的环境保护，资本的本性决定了资本主义社会不可能有真正的生态文明建设，并且强调生态文明并不是对工业文明的全盘否定，而是对工业文明技术成就的扬弃，是积极利用工业文明的技术成就，创造多种满足人的真实需要的形式，实现人类与自然的和谐共同发展。

“深绿”和“浅绿”生态思潮不仅为资本推卸全球生态治理的责任，而且主张在资本主义制度框架范围内解决生态危机，因而是“西方中心主义”的生态文明理论话语；“红绿”思潮则认为资本应当为生态危机承担主要责任，主张破除资本主义制度和价值观，建立生态社会主义社会，解决生态危机，因而是“非西方中心主义”的生态文明理论话语。“西方中心主义”的生态文明理论话语对于生态价值观的探索，有利于我们反思人类实践的后果，是我们建构中国生态文明理论话语应当吸收的积极内容；“红绿”思潮中的有机马克思主义虽然是“非西方中心主义”的生态文明理论话语，但是它与“深绿”生态思潮一样秉承后现代价值立场，把生态文明的本质理解为人类屈从于自然的生存状态，反对技术进步和经济增长，这是我们建构中国生态文明理论话语体系必须否定的内容。建构中国的生态文明理论话语体系，必须破除“西方中心主义”的价值立场，这既有利于维护中国的环境权和发展权，能够作为一种发展观落实于中国现代化实践中，推动中国现代化发展和走生态文明的发展道路，又有利于全球生态治理。这应当是建构中国生态文明话语体系的基本的价值立场和出发点。

二　建构中国生态文明理论话语体系应当具有环境正义的价值取向

中国学术界对生态文明理论的系统研究开始于20世纪80年代，主要集中于引进和评介西方生态中心论和人类中心论的生态思潮，不仅呈现出借鉴和认同西方中心论和人类中心论的现象，而且出现了用西方生态思潮的理论、范式和范畴挖掘、评价中国传统文化中的生态思想的潮流。这一时期中国的生态文明理论研究采用的研究范式主要是生态中心论所秉承的“后现代研究范式”和现代人类中心论所秉承的“现代主义研究范式”。20世纪90年代，特别是21世纪初，伴随着中国学术界对生态学马克思主义的研究不断深入，中国学术界开始挖掘、整理马克思主义生态文明理论，中国的生态文明理论研究才出现了“历史唯物主义研究范式”[①]。在笔者看来，无论是生态文明理论研究的“后现代研究范式”，还是生态文明理论研究的“现代主义研究范式”，不仅都无法使我们的生态文明理论研究摆脱生态文明理论研究的西方霸权话语，而且也无法实现我国生态文明理论研究服务于中国现代化这一目的。只有采用生态文明理论研究的“历史唯物主义研究范式”，才能摆脱西方霸权话语，真正建构中国形态的生态文明理论话语体系，而这也应当是建构中国生态文明理论话语体系应有的价

---

① 参见王雨辰《略论我国生态文明理论研究范式的转换》，《哲学研究》2009年第12期。

值立场。这是由生态危机的本质和上述三种研究范式的不同特点决定的。

从生态危机的本质看，生态危机根源于资本主义现代化，并伴随资本全球化而使生态危机呈现出全球化发展趋势，这就决定了要真正把握生态危机的根源和探寻解决生态危机的途径，只有联系资本主义制度和生产方式展开分析。但无论是生态文明理论研究的“后现代研究范式”，还是生态文明理论研究的“现代主义研究范式”，由于其西方中心主义的价值立场，都脱离社会制度和生产方式，把生态危机的根源归结为抽象的人类生态价值观，忽视对在一定社会制度和生产方式下人类与自然界物质与能量交换过程发生危机的实际原因的分析，既无法把握生态危机的根源和生态危机的实质，更无法找到解决生态危机的现实途径，其理论目的不过是或者维系中产阶级的既得利益，或者维系资本再生产的自然条件，把生态文明混同于环境保护，不仅彰显了其理论的西方中心主义的价值立场，而且显示了其理论的非科学性。

从研究范式看，包括生态中心论的“深绿”思潮和有机马克思主义在内的生态文明理论研究的“后现代主义研究范式”，把生态文明的本质理解为人类屈从于自然的生存状态，拒斥科学技术的运用和经济增长，或者反对人类即便是为了生存而利用和改造自然的行为，把“自然”理解为人类尚未涉足的“荒野”，以满足中产阶级的审美情趣；或者把生态文明理解为排斥科学技术运用的“农庄经济”。他们都把生态文明与人类文明对立起来，不理解生态文明并不是对工业文明的绝对否定，而是对工业文明的扬弃和超越，是利用工业文明的积极成就，同时又超越工业文明的新型文明形态。这种超越主要体现在三个方面，具体说：第一，哲学世界观的超越，即从工业文明所秉承的机械论的哲学世界观转换到有机论、系统论的哲学世界观；第二，发展方式的超越，即从通过投入劳动要素的外延扩大再生产的黑色发展方式转换到主要依靠科技创新的内涵式绿色发展方式；第三，人的生存方式的超越，即从工业文明的条件下，人们从沉醉于商品占有和消费寻找满足和幸福转换为到创造性的劳动中寻找幸福和满足。包括环境主义、生态现代化理论和可持续发展理论在内的“现代主义研究范式”，虽然强调科学技术革新和经济增长对生态文明建设的重要意义，但是他们却把生态文明的本质简单地理解为环境保护，其目的是维系资本主义经济的可持续发展；“历史唯物主义研究范式”则始终强调人与自然在人类实践的基础上的辩证统一关系，人与自然关系的性质取决于人与人关系的性质，这就意味着分析生态问题不仅需要考察人与自然的关系问题，更重要的是考察人与人的关系问题。生态危机虽然以人与自然关系危机的形式表现出来，但其本质却是人与人关系的危机。其本质反映的是不同国家、不同人群在生态资源占有、分配和使用上的利益矛盾的危机，这不仅决定了必须从人的社会关系，即社会制度和生产方式入手探讨生态危机的根源和解决途径，而且决定了化解人们之间的生态资源利益矛盾才是解决生态危机，化解这一矛盾的目的就是实现环境正义。因此，“历史唯物主义研究范式”不仅强调从社会制度和生产方式入手探讨生态危机的根源和解决途径，而且内在地包含了“环境正义”的价值追求。

如果我们赞同以“历史唯物主义研究范式”建构中国生态文明理论话语体系，中国生态文明理论话语体系就必须具有“环境正义”的价值追求。“环境正义”问题起源于20世纪80年代美国北卡罗莱纳州针对有毒工业垃圾掩埋在该州瓦伦县有色人种和低收入白人为主的居住区而引发的环境运动，这场环境运动突破了西方“深绿”和“浅绿”生态思潮抽象地探讨生态问题的局限，第一次把环境问题与种族、贫困等问题联系起来加以探讨，这场运动关注的是生态资源的不公平分配，以及穷人受生态危机伤害最大的现实，凸显了实现“环境正义”在生态治理中的重要性，这场运动迅速传播而成为一种世界性的“环境正义”运动。“环境正义”的核心内涵应该是指如何处理不同国家、不同地区、不同人群之间的生态资源的分配正义问题。“环境正义”大致又可分为“国内和国际代内环境正义”和“代际环境正义”两种类型。“国内环境正义”主要是处理民族国家内部不同地区、不同人群之间的生态资源平等分配的问题；“国际环境正义”主要是处理不同民族国家之间的生态资源的平等分配问题，这就必然包括如何处理发达国家与后发国家的生态资源的分配问题、全球环境治理过程中发达国家与发展中国家的责任与义务问题、如何尊重发展中国家的发展权与环境权问题等。所谓“代际环境正义”主要是处理当代人与后代人之间的生态资源的分配问题，它客观上要求当代人在利用自然资源，满足自身需要的同时，应当考虑后代人的利益与需要，保证后代人生存与发展所必需的自然资源。从国内环境正义的维度看，就是要求生态修复和生态治理必须制定严格的生态法律和生态制度，保证生态资源在不同地区、不同人群之间的合理分配，使生态治理和生态文明建设落到实处。对此，习近平总书记针对中国的生态治理和生态文明建设面临的问题指出："我国生态环境保护中存在的一些突出问题，一定程度上与体制不健全有关，原因之一是全民所有自然资源资产的所有权人不到位，所有权人权益不落实。"[①] 这就决定了建立健全的国家自然资源资产产权体制的必要性和重要性，只有这样才能真正实现自然资源分配和使用的公平正义和环境正义。不仅如此，针对部分地区和不同人群在发展过程中环境权利受到损害这一现实，习近平总书记立足于保护环境受损人的环境权利，提出了建立科学的生态补偿制度的必要性和重要性。所谓科学的生态补偿制度就是要"用计划、立法、市场等手段来解决下游地区对上游地区、开发地区对保护地区、受益地区对受损地区、末端产业对于源头产业的利益补偿"[②]。通过建立科学的生态补偿制度，形成一个人与人、人与自然和谐发展、和谐共生的局面。生态治理和生态文明建设，不仅要实现国内代内环境正义，而且也必须关注国内代际环境正义。对此，习近平总书记指出生态文明建设不仅是为了满足当前人民群众对美好生活的向往，而且也必须为后代人留下天蓝、地绿、水净的美好家园，我们不能为了追求一时的经济增长和政绩而滥用自然资源，因为"资源开发利用既要支撑当代人过上幸福生活，也要为子孙后代留下生存根基"[③]。习近平总书记在这里强调的是在生态文明建设中坚持"代际环境正义"的重要性。

"国际环境正义"是针对当前由资本支配的不公平的国际政治经济秩序造成资源在不同民族国家不公平分配而提出的。不仅资本主义现代化所需要的自然资源和世界市场是依靠对落后国家的掠夺完成的，而且资本依靠其支配的不公正国际政治经济秩序和国际分工，对发展中国家的自然资源进一步掠夺，并造成生态危机的全球化发展趋势。对于如何展开国际生态治理，发达国家和发展中国家针对如何承担生态治理的责任和义务问题发生了严重的分歧和争论。1991 年在北京举行的"发展中国家环境与发展部长级会议"发表了《北京宣言》，该宣言代表了发展中国家关于生态治理责任和义务的主要观点。该宣言在肯定全球生态治理是人类共同的责任的同时，指出"在当今国际经济关系中，发展中国家在债务、资金、贸易和技术转让等方面受到种种不公平的待遇，导致资金倒流、人才外流和科

---

① 《习近平谈治国理政》第 1 卷，外文出版社 2018 年版，第 85 页。

② 习近平：《干在实处，走在前列》，中共中央党校出版社 2014 年版，第 194 页。

③ 《习近平谈治国理政》第 2 卷，外文出版社 2017 年版，第 396 页。

学技术落后等严重后果。发展中国家的经济发展因而受到制约，削弱了他们有效参与保护全球环境的能力”[1]。该宣言进一步指出，“保护环境是人类的共同利益。发达国家对全球环境的退化负有主要责任。工业革命以来，发达国家以不能持久的生产和消费方式过度消耗世界的自然资源，对全球环境造成损害，发展中国家受害更为严重”[2]。也就是说，发达国家是当前全球环境问题的主要制造者，理应对全球环境治理承担主要责任和义务。但是，资本出于追求利润的本性，不愿意承担其应尽的责任和义务，可以从美国先后不愿意签订《京都议定书》和退出关于全球气候治理的《巴黎协定》得到充分证明。只有遵循“环境正义”的原则，才能真正化解发达国家和发展中国家在全球生态治理中关于责任和义务问题上的矛盾和冲突。根据“环境正义”原则，全球环境治理就应当遵循“共同但有差别的原则”。所谓“共同的原则”，就是指所有民族国家都应承担全球环境治理的责任和义务，因为我们只有一个地球家园，呵护地球家园是人类的共同利益；所谓“有差别的原则”，一是根据当前全球环境问题的责任划分各民族国家应承担的义务。由于发达国家是当前全球环境问题的主要制造者，他们理所当然对全球环境治理负有最大的责任。二是根据各民族国家不同的发展阶段划分全球环境治理的义务。由于发达资本主义国家资金和技术比较雄厚，而发展中国家面临的主要问题是解决贫困的问题，这就意味着发达资本主义国家有责任向发展中国家提供环境治理必要的资金和技术，只有这样才能把全球环境治理与发展中国家消除贫困有机结合起来。对此，习近平总书记提出了全球环境治理应当消除狭隘的利己主义和功利主义思维，树立“人类命运共同体”的理念，因为在全球环境治理上“如果抱着功利主义的思维，希望多占点便宜、少承担点责任，最终将是损人不利己。巴黎大会应该摈弃‘零和博弈’狭隘思维，推动各国尤其是发达国家多一点共享、多一点担当，实现互惠共赢”[3]。正因为如此，习近平总书记强调全球环境治理遵循“共同但有差别的”责任原则没有过时，这一原则是“环境正义”的价值取向的具体体现。

---

① 万以诚等编：《新文明的路标：人类绿色运动史上的经典文献》，吉林人民出版社2000年版，第20页。

② 万以诚等编：《新文明的路标：人类绿色运动史上的经典文献》，吉林人民出版社2000年版，第20页。

③ 《习近平谈治国理政》第2卷，外文出版社2017年版，第529页。

三 建构中国生态文明理论话语体系应当维护中国的发展权和环境权

所谓发展权，是指民族国家具有自主选择发展道路和发展模式的权利。1986年联合国通过的《发展权利宣言》把发展权看作是一种基本人权，肯定民族国家都具有单独制定本国发展道路和发展政策的基本权利，目的是促进国民的自由全面发展，并强调民族国家之间必须尊重彼此的发展权；所谓环境权，就是民族国家既有自主利用本国自然资源的权利，又有不对其他国家和地区输出环境污染的义务。联合国1988年通过的《关于召开环境与发展大会的决议》对此指出："各国根据《联合国宪章》和国际法的各项可适用原则享有按照其环境政策开发其本国资源的自主权利，并重申他们有责任确保其管辖或控制范围内的活动不会对其国家管辖范围外的其他国家或地区的环境造成损害，而且各国必须根据其能力和具体责任在保护全球和区域环境方面发挥应有的作用。"① 可以看出，发展权与环境权规定了民族国家拥有的基本权利和义务。也就是说，发展权与环境权一方面是民族国家不可剥夺的基本人权；另一方面要求民族国家在行使这种权利的同时，又必须承担不对其管辖范围以外的国家和地区造成损害的责任和义务。但是在当前由资本支配的不公正国际政治经济秩序中，发展中国家的发展权与环境权却没有得到应有的尊重。这体现在发达国家根据自己的发展模式和价值观对发展中国家所选择的不同于发达国家的发展道路和模式横加指责，并把当代生态危机的根源归结为发展中国家的发展。不仅如此，他们还借助建立在资本基础上的国际分工体系，一方面把污染产业转移到发展中国家；另一方面通过抬高工业产品的价格，压低原材料的价格，掠夺发展中国家的自然资源，损害发展中国家的发展权和环境权。这就决定了建构中国生态文明理论话语体系必须使资本支配的国际政治经济秩序走向民主化，捍卫中国的发展权与环境权。

中国生态文明理论话语体系应当具有引领中国经济社会和谐发展，使之具有一种发展观的功能。对于生态文明建设与发展的关系，不同的生态思潮的看法是存在区别的。具体说：西方"深绿"思潮和有机马克思主义立足于后现代主义的价值立场，把生态文明与经济增长、技术运用对立起

① 万以诚等编：《新文明的路标：人类绿色运动史上的经典文献》，吉林人民出版社2000年版，第11页。

来，实际上在生态文明和发展关系问题上持否定的答案，从而把生态文明的本质归结为人类屈从于自然的生存状态；西方“浅绿”生态思潮虽然肯定了技术进步和经济增长的重要性，但其所追求的发展不是以满足人民基本需求为目的的发展，而是资本更好地追求利润的发展，它所追求的发展的结局必然有违公平正义的富者愈富，穷者愈穷的发展，这种发展不是“真发展”；“生态学马克思主义”立足于历史唯物主义的立场，强调生态文明建设与经济增长和技术进步不仅不是矛盾的关系，而且二者是相辅相成的辩证关系。他们所追求的发展是以满足穷人基本生活需要以及集体整体和长远利益的发展，他们的这些思想是值得肯定的，也是中国生态文明理论话语体系应当吸收的积极内容。经过40多年的改革开放，中国社会的主要矛盾已经从落后的生产力与人民群众不断增长的需求之间的矛盾转换到了人民日益增长的对美好生活的需要与生产力发展不充分、不平衡之间的矛盾，“我们的人民热爱生活，期盼有更好的教育、更稳定的工作、更满意的收入、更可靠的社会保障、更高水平的医疗卫生服务、更舒服的居住条件、更优美的环境，期盼孩子们能成长得更好、工作得更好、生活得更好……我们的责任，就是要团结带领全党全国各族人民，继续解放思想，坚持改革开放，不断解放和发展生产力，努力解决群众的生活困难，坚定不移走共同富裕的道路”①。这就要求中国生态文明理论话语体系不仅应当能够促进“真发展”，而且也应当能够促进“好发展”。所谓“真发展”，就是要坚持人民的主体地位和“以人民为中心”的发展思想，重视发展的成果由人民共享，坚持人民群众是否满意是评价发展好坏的标准，从而“顺应人民群众对美好生活的向往，不断实现好、维护好、发展好最广大人民根本利益，做到发展为了人民、发展依靠人民、发展成果由人民共享。”② 所谓“好发展”就是摒弃过去靠资源投入，以耗费大量资源和生态环境为代价的粗放型数量增长，代之以科技创新为主导，人与自然和谐共生的绿色、协调和可持续发展。通过这种“好发展”，来满足人民群众对美好生活的需要和向往。

中国生态文明理论话语体系不仅应当用一种发展观的维度指导中国的生态文明发展道路，而且应当用一种境界论的维度促进全球生态治理。中

---

① 《习近平谈治国理政》第1卷，外文出版社2018年版，第84页。

② 《习近平谈治国理政》第2卷，外文出版社2017年版，第214页。

国生态文明理论话语体系作为一种“非西方中心主义”的后发国家的生态文明理论，虽然注重维护中国的发展权和环境权，必须具有指导中国生态文明发展道路和促进中国的生态文明建设的功能，但又必须避免“西方中心主义”的生态文明理论话语体系只立足于自我利益的狭隘功利主义思维方式，必须把民族利益和全球利益有机结合起来，要在“人类命运共同体”理念的指导下，树立“大家一起发展才是真发展，可持续发展才是好发展”[①] 的思维方式，实现全球环境治理和共同发展的有机统一。我们可以把作为发展观的中国生态文明理论话语体系看作生态文明理论的“地方维度”，把作为境界论的中国生态文明理论话语体系看作生态文明理论的“全球维度”，来阐明中国生态文明理论话语体系是发展观与境界论、地方维度与全球维度内在统一的生态文明理论。

---

① 《习近平谈治国理政》第2卷，外文出版社2017年版，第524页。

关于社会主义生态文明的三个判断

——简析马克思恩格斯对社会与自然之间关系的思考

郭剑仁*

一　社会主义是解决生态危机的唯一出路

按照马克思恩格斯生态理论的逻辑，建立社会主义制度是解决资本主义社会形态中社会、个人和自然之间的现实矛盾和严重冲突的唯一出路。具体地，我们从如下三个方面展开：资本主义解决不了它自身制造的生态危机；只有社会主义才能真正实现社会与自然的协调发展；社会主义是对资本主义的全面扬弃。

（一）资本主义解决不了它自身制造的生态危机

马克思对资本主义条件下社会结构、生产者和自然的状态及三者之间的关系有着深刻的认识，揭露出资本主义社会面临着深重的生态危机。在《资本论》第一卷的《机器和大工业》，马克思指出："资本主义生产使它汇集在各大中心的城市人口越来越占优势，这样一来，它一方面聚集着社会的历史动力，另一方面又破坏着人和土地之间的物质变换，也就是使人以衣食形式消费掉的土地的组成部分不能回归土地，从而破坏土地持久肥力的永恒的自然条件。这样，它同时就破坏城市工人的身体健康和农村工人的精神生活……在农业中，像在工场手工业中一样，生产过程的资本主义转化同时表现为生产者的殉难史，劳动资料同时表现为奴役工人的手段、剥削工人的手段和使工人贫穷的手段，劳动过程的社会结合同时表现为对工人个人的活力、自由和独立的有组织的压制……在现代农业中，像在城市工业中一样，劳动生产力的提高和劳动量的增大是以劳动力本身的

* 郭剑仁：中南财经政法大学哲学院副教授。

破坏和衰退为代价的。此外，资本主义农业的任何进步，都不仅是掠夺劳动者的技巧的进步，而且是掠夺土地的技巧的进步，在一定时期内提高土地肥力的任何进步，同时也是破坏土地肥力持久源泉的进步……因此，资本主义生产发展了社会生产过程的技术和结合，只是由于它同时破坏了一切财富的源泉——土地和工人。"[①] 在这段引文里，马克思在肯定资本主义生产提高了劳动生产力的同时，更是揭露了资本主义生产造成了人口在城市和农村之间的严重不平衡，深度破坏了土地的肥力、工人的身心健康、农民的精神生活及土地与人的关系，尤其指出短期内对土地肥力的提高是以破坏土地持久肥力源泉为代价的。土地是人类获取物质生活资料的最主要源泉，人与土地的关系是人与自然关系的最主要的现实体现。资本主义生产破坏了土地、工人及其关系，即是破坏了自然界自身的生产力、人自身的自然力，以及自然与人的关系，这就是资本主义生态危机的现实的和具体的表现。资本主义生产力的发展和运用是以制造资本主义生态危机为前提的，生态危机与资本主义生产如影随形。

资本主义的生态危机根源在哪里？马克思的答案是：资本主义的大土地所有制，也即大土地私有制。在《资本论》第三卷的《资本主义地租的产生》中，马克思指出："大土地所有制使农业人口减少到一个不断下降的最低限量，而同他们相对立，又造成一个不断增长的拥挤在大城市中的工业人口。由此产生了各种条件，这些条件在社会的以及生活的自然规律决定的物质变换的联系中造成一个无法弥补的裂缝……大工业和按工业方式经营的大农业共同发生作用。如果说它们原来的区别在于，前者更多地滥用和破坏劳动力，即人类的自然力，而后者更直接地滥用和破坏土地的自然力，那么，在以后的发展进程中，二者会携手并进，因为产业制度在农村也使劳动者精力衰竭，而工业和商业则为农业提供使土地贫瘠的各种手段。"[②] 在大土地所有制的条件下，大资本可以采用一些科学手段尽快地增加租地农场主和土地所有者的财富[③]。然而，为租地农场主和土地所有者更快速地增加财富还不是大土地私有制的最主要作用；大土地私有制的最主要作用在于维护资本主义的雇佣劳动制，保证资产阶级能够持久地追逐最大利润。因为，只有大土地私有制能够保证土地被掌握在极少数人手

---

① 《马克思恩格斯文集》第5卷，人民出版社2009年版，第579—580页。
② 《马克思恩格斯文集》第7卷，人民出版社2009年版，第918—919页。
③ 《马克思恩格斯文集》第7卷，人民出版社2009年版，第918页。

里，同时，无数的被剥夺了土地的人沦为除了自身的劳动力外一无所有的无产者，从而能够尽可能保证劳动力市场拥有充足的劳动力后备军以供资本家任意挑选，最终，最大限度地获取无产者创造的剩余价值。大土地私有制是资本主义生产破坏土地、工人身心健康、农民劳动力的根本原因，也是导致土地与人之间的物质变换过程出现无法弥补的断裂的社会原因。

因此，资本主义能够解决自己制造的生态危机吗？不可能。“资产阶级生存和统治的根本条件，是财富在私人手里的积累，是资本的形成和增殖，资本的条件是雇佣劳动。”① 资本主义的生态危机是由资本主义的大土地私有制和雇佣劳动制决定的，是资本主义的经济制度与生俱来的，是内在于资本主义制度和社会的。资产者阶级愿意放弃自身赖以存在和发展的根本制度吗？资本主义的历史告诉我们，资产者阶级是不会主动放弃的。资本主义解决不了自身制造的生态危机。

（二）只有社会主义才能真正实现社会与自然协调发展

在一切社会形态，在一切可能的生产方式中，人们为了维持和再生产自己的生命和生活，必须要改造自然界。一切生产都是个人在一定社会形式中并借这种社会形式而进行的对自然的改造。如果说资本主义的大土地私有制下的大工业生产和大农业生产在世界范围内必然地导致对自然和社会的损害，导致社会与自然的冲突，那么人类历史上农业社会形态下的农业生产是否是解决资本主义生态危机的良方呢？是否需要回归到农业文明形态去呢？历史上，由于技术的不发达，农业社会形态下施行的小土地私有制虽然没有在世界范围内造成自然界的深度破坏，但是在农业生产所能达到的地方，依然存在着“对地力的剥削和滥用”②。另一方面，在施行小土地私有制的社会形态中，“人口的最大多数生活在农村；占统治地位的，不是社会劳动，而是孤立劳动；在这种情况下，财富和再生产的发展，无论是再生产的物质条件还是精神条件的发展，都是不可能的”③，也就是说，在这样的社会条件下，社会的与个人的再生产的物质条件和精神条件无法实现多样化，最终，社会和个人无法实现发展，人类长期处在野蛮状态，无法实现文明的进步。因此，历史上的小土地私有制是无法解决资本主义的生态危机的。

---

① 《马克思恩格斯文集》第2卷，人民出版社2009年版，第43页。

② 《马克思恩格斯文集》第7卷，人民出版社2009年版，第918页。

③ 《马克思恩格斯文集》第7卷，人民出版社2009年版，第918页。

在唯物主义辩证法和唯物主义历史观的视野下，人与土地的关系应该是怎样的呢？马克思认为："从一个较高级的经济的社会形态的角度来看，个别人对土地的私有权，和一个人对另一个人的私有权一样，是十分荒谬的。甚至整个社会，一个民族，以至一切同时存在的社会加在一起，都不是土地的所有者。他们只是土地的占有者，土地的受益者，并且他们应当作为好家长把经过改良的土地传给后代。"① 在这里，马克思明确地宣称，任何个人、民族和同时存在的整个社会不能把土地当成私有财产，土地是人类世世代代的生存条件和再生产条件，土地是人类世世代代永久共有的，人们交给后代的应该是改良好的土地，而不能是贫瘠的土地。历史上，任何形式的土地私有制都是不应该存在的。

同样的，在未来，谋求社会与自然协调发展的新社会形态不应该施行任何形式的土地私有制。应该做的是，"社会化的人，联合起来的生产者，将合理地调节他们和自然之间的物质变换，把它置于他们的共同控制之下，而不让它作为盲目的力量来统治自己；靠消耗最小的力量，在最无愧于和最适合于他们的人类本性的条件下来进行这种物质变换"②。人们要利用土地，人们要控制土地；但是，人们利用土地时，要自觉、合理并且只消耗最小的力量，要无愧于人类意志又合于人类意志。那么，这种要求废除任何形式的土地私有制的社会形态就是社会主义，也即是马克思、恩格斯意义上的科学社会主义，科学社会主义实行社会主义公有制，科学社会主义是对资本主义的扬弃。社会主义公有制不仅不允许土地私有，社会主义的公有制也不允许一切自然界资源被私人占有；对任何自然界的一切资源，人们只能共同使用。

依据历史唯物主义的基本原理，社会主义与资本主义的本质区别在于生产关系性质的不同，而生产关系的性质最主要地体现在生产资料归谁所有。资本主义的生产资料所有制是大私有制，生产资料归资产者所有，资产者决定生产什么和怎么生产，产品归资产者所有，由资产者支配；社会主义的生产资料所有制是公有制，对一个国家而言，归这个国家的所有人共有，国家或集体决定生产什么和怎么生产，产品归国家和集体所有，由所有的生产者共同支配。

---

① 《马克思恩格斯文集》第7卷，人民出版社2009年版，第878页。
② 《马克思恩格斯文集》第7卷，人民出版社2009年版，第928—929页。

社会主义发展生产力的目的是满足人们的适度物质生活需要，与资本主义发展生产力的目的是获取最大利润有本质区别。社会主义发展生产力和社会主义从事生产的目的决定了社会主义条件下的人们改造自然界是在遵守自然界自身规律的前提下进行的，是兼顾对自然界的短期影响和长期影响的，是把自然的发展与社会主义自身的发展看成是有机统一的。

社会主义的本质和目的决定了，社会主义的联合生产实现的将是具体的、协调的社会与自然之间的关系。这是资本主义不可能做到的。

（三）社会主义是对资本主义的全面扬弃

人与自然的关系折射的是人与人的关系，人与自然的关系及人与人的关系又都是由一定的物质生产形式决定的，正如马克思所说："物质生产的一定形式产生：第一，一定的社会结构；第二，人对自然的一定关系。"① 在资本主义的历史时期，资本主义的物质生产形式产生出资本主义性质的社会结构和资本主义性质的社会与自然之间的关系。因此，资本主义的生态危机是由资本主义的物质生产形式也即资本主义的以大私有制为基础的生产方式产生出来的，并且，资本主义生态危机与同样由资本主义物质生产形式决定着的资本主义在经济、政治、文化和社会等各领域的危机共同构成资本主义总危机，资本主义生态危机只是资本主义总危机的组成部分。

社会主义在解决资本主义生态危机方面体现的巨大力量将由社会主义的物质生产形式产生出来，而社会主义的物质生产形式将在社会主义所有制即生产资料公有制基础上逐步形成；然而，社会主义的物质生产形式（最终归结为社会主义生产资料公有制）的积极力量却不只是体现在解决资本主义条件下人与自然的关系也即生态危机这一个方面，而且还体现在解决资本主义的经济、政治、文化和社会等领域的危机，也即是对资本主义总危机的解决。因此，社会主义是对资本主义社会的全面的、深刻的扬弃，强调社会主义是对资本主义的全面扬弃，实质上，是防止两个倾向。一是避免割裂社会主义生态建设与社会主义经济、政治、文化和社会建设之间的联系。遵循马克思、恩格斯的辩证唯物主义和历史唯物主义的方法，我们应该认识到资本主义的生态危机和资本主义的其他危机有着共同的根源——资本主义私有制。二是防止忽略社会主义建设中对社会与自然

① 《马克思恩格斯全集》第26卷第1册，人民出版社1973年版，第296页。

之间关系的自觉管理。我们不能认为资本主义消亡后，在建设社会主义社会过程中，社会与自然之间的关系就自动地协调发展了。任何社会形态下，社会与自然的关系都是必须自觉对待的课题，都是社会文明实现真正进步的必然基础。在整体性、系统性和协调性原则下，在社会主义建设过程中，社会主义必须自觉地管理好社会与自然之间的关系。历史上，的确曾经存在过实行社会主义制度的国家没有自觉协调好社会与自然之间关系的案例，这是我们应该汲取的教训。

二 社会主义生态文明创建人新的存在方式

社会主义社会不再盲目地利用自然和改造自然，而是自觉地协调社会与自然之间的关系，这在人类历史上是第一次。改变社会与自然的关系既需要社会生产方式的改变来推动，又反过来推动人类社会的生产方式本身发生相应的改变。当这些变化发生时，人的生活方式和存在方式也必然跟着发生变革，人们将创建全新的人的存在方式。[①] 本节将主要从个人的全面自由发展角度，阐发马克思、恩格斯关于创建新的人的存在方式方面的思想和观点。本节从三个方面展开：劳动成为享受；促进个体的感觉和个体的需要自由发展；社会与自然协调发展、共荣共生，人类从必然王国走向自由王国。

（一）新的存在方式和生活方式：劳动成为享受

在《劳动在从猿到人转变过程中的作用》这份没有完成的文稿中，恩格斯论证了：语言是在劳动中并和劳动一起产生出来的，劳动和语言又促成人脑的形成及人脑的功能——意识的产生。由此，恩格斯得出结论，劳动创造了人和人的社会，“劳动是整个人类生活的第一个基本条件，而且达到这样的程度，以致我们在某种意义上不得不说：劳动创造了人本身”[②]。恩格斯的关于劳动在人的形成过程中的作用得到20世纪生态学家、进化论学者古尔德（Gulde）的高度赞赏，古尔德认为恩格斯的这方面思想代表了19世纪的最高思想水平。

作为人类改造自然界的、发生在人与自然之间的新陈代谢活动，劳动和劳动的形式是变化着的；不同的历史时期，有着不同的劳动形式和劳动

---

① 陈学明：《谁是罪魁祸首——追寻生态危机的根源》，人民出版社2012年版，第491页。

② 《马克思恩格斯文集》第9卷，人民出版社2009年版，第550页。

水平。在人类社会历史上，随着生产方式也即劳动的主要形式和组织的演化、分工和复杂化，人类社会出现阶级分化，社会分化出劳而不获的阶层和不劳而获的阶层。最近的几个世纪，在以私有制为基础的资本主义生产方式主导下，资本主义社会条件下的劳动与资本主义社会的劳动主体即工人或无产者之间产生了严重背离，资本主义条件下，劳动者即工人与自己的劳动产品、自己的生命活动、自己的类本质最终与劳动者自身处在异化状态，也即对立状态中。劳动不再促成劳动者实现劳动者自身的真正的发展和成长，劳动给劳动者带来痛苦，劳动者想方设法逃避劳动。产生这一切的原因是什么？私有制。这是马克思和恩格斯共同给出的答案，“在私有制的前提下，我的个性同我自己疏远到这种程度，以致这种活动为我所痛恨，它对我来说是一种痛苦，更正确地说，只是活动的假象。因此，劳动在这里也仅仅是一种被迫的活动，它加在我身上仅仅是由于外在的、偶然的需要，而不是由于内在的必然的需要”[①]。消除了资本主义的私有制，就能够消除资本主义条件下的劳动异化现象。

社会主义是以消灭私有制、实现公有制为前提的。在社会主义条件下，劳动者与他/她的劳动产品、生命活动、类本质和自己及其他劳动者的对立状态将被消灭。在消除了私有制的社会主义劳动中，马克思说，“我在劳动中肯定了自己的个人生命，从而也就肯定了我的个性的特点。劳动是我真正的、活动的财产”[②]，“我的劳动是自由的生命表现，因此是生活的乐趣。在私有制的前提下，它是生命的外化，因为我劳动是为了生存，为了得到生活资料。我的劳动不是我的生命”[③]。社会主义社会里，劳动成为劳动者生活的乐趣，成为享受。劳动重新成为劳动者实现人的发展和成长的活动。恩格斯同样指出：“当社会成为全部生产资料的主人，可以在社会范围内有计划地利用这些生产资料的时候，社会就消灭了迄今为止的人自己的生产资料对人的奴役……生产劳动给每一个人提供全面发展和表现自己全部能力即体能和智能的机会，这样，生产劳动就不再是奴役人的手段，而成了解放人的手段，因此，生产劳动就从一种负担变成一种快乐。”[④]

---

① 《马克思恩格斯全集》第42卷，人民出版社1979年版，第38页。
② 《马克思恩格斯全集》第42卷，人民出版社1979年版，第38页。
③ 《马克思恩格斯全集》第42卷，人民出版社1979年版，第38页。
④ 《马克思恩格斯文集》第9卷，人民出版社2009年版，第310—311页。

可见，在社会主义社会里，劳动成为享受是完全可能的；不仅如此，作为享受的劳动还是必需的，因为，即便在社会主义阶段，自由自觉的劳动仍然是创造人的活动。在人类历史的初期，劳动促成了人的产生；在社会主义社会，劳动仍将推动人迈向更高的文明阶段，实现真正的、全面的进步。我们现在无法预见这些进步的方式和进程，不过可以肯定的是，按照马克思、恩格斯的辩证唯物主义和历史唯物主义，按照他们的人道主义与自然主义是一致的立场，这些进步只能是由劳动者自己来实现和完成，这些进步取决于劳动者自己的智慧和意志。

因此，作为享受的劳动是人的新的存在方式和生活方式中最重要的社会活动和社会生活。劳动不再以私人占有包括自然界在内的生产资料为前提和目标，劳动者本身的劳动也不再被其他的人占有。作为享受的劳动解放了劳动者，解放了劳动本身，也解放了自然。人与人之间的关系不再是占有的关系，人与自然之间的关系也不再是占有与被占有的关系，已有的人与人的关系和人与自然的关系将被改造，并形成一种全新的关系。“占有”将被扫进历史的垃圾场，“存在”将迎来她的舞台，人的存在将真正得以实现。

（二）促进个体的感觉和个体的需要自由发展

立足个体的全面自由发展，建构人的新存在方式和新的生活方式需要促进个体自由地发展感觉和需要。人的感觉和需要具有自然性，更具有社会性和历史性，马克思指出：“五官感觉的形成是迄今为止全部世界历史的产物。”[①] 社会在确定人的感觉和需要的发展方式、方向和程度方面有着决定性的作用。

新的人的存在方式以人的感觉充分发展为基础和目标。人的感觉能力的强度和深度决定了任何一个感觉对象对感觉主体即感觉者的意义。社会主义中“社会的人的感觉不同于非社会的人的感觉”[②]，社会的人的感觉如有音乐感的耳朵和能感受形式美的眼睛能够带给人享受，能够确证人的本质。人与世界上任何一个人及自然界打交道时，要想作为一个完整的人，以全面的方式形成自己的本质，就应该运用他/她的一切器官和器官的功能如视觉、听觉、嗅觉、味觉、触觉、思维、直观、感觉、愿望、活动、

---

① 《马克思恩格斯文集》第1卷，人民出版社2009年版，第191页。
② 《马克思恩格斯文集》第1卷，人民出版社2009年版，第191页。

爱等与任何对象产生现实的联系，而他/她的一切（感觉）器官和感觉都应该是获得充分发展的；“人以一种全面的方式，就是说，作为一个完整的人，占有自己的全面的本质。人对世界的任何一种人的关系——视觉、听觉、嗅觉、味觉、触觉、思维、直观、情感、愿望、活动、爱，——总之，他的个体的一切器官…… 通过自己同对象的关系而对对象的占有……人……同对象的关系，是人的现实性的实现，是……按人的含义来理解的……是人的一种自我享受”①。然而，在资本主义社会中，私有制限制了人的感觉的发展和运用，它用一种非人的、异化了的“拥有感”来替代人的一切肉体的和精神的感觉，这即是“非社会的人的感觉”，私有制把这种“拥有感”当成一种手段，服务于资本。② 在马克思看来，只有扬弃私有制，才可能实现人的感觉的充分发展和自由运用，“对私有财产的扬弃，是人的一切感觉和特性的彻底解放；但这种扬弃之所以是这种解放，正是因为这些感觉和特性无论在主体上还是在客体上都成为人的。眼睛成了人的眼睛”③。

新的人的存在方式主张充分培育和丰富真正人的需要。在社会主义的条件下，人的丰富的需要、新的生产方式和新的生产对象能够充实、创造和证明人的本质。④ 私有制的作用则相反，私有制只可能允许和满足非人的、精致的、非自然的和幻想出来的欲望，“私有制不懂得要把粗陋的需要变为人的需要”⑤。私有制导致的是处在异化状态的需要，如马克思揭露的那样：“……对新鲜空气的需要在工人那里也不再成其为需要了。人又退回到洞穴中……如果他交不起房租，他就每天都可能被赶出洞穴。……光、空气等等，甚至动物的最简单的爱清洁习性，都不再成为人的需要了。肮脏……阴沟……成了工人的生活要素。完全违反自然的荒芜，日益腐败的自然界，成了他的生活要素。他的任何一种感觉不仅不再以人的方式存在，而且不再以非人的方式因而甚至不再以动物的方式存在……人不仅失去了人的需要，甚至失去了动物的需要。爱尔兰人只知道一种需要，就是吃的需要，而且只知道吃马铃薯，而且只是破烂马铃薯，最坏的马铃

① 《马克思恩格斯文集》第1卷，人民出版社2009年版，第189页。
② 《马克思恩格斯文集》第1卷，人民出版社2009年版，第189页。
③ 《马克思恩格斯文集》第1卷，人民出版社2009年版，第190页。
④ 《马克思恩格斯文集》第1卷，人民出版社2009年版，第223页。
⑤ 《马克思恩格斯文集》第1卷，人民出版社2009年版，第224页。

薯。但是，在英国和法国的每一个工业城市中都有一个小爱尔兰。连野蛮人、动物都还有猎捕、运动等等的需要，有和同类交往的需要!”① 人的需要不只是对物质产品的需要，人的需要是多种多样的。人的需要只能产生于社会和自然的共同作用，产生于人的劳动过程中，并在劳动过程及其结果中获得满足。

（三）社会和自然协调发展、共荣共生，人类从必然王国走向自由王国

根据前述的马克思、恩格斯的生态理论，社会和自然协调发展是社会主义得以实现的前提条件之一，也是社会主义建设的重要任务。社会和自然协调发展包含三个方面的含义。第一，在协调社会与自然之间的关系时，社会是能动的、自觉的和有目的的主体；虽然自然自身是变化的、发展的，是有规律的，但是自然仍然是被动的。第二，协调是相对而言的，协调的标准和程度一方面要自觉地遵循自然规律，但更主要的是决定于人类社会的意志、能力和智慧。第三，社会、个体和自然都需要获得发展，不能以一方或两方的发展损害其他方的发展。正因为如此，社会与自然之间的关系是人的存在方式中的内在的、重要的方面，而自然本身也必然将以特定的方式内在于人的存在之中。

共荣共生意味着一兴俱兴、一损俱损。在社会、个体和自然的兴、损之中，是否控制自然是个假问题，真问题是人类社会如何控制自然，或以什么方式、怎样控制自然。“历史本身是自然史的一个现实部分，即自然界成为人这一过程的一个现实部分。”② 地球的历史也即自然史发展到了这样一个节点：人类不再是被动地接纳自然，而是在深刻认识自然并遵循自然规律的前提下，按照人的意志和愿望塑造自然。“人们周围的、至今统治着人们的生活条件，现在却受到人们的支配和控制，人们第一次成为自然界的自觉的和真正的主人，因为他们已经成为自己的社会结合的主人了。”③ 这也是人道主义与自然主义的一致的题中之意。

自觉地管理自然，实现社会与自然的协调发展，这些不是社会主义的最终目标，不是社会主义下人的最高价值。最终目标和最高价值是实现人类由必然王国向自由王国的飞跃，实现人人全面自由发展，正如马克思说

① 《马克思恩格斯文集》第1卷，人民出版社2009年版，第225页。
② 《马克思恩格斯文集》第3卷，人民出版社2009年版，第194页。
③ 《马克思恩格斯全集》第19卷，人民出版社2006年版，第245页。

的那样："社会化的人，联合起来的生产者，将合理地调节他们和自然之间的物质变换，把它置于他们的共同控制之下，而不让它作为盲目的力量来统治自己；靠消耗最小的力量，在最无愧于和最适合于他们的人类本性的条件下来进行这种物质变换。但是这个领域始终是一个必然王国。在这个必然王国的彼岸，作为目的本身的人类能力的发挥，真正的自由王国，就开始了。但是，这个自由王国只有建立在必然王国的基础上，才能繁荣起来。"①

三　生态的人即实现人的全面自由发展

人的本质在其现实上是一切社会关系的总和。人与人之间的社会关系是受物质生产力和生产关系决定的，而这一切又具有暂时的、历史的性质，因此，人的本质必然具有历史性，不可能一成不变。毫无疑问，在自觉地协调社会与自然之间关系的社会主义社会中，人的本质必然受到社会与自然之间的现实关系的深刻影响。那么，社会主义社会中，受到这方面影响的人的本质与我们所说的人的全面自由发展这个共产主义条件下人的发展目标是什么关系呢？在本节中，我们将从三个方面围绕这个问题展开：社会主义中的人首先是生态的人；自然在生态的人的发展过程中的作用；生态的人以人的全面自由发展为最终目标。

（一）社会主义中的人首先是生态的人

在马克思、恩格斯的文献中是没有也不可能有"生态的人"这个术语的。然而，当我们遵循"人体解剖对于猴类解剖是一把钥匙"中包含的方法论原则时，我们不妨使用当代的词汇来恰当地表达马克思、恩格斯的生态理论中早已经蕴含的观点。

"生态的人"着重强调社会主义条件下的个体与自然及社会与自然之间的深刻联系，但是又不限于这些联系。简要地说，在社会主义把自觉地协调社会与自然之间的关系作为自身的前提和基础，又当着自身的建设目标时，自然界以及社会与自然之间的现实的、具体的、特定的关系将成为个体生活的内在组成部分，成为各类社会生产过程中的有机要素。在这种社会、个体与自然真正实现了有机统一的状态下，个体和个体的联合体就是生态的人，人的生态属性就成为人的一种基本属性，构成人的本质的一

① 《马克思恩格斯文集》第7卷，人民出版社2009年版，第928—929页。

部分。

社会主义中的人首先是生态的人，而且，只有社会主义条件下，才可能产生生态的人。结合马克思、恩格斯的生态理论，我们可以做出如此判断；同时，我们认为，在社会主义实现之前，真正具有生态属性的人在人类历史上是从来没有普遍存在过的。

在农业社会中，不可能产生普遍的生态的人，不可能在所有的人的本质中赋予生态属性。一般地讲，这是由农业生产力水平低下和小私有制共同决定的。在农业社会下，人们对自然的认识总体上是经验的、狭隘的和不深入的，自然对人而言具有极大的神秘性。自然界是农业生产的对象和场所，但是在生产过程中，农业生产者几乎是完全处于被动状态，人的力量在自然界面前是弱小的，"靠天吃饭"，"听天由命"，人类整体上是屈服于自然的。人与自然之间的关系只能是自发的、粗浅的。在农业社会中，极少数统治阶级由于可以垄断土地及其资源，相对而言，拥有较丰富的自然知识，在与自然的交往中，可能在他们自身的本质中部分地实现某些片面的生态属性，然而，由于他们一般很少直接从事农业生产等直接以自然为活动对象的实践，因而，他们对自然的认识和感受很难是准确的和深刻的，他们和自然的关系很难是有机的、内在的。对于农业生产者而言，生态属性很难在普通生产者的本质特性上获得自觉发展；他们虽然是直接与自然打交道的人，可是，由于生产力的底下和私有制的盘剥，自然是他们依赖的对象，同时，又往往是让他们敬畏、害怕甚至憎恨的对象，农业生产者也不可能与自然形成和谐、共生和深刻的关系。

资本主义的工业社会不可能产生普遍的生态的人。在以近代西方资本主义为代表的工业社会中，近代自然科学在西方产生出来并得到迅速发展，人们对自然的认识准确得多、深刻得多了，笼罩在自然界上的神秘迷雾被一点点驱散；然而，建立在近代自然科学基础上的自然观，以及以自然科学和自然观为观念基础的资本主义的生产方式都把自然当成可计算、可替代的机器。人们把自然当成征服的对象，在自然面前，人类拥有了前所未有的巨大力量；人类在全球范围内肆意地掠夺自然界，破坏自然界，自然界的物种总量和物种中的个体总数在人类盲目地使用巨大生产力满足资本追逐利润的需要和无产者的基本生存需要时迅速减少，整个生态系统的平衡和自动调节能力遭到巨大破坏，自然界自身面临巨大的系统风险。整体上，资本主义社会下，人与自然的关系是深入的，然而又是敌对的、断裂的和极度不稳定的，与农业社会时期的人与自然关系相反，走向了另一个极端。资本主义社会下，社会和自然及二者的关系都处在异化状态中，都处在彼此割裂的状态中，社会与自然之间无法建立起有机的、内在的联系。因此，作为特定社会条件下的人，资产者和无产者的本质都难以获得生态属性，资产者和无产者都不是生态的人。

（二）自然在生态的人的发展过程中的作用

自然界有其固有的、本质的、必然的、稳定的联系，即自然界是有规律的。人们只能遵循自然规律，依据自然规律来改造自然，而不可能取消自然规律，自然的规律性体现了自然的客观实在性。自然还具有历史性，即自然自身不可能永远停留在某个状态，而是一刻不停地变化和发展。自然还表现出对人的应激性，即自然能够对人和人的群体给予她的刺激做出相应的反应。

自然自身的特性和人们利用自然的能动性共同决定了，自然在生态的人的发展过程中的作用是复杂而具体的，大致可以从一般性、特殊多样性和反馈性三个方面来揭示。

在生态的人的发展过程中，自然的一般作用体现在自然规律对人的活动和发展的制约性上。自然界的生态规律和自然界的物理的、化学的规律，如热力学第一定律和热力学第二定律等从根本上约束着我们的生产方式和消费方式，约束着我们的生活方式和发展方向及发展前景。在自然面前，人们若是追求自由，那么，“自由不在于幻想中摆脱自然规律而独立，而在于认识这些规律，从而能够有计划地使自然规律为一定的目的服务”[①]。人的生态属性的产生和发展是以遵循自然规律为前提和出发点的。

在生态的人的发展过程中，自然的特殊多样性作用是由自然自身的特殊多样决定的。在全球范围内，自然界有着极其多样的生态系统，有着在具体形态和特性方面各异的山川河流、花鸟虫兽。具体的、特定的、局部的自然环境决定了人们在利用自然时也只能是因地制宜和因时制宜的，因而，人与自然的关系也只能是具体的、特定的和有差异的；反映到人的本质属性上，人的生态属性也必定是多样的、特色的，正所谓“一方水土一方人”。马克思、恩格斯的生态理论反对历史上曾经出现过的环境决定论思想，但是不会否定自然在人的发展过程中所起的作用的特殊性和多

① 《马克思恩格斯文集》第9卷，人民出版社2009年版，第120页。

样性。

在生态的人的发展过程中，自然的反馈性指的是自然与人之间的持续的相互作用，在自然与人之间的相互作用过程中会形成一系列的反馈。马克思和恩格斯都不止一次地提到过自然界对人施与自然界的作用和反作用，提到自然的“报复”。恩格斯指出，我们不要过分陶醉于我们对自然界的胜利。“对于每一次这样的胜利，自然界都报复了我们。每一次胜利，在第一步都确实取得了我们预期的结果，但是在第二步和第三步却有了完全不同的、出乎预料的影响，常常把第一个结果又取消了。美索不达米亚、希腊、小亚细亚以及其他各地的居民，为了想得到耕地，把森林都砍完了，但是他们梦想不到，这些地方今天竟因此成为荒芜不毛之地，因为他们使这些地方失去了森林，也失去了积聚和贮存水分的中心……在欧洲传播栽种马铃薯的人，并不知道他们也把瘰疬症和多粉的块根一起传播过来了。”① 恩格斯进一步指出，我们对自然界的整个统治，是在于我们比其他一切动物强，我们一天天地学会更加正确地理解和运用自然规律，随着自然科学大踏步前进，我们越来越认识到对自然界的干涉所引起的比较近或比较远的影响。这种事情发生得越多，人们就越发感觉到和认识到自身和自然界的一致，而“那种把精神和物质、人类和自然、灵魂和肉体对立起来的荒谬的、反自然的观点，也就愈不可能存在了”②。正是出于这点，恩格斯指出，“人的思维的最本质和最切近的基础，正是人所引起的自然界的变化，而不仅仅是自然界本身；人在怎样的程度上学会改变自然界，人的智力就在怎样的程度上发展起来”。③ 自然的反馈性不仅塑造人的生态属性，还是推动人的智力发展的因素之一。

关于自然在生态的人的发展过程中的作用，马克思、恩格斯的生态理论和社会主义理论为我们提出了问题，并且提供了分析问题的方法、立场和基本观点。然而，这是远远不够的。随着人类实践的新进展和自然科学和技术的进步，改造自然的手段日益复杂，活动规模日益庞大，社会、个体和自然的关系也必将越来越复杂化。为了实现自然与人的协调发展，在新时代，我们需要做出更细致、更深入、更具体的理论探究。

---

① 《马克思恩格斯文集》第 9 卷，人民出版社 2009 年版，第 559—560 页。

② 《马克思恩格斯文集》第 9 卷，人民出版社 2009 年版，第 560 页。

③ 《马克思恩格斯文集》第 9 卷，人民出版社 2009 年版，第 483 页。

（三）生态的人以人的全面自由发展为最终目标

“生态的人”强调人的本质属性包含生态属性，然而，社会主义条件下的生态的人是以人的全面自由发展为最终目标的，生态的人即实现人的全面自由发展。这个判断是可以由马克思、恩格斯的生态理论推导出来的，更是马克思主义理论的题中之意。

人的全面自由发展是共产主义的最终目标。在《资本论》里，马克思指出，共产主义是“一个更高级的、以每个人的全面而自由的发展为基本原则的社会形式”，而资本主义将为实现共产主义创造现实基础。[①] 在马克思、恩格斯共同撰写的马克思主义经典文献《共产党宣言》中，他们明确宣称，“代替那存在着阶级和阶级对立的资产阶级旧社会的，将是这样一个联合体”[②]。人的全面自由发展既指每个人的全面自由发展，又指全社会的全面自由发展，前者的发展是后者发展的条件。

生态的人的发展就是实现人的全面自由发展，这是由共产主义的本质特性决定的。社会、个体和自然真正实现有机统一既是社会主义和共产主义得以实现的基础，也是社会主义和共产主义建设的重要内容，同时，它还赋予人的本质生态属性。然而，实现社会、个体和自然的有机统一不是社会主义和共产主义的最终目标，共产主义的最终目标是“以人为本”，是人的全面自由发展，而人的全面自由发展必然要包含人与自然关系方面的发展，也即人的生态属性的发展。[③]

如何理解全面自由发展？又是什么原因妨碍了人的全面自由发展？在《〈政治经济学批判〉序言》中，马克思把人们“自己生活的社会生产”作为理论出发点，给出了唯物主义历史观的经典表述，此处马克思关于“生活”的表述为我们理解人的全面自由发展提供了极富意义的启发。马克思把生活区分为物质生活、社会生活、政治生活和精神生活，并且指出“物质生活的生产方式制约着整个社会生活、政治生活和精神生活的过程”[④]。人的全面发展可以理解为每个人在物质生活、社会生活、政治生活和精神生活方面都需要发展，而不是限于其中某一个或某些生活类型，比

---

① 《马克思恩格斯文集》第5卷，人民出版社2009年版，第683页。

② 《马克思恩格斯文集》第2卷，人民出版社2009年版，第53页。

③ 陈学明：《谁是罪魁祸首——追寻生态危机的根源》，人民出版社2012年版，第581—582页。

④ 《马克思恩格斯文集》第2卷，人民出版社2009年版，第591页。

如资本主义条件下绝大多数无产者就只能基本满足物质生活需要，社会生活、政治生活和精神生活是得不到基本保证的或者是需要斗争才能争取到一丝机会，那么，无产者的发展就远不是全面的，同时也是不自由的。全面发展和自由发展不只是体现在生活类型方面，还体现在生活类型之间的关系上，比如生活类型之间的关系是否协调、平衡和持续等。各类生活的社会生产受到物质生产力、生产关系、上层建筑和社会意识形式的影响或决定，因此，可以说，人的发展是否全面和自由，甚至能否发展是由上述社会因素决定或影响的。

从生活类型角度来理解全面自由发展，马克思的思想与恩格斯的思想是一致的。不同的是，恩格斯是从阶级社会里某一特殊阶级占有了生产资料和产品，进而妨碍了经济生活、政治生活和精神生活的发展这个角度来阐明的。在《社会主义从空想到科学》中，恩格斯说："某一特殊的社会阶级对生产资料和产品的占有，从而对政治统治、教育垄断和精神领导的占有……成为发展的障碍。"① 人们不能实现全面自由发展的原因是阶级社会和私人占有生产资料导致的。

立足马克思、恩格斯的生态理论和社会主义理论，我们坚信，人的生态属性与人的物质生活、社会生活、政治生活和精神生活共同构成人的全面自由发展的重要内容，它们构成有机整体，成为社会主义中的人的最有价值的目标。

---

① 《马克思恩格斯文集》第3卷，人民出版社2009年版，第563页。

论中国特色社会主义生态文明的发展价值观创新

刘希刚*

价值观是人通过认知、理解、判断或抉择认定事物、辩定是非，从而体现出人、事、物一定价值或作用的一种思维或取向，价值观既反映人的认知和需求状况，又是行为动机的导向，有助于人确认优先行动的目标。在生态文明成为社会主流价值之前，价值观是一种“文化的内核”[①]，也是社会道德的立足点，“体现的是一个社会在历史演进过程中的主体精神风貌，发挥的是一个社会在时代发展过程中的风向标作用”[②]。中国生态文明建设不断主流化并最终成为国家战略，在传统发展价值观中增添了生态文明的发展价值取向，是发展价值观的重大创新。进入中国特色社会主义新时代，中国共产党高度重视、全力推进生态文明建设国家战略，取得全局性、根本性、历史性重大成就，不仅让人民群众享受到了蓝天白云、绿水青山的良好生态，也引起国际社会的广泛关注和赞誉，中国特色社会主义生态文明成为世界生态文明建设中的重大硕果。然而，当前生态文明建设国家战略实施过程中，依然存在价值理念方面的争议、误解甚至盲区，习近平生态文明思想在中国特色社会主义建设各个领域存在如何落实、如何践行的问题。“生态文明建设是一场涉及价值观、生产方式、生活方式及发展模式的全方位变革，是复杂的系统工程，也是全社会共同参与、共同

---

* 刘希刚：南京财经大学马克思主义学院教授。

① 李路路等：《“分化的后权威主义”——转型期中国社会的政治价值观及其变迁分析》，《开放时代》2015 年第 1 期。

② 侯松涛等：《变革 · 转型 · 发展：改革开放以来价值观变迁的历史逻辑》，《学术论坛》2018 年第 6 期。

建设、共同享有的事业，必须最大限度地凝聚中国力量”①。挖掘探索中国特色社会主义生态文明作为发展价值观重大创新及其蕴含的丰富内涵与价值意义，是解决当前生态文明建设领域中存在的思想认识、理念意识、思维惯性等问题的重要认识前提。

一 中国特色社会主义生态文明是发展价值观的重大创新

在人类反思工业文明带来的社会危机与生态危机、世界各国探索可持续发展道路的时代潮流中，中国共产党在世界范围内第一次把生态文明确立为国家战略，实现了对人与自然关系和谐追求的发展价值观创新。价值观的核心是价值取向，价值取向是指人们把某种价值作为行动的准则和追求的目标，是人们实际生活中追求价值的方向。心理学家 Rokeach 把价值取向分为终极价值和工具价值两大类，前者反映人们有关最终想要达到目标的信念，后者反映人们对实现既定目标手段的看法。中国特色社会主义生态文明价值观的核心在于中国特色社会主义对生态文明的价值取向，体现为终极价值和工具价值的有机统一，是中国特色社会主义生态文明建设道路的价值内核，它既在终极价值上具有符合人类生态文明趋势的价值共通性，又在工具价值上体现出结合中国国情、社会主义制度和新时代特征的中国特色与价值独特性，是发展价值观的重大创新。

（一）中国特色社会主义生态文明建设战略的探索性形成

在中华人民共和国成立 70 年来的建设、改革、发展进程中，生态文明逐渐融入中国发展全局，成为经济社会发展的主流价值观，体现出生态文明在发展价值观中的逐步纳入、不断拓展与根本体现。纵观中国共产党在中华人民共和国成立以来的环境保护、生态建设的重大理论与实践发展，基本上分为四个阶段，即植树造林绿化祖国阶段、环境保护作为基本国策阶段、可持续发展战略实施阶段、提出科学发展观与“两型社会”建设阶段。这个历史发展阶段是一个对于生态环境事业地位作用思想认知不断提升的过程，为我们党重视生态文明建设、提出生态文明国家战略提供了历史积累和历史经验。纵观生态文明建设战略提出之前的历史阶段，我们党对于生态环境保护与生态建设的认识呈现出一个逐步深入、由点到面的与时俱进的发展过程。毛泽东同志关注的生态环境问题是影响社会生产各个

---

① 王春益：《生态文明与美丽中国梦》，社会科学文献出版社 2014 年版，序第 3 页。

领域的问题，还没有形成系统的生态环境思想。邓小平同志的生态法制化建设开启了生态环境问题制度化的道路，反映出对于生态环境问题全面性、全局性特点的认识深入。从江泽民同志开始的可持续发展道路实施阶段，体现出环境问题顺应世界潮流的国际视野，以及生态建设纳入国家战略的主流化进程。胡锦涛同志提出的建设资源节约型、环境友好型社会，既是对于生态环境问题社会属性的深刻认识，同时又将生态建设作为科学发展观的重要内容做出新定位，凸显了生态建设在党的思想主张、国家发展战略及经济社会发展规划中的地位作用。这些关于生态环境问题、环境保护与生态建设的思想认识与实践探索，推动了我们党对生态环境问题地位、属性、解决方法的逐步深入、由点到面的认识深入和思想发展，为我们党提出和部署社会主义生态文明建设做了思想铺垫和理论储备。

进入21世纪，生态文明在中国特色社会主义建设进程中的地位逐步提升，彰显着人与自然和谐的发展价值追求。从“可持续发展战略”到落实“科学发展观”再到“生态文明社会”建设，中国完成了生态问题向政治问题的转型，打造了生态文明建设的政治和制度基础。纵观中国生态文明国家战略的形成，经历了“生态良好—两型社会—生态文明提出—生态文明战略部署”的发展轨迹。2002年党的十六大报告把“生态良好”确定为全面建设小康社会的四大目标之一，2005年党的十六届五中全会提出“建设资源节约型社会和环境友好型社会”，2007年党的十七大报告首次提出“建设生态文明”，2010年“十二五”规划纲要提出树立绿色、低碳发展理念，21世纪的头十年中国发展的主线始终是可持续发展。2012年党的十八大报告首次将“生态文明建设”纳入“五位一体”总体布局，将生态文明上升到国家战略并作出部署。党的十八大之后，以习近平同志为核心的党中央领导中国生态文明建设取得历史性、转折性和全局性成就。党的十九大新闻中心第六场记者招待会专场“践行绿色发展理念、建设美丽中国”，概括了思想认识程度之深、污染治理力度之大、制度出台频度之密、监管执法尺度之严、环境质量改善速度之快的五个“前所未有”的历史性变革。2013年党的十八届三中全会提出必须建立系统完整的生态文明制度体系。2015年国家发布《关于加快推进生态文明建设的意见》，印发《生态文明体制改革总体方案》。2016年3月，“十三五”规划首次专篇将生态文明建设写入国家战略规划。2017年5月习近平总书记在十八届中共中央政治局第四十一次集体学习时关于“推动形成绿色发展方式和生活方式是发展观的一场深刻革命”的讲话中指出，“形成节约资源和保护环境的空间格局、产业结构、生产方式、生活方式，为人民创造良好生产生活环境”。2017 年 10 月习近平总书记在党的十九大报告中 12 次提到“生态文明”，先后阐述了生态文明建设的显著成效、日益增长的生态需要、富强民主文明和谐美丽的社会主义现代化强国、中华民族永续发展的千年大计、坚持人与自然和谐共生的根本措施、统筹推进经济政治文化社会与生态文明五大建设、生态文明体制改革与建设美丽中国、构建人类命运共同体与建设清洁美丽的世界，等等。生态文明在中国特色社会主义新时代中的战略地位更加凸显，战略部署更加具体清晰。2018 年 5 月习近平总书记出席全国生态环境保护大会并发表重要讲话，44 次提到“生态文明”，先后阐述了深刻认识加强生态文明建设的重大意义、加强生态文明建设必须坚持的原则、坚决打好污染防治攻坚战、加强党对生态文明建设的领导等四个方面的重要问题，先后提出了“充分发挥党的领导和我国社会主义制度能够集中力量办大事的政治优势，充分利用改革开放 40 年来积累的坚实物质基础，加大力度推进生态文明建设、解决生态环境问题”①，阐述了新时代推进生态文明建设必须坚持的六项原则：坚持人与自然和谐共生、绿水青山就是金山银山、良好生态环境是最普惠的民生福祉、山水林田湖草是生命共同体、用最严格制度最严密法治保护生态环境、共谋全球生态文明建设。习近平总书记重点强调要加快解决历史交汇期的生态环境问题，必须加快建立健全“以生态价值观念为准则的生态文化体系，以产业生态化和生态产业化为主体的生态经济体系，以改善生态环境质量为核心的目标责任体系，以治理体系和治理能力现代化为保障的生态文明制度体系，以生态系统良性循环和环境风险有效防控为重点的生态安全体系”②，并且强调加强党对生态文明建设的领导，“各地区各部门要增强‘四个意识’，坚决维护党中央权威和集中统一领导，坚决担负起生态文明建设的政治责任，全面贯彻落实党中央决策部署”③。至此，中国特色社会主义生态文明呈现出比较完整、完善和清晰的理念体系与战略架构，在党和国家战略体系中的地位更加突出，实施责任也更加明确。2019 年 3 月，习近平总书记在十三届全国人大二次会议内蒙古代表团审议时强调，保持加强生态文明

---

① 习近平：《推动我国生态文明建设迈上新台阶》，《求是》2019 年第 3 期。
② 习近平：《推动我国生态文明建设迈上新台阶》，《求是》2019 年第 3 期。
③ 习近平：《推动我国生态文明建设迈上新台阶》，《求是》2019 年第 3 期。

建设的战略定力，探索以生态优先、绿色发展为导向的高质量发展新路。2019年4月习近平总书记在北京世园会开幕式上的讲话中深情期待“这片园区所阐释的绿色发展理念能传导至世界各个角落”，倡议“同筑生态文明之基，同走绿色发展之路”[①]！并将中国的绿色发展理念阐述为即追求人与自然和谐、追求绿色发展繁荣、追求热爱自然情怀、追求科学治理精神和追求携手合作应对的“五个追求”，从绿色发展的视角阐述了中国特色社会主义生态文明的发展价值理念。

（二）生态文明成为“五位一体”中国特色社会主义发展全局的价值拼图

中国特色社会主义生态文明建设战略的形成是生态价值纳入中国特色社会主义建设全局的过程。心理学家 Allport 曾经把价值取向分为六类：理论取向、经济取向、审美取向、社会取向、政治取向和宗教取向等，这依然是局限于工业文明的思维范式。改革开放以来，中国特色社会主义走了一条不断反思工业文明生态问题弊病、逐渐把生态文明作为超越性价值取向的道路。从邓小平强调物质文明和精神文明两手抓、两手都要硬开始，我们党对中国特色社会主义建设事业的基本要素有了逐渐全面的重视。如果说物质文明和精神两手抓侧重哲学层面的理解与强调，那么后来我们党把中国特色社会主义的建设领域又拓展到经济建设、政治建设与文化建设，在文明的话语下就是物质文明、政治文明和精神文明的共同进步。到了科学发展观提出之后，社会和谐成为重要的价值目标之一，中国特色社会主义发展领域拓展为经济建设、政治建设、文化建设与社会建设。党的十八大报告提出：“面对资源约束趋紧、环境污染严重、生态系统退化的严峻形势，必须树立尊重自然、顺应自然、保护自然的生态文明理念，把生态文明建设放在突出地位，融入经济建设、政治建设、文化建设、社会建设各方面和全过程，努力建设美丽中国，实现中华民族永续发展。”[②] 把生态文明纳入中国特色社会主义建设全局，形成了经济建设、政治建设、文化建设、社会建设与生态文明建设的完整战略架构，生态文明成为中国特色社会主义发展全局的价值拼图，弥补了中国特色社会主义发展的人与

① 《习近平出席二〇一九年中国北京世界园艺博览会开幕式并发表重要讲话宣布北京世界园艺博览会开幕 强调各方要共同建设美丽地球家园》，《人民日报》2019年4月29日。

② 《胡锦涛在中国共产党第十八次全国代表大会上的报告》，《人民日报》2012年11月18日。

自然关系维度上的价值空位。之所以强调生态文明在中国特色社会主义发展全局中的价值拼图地位，是因为良好生态对于经济建设、政治建设、文化建设与社会建设的基础性地位，以及它在这些建设领域中的渗入性价值。首先，人类生态文明趋势被中国共产党确立为治国理政的价值目标。人类在对工业文明耗竭资源与破坏环境的反思中形成了走向生态文明的理念共识，生态文明成为人类文明的发展趋势和进步方向。中国共产党作为世界上最大的政党，率先在全世界提出和部署生态文明国家战略，把人与自然和谐作为执政兴国的价值追求，建设美丽中国和走向富强民主文明和谐美丽的现代化，表明了党和国家的战略部署与人类生态文明价值观的高度契合，是获得全世界认可的战略全局选择。党的十九大报告把建设生态文明定位为"中华民族永续发展的千年大计"①，与党的十八大报告"长远大计"相比较，更加突出了生态文明建设的持续性与长期性，表明中华民族将以伟大复兴的姿态永久屹立于世界民族之林、永久处于世界文明中心的信心决心，表达出中国对人类终将走向生态文明历史潮流的超前预判与前瞻选择。其次，生态文明建设是中国特色社会主义经济政治文化和社会建设的基础。马克思主义人化自然观把人与自然之间的物质变换看作是实现经济可持续发展的基础，彰显着充足资源、优美环境、良好生态对于中国特色社会主义经济又好又快发展的不可或缺性。特别是面对全球性的环境保护运动与生态文明行动，实现经济的生态化转型是保持国家经济竞争力的根本路径。不节约利用资源，不保护生态环境，不建设生态文明，中国的经济就缺乏后劲和永续性，从而让政治文化失去经济基础，社会失去活力，中国特色社会主义道路的光明前途也将失去终极依托。因此，我们党把生态文明与经济政治文化和社会建设并列为中国特色社会主义建设全局的五大战略，让其他四个方面的发展有了自然根基和生态基础。为此，"要从系统工程和全局角度寻求新的治理之道，不能再是头痛医头、脚痛医脚，各管一摊、相互掣肘，而必须统筹兼顾、整体施策、多措并举，全方位、全地域、全过程开展生态文明建设"②。最后，生态良好是中国特色社会主义经济、政治、文化和社会建设的底色。根据马克思主义的社会有机体理论，可以把中国特色社会主义看作一个由经济、政治、文化、社会

① 习近平：《决胜全面建成小康社会夺取新时代中国特色社会主义伟大胜利——在中国共产党第十九次全国代表大会上的报告（2017 年 10 月 18 日）》，人民出版社 2017 年版，第 23 页。

② 习近平：《推动我国生态文明建设迈上新台阶》，《求是》2019 年第 3 期。

与生态共同构成的有机体。这个有机体内部的各种要素之间相互联系、互相作用，共同形成一个协同进化的逻辑整体。而生态文明的人与自然关系和谐追求，是经济、政治、文化和社会各个领域的共同价值追求，也是应遵循的自然边界和生态底线。生态文明作为国家战略，具有融入中国特色社会主义建设各个领域的根本要求。经济、政治、文化和社会建设都必须以良好生态为底色，都必须要把生态和谐作为价值目标追求之一，都必须要有生态文明的相关内容，也都必须要有生态化的工作方式方法。

（三）中国特色社会主义生态文明是世界和人类生态文明的重大创新

亲近自然是人类的天性，人与自然关系和谐是人类在社会发展过程中的永恒追求，古今中外概莫能外。西方思想家的自然和谐追求与中国“天人合一”思想生存理念并行于世。卢梭（Jean - Jacques Rousseau）早就提出，具有原始状态特征的自然可以最充分地展示和表达人之内心状态、完整人格和精神自由，呼吁“回归自然”，反映出自然性是人性追求的基本内容。在近代以来的工业化进程中产生了绿色环保运动。从理论发展的进程看，西方生态文明的思想轨迹遵循了从“浅绿”到“深绿”再到“红绿”的演变，即生态自由主义到生态激进主义，再到生态马克思主义（生态社会主义）的演变，后来还有“后现代生态批判”思想等。但这些思想受制于资本主义框架体系而难以形成突破性和革命性的理论创新。而苏联东欧各国在恶劣的国际竞争环境中选择了以牺牲自然资源环境为代价的赶超型工业化道路，出现了备受西方学者包括生态马克思主义学者质疑的传统苏联模式社会主义的生态环境问题，社会主义制度理论层面的优越性并没有体现出转向生态文明的自发性、自觉性与可能性。当前，西方强国依然秉持生态殖民主义立场策略，对于全球生态环境恶化与气候变化不负责任，美国甚至退出了国际气候变化的《巴黎协定》。在工业文明向生态文明转型过程中，人们对生态问题的认识先后经历只要发展不要环境的阶段、重视自己小家园而不顾及他人甚至以邻为壑的阶段，进入地球是人类共同家园、生态文明是全人类共同责任的当今阶段。生态环境问题的全球性决定了中国与世界绿色发展的紧密相关性。改革开放前些年中国曾因人口数量巨大、劳动密集型、资源粗放型的经济增长方式，环境破坏一度非常严重而备受国际社会谴责。但中国持之以恒地坚持走绿色发展道路，不断促进经济、社会与生态的协调发展。特别是进入中国特色社会主义新时代，中国生态文明建设国家战略取得历史性成就，引起世界瞩目，赢得国际社会广泛赞誉。习近平总书记指出："党的十八大以来这几年，是我国生态文明建设力度最大、举措最实、推进最快、成效最好的时期。这一点必须充分肯定。"[①] 当前，中国是世界人工造林第一大国、新能源和可再生资源利用第一大国、第一个大规模开展 PM2.5 治理的发展中大国，拥有世界最大污水处理能力，对臭氧层保护贡献最大，森林覆盖率由 20 世纪初的 16.6%提高到 22%，生态建设水平持续提升。中国还积极参与全球环境治理，坚定履行《巴黎协定》、落实减排承诺，大力推动绿色"一带一路"建设……已成为全球生态文明建设的重要参与者、贡献者和引领者。2016 年第二届联合国环境大会上，联合国环境规划署发布《绿水青山就是金山银山：中国生态文明战略与行动》报告，"构建人类命运共同体"理念被写入联合国决议，中国经验被推广到国际社会，正在为全世界绿色发展提供重要借鉴。在世界范围内显示出了担当精神，体现出战略执行的力度效度。中国特色社会主义生态文明的理论与实践是世界生态文明建设和人类生态文明追求中的重大创新。

二 中国特色社会主义生态文明的发展价值观创新的内涵要义

党的十九大报告提出，中国特色社会主义进入了新时代。在美丽中国、美丽现代化强国的美丽前景从理想变成现实的过程中，党的十九大报告对新时代生态文明建设的战略部署，具有重大的理论实践创新意义。未来中国特色社会主义与社会主义生态文明将会在中国大地上展现出美丽中国、美丽现代化强国的美好前景。在当前学术界对于价值观的普遍性理解中，价值观就是"那些限定什么是重要的、值得的和合意的思想观念"[②]，生态文明的价值观相对于工业文明而言最大的变革在于明确和彰显了生态在经济社会发展中的重要价值。中国特色社会主义生态文明把生态文明纳入中国特色社会主义建设全局，让生态文明成为中国特色社会主义各领域、全方位和全过程的新价值与新追求，实现了中国特色社会主义发展过程中发展价值观的根本性变革；实现了生态文明在现代化道路、社会主义发展、经济发展体系、人民美好生活，以及人类命运共同体中的价值凸显，成为发展价值观的重大创新。

---

① 中共中央党史和文献研究院编：《十八大以来重要文献选编》下，中央文献出版社 2018 年版，第 761 页。

② ［英］安东尼·吉登斯：《社会学》，赵旭东等译，北京大学出版社 2004 年版，第 21 页。

（一）人与自然和谐成为现代化道路的根本价值追求

党的十九大在中国特色社会主义战略全局中增加社会主义现代化强国的美丽目标，使生态文明成为中国特色社会主义新时代的美丽标签，使人与自然和谐成为现代化道路的根本价值追求。首先，我们党把“建设美丽中国，为人民创造良好生产生活环境，为全球生态安全做出贡献”作为中国生态文明建设战略的价值目标，表明中国特色社会主义生态文明在新时代价值目标的国家性、人民性和国际性。其次，我们党提出的“富强民主文明和谐美丽的社会主义现代化强国”目标，表明美丽与富强、民主、文明、和谐一样成为新时代中国建设的社会主义现代化强国的基本特征，也表明继基本实现现代化阶段的“美丽中国”目标之后，“美丽”依然是新时代中国社会主义现代化建设的基本目标之一。再次，“富强民主文明和谐美丽的社会主义现代化强国”目标的提出还表明，在中国特色社会主义新时代，中国要建设的现代化是“人与自然和谐共生的现代化”，把生态文明作为社会主义现代化的必要因素，既突出了中国现代化与传统现代化的根本区别，也彰显了社会主义在现代化道路选择上的制度正义，即人与人关系和谐和人与自然关系和谐的辩证统一。随着美丽中国、美丽现代化目标的逐次实现，走出“中国特色社会主义新时代”的中国和中华民族，必将步入“社会主义生态文明新时代”。最后，党的十九大报告提出的“形成绿色发展方式和生活方式，坚定走生产发展、生活富裕、生态良好的文明发展道路”[①]，进一步强调了现代化建设进程中发展方式转变的生态文明本质特色，也让人与自然和谐的价值追求有了理论阵地与现实依托。

（二）生态文明真正成为社会主义发展目标

对资本主义生态问题及其资本逻辑的批判早已在马克思、恩格斯的相关著作中得到体现，更在20世纪60年代以来成为西方生态学马克思主义的重要内涵与主张。“生态学马克思主义对当代生态危机产生的根源和解决途径的探索是建立在历史唯物主义关于人与自然关系、相互作用的理论基础上的。”[②] 无论是福斯特对于马克思主义生态学的观点，还是阿格尔

① 习近平：《决胜全面建成小康社会夺取新时代中国特色社会主义伟大胜利——在中国共产党第十九次全国代表大会上的报告》，人民出版社2017年版，第24页。

② 王雨辰：《生态批判与绿色乌托邦——生态学马克思主义理论研究》，人民出版社2009年版，第21页。

（Agger）把生态危机看作当代资本主义主要形式、奥康纳（James O'connor）关于资本主义双重危机的理论，以及高兹对社会主义生态理性的向往，都把资本主义制度看作生态问题的重要制度因素，而把社会主义看作生态文明的制度支柱，把生态文明看作社会主义的发展方向。但是这些设想与观点都是以现实资本主义生活为基础的，现实的苏联东欧社会主义因为与资本主义制度的竞争而深陷工业化经济追求及其带来的生态环境问题困境。传统社会主义与生态文明的价值共性及现实背离的历史事实，让中国特色社会主义生态文明成为生态文明理论的中国实践形态，可以称为生态文明价值目标在科学社会主义运动史上第一次的明确树立，这既是社会主义与生态文明在中国大地的价值融汇，也是科学社会主义运动发展价值观的重大创新，让科学社会主义发展价值观达到了全面性、完整性的成熟阶段，实现了经济价值、政治价值、文化价值、社会价值和生态价值在中国特色社会主义格局中的综合统一与系统构建，呈现出科学社会主义完备发展的最新样态，折射出科学社会主义人与自然和谐的光明前景。

（三）自然价值纳入经济发展价值体系

传统经济学范围内自然价值是个被否定的命题，甚至有一些学者从马克思的劳动价值论出发而将其看作反生态的经济学者。20世纪60年代以来随着西方马克思主义特别是生态学马克思主义的兴起，马克思主义生态学思想得到深入挖掘并且其中的自然价值理念被明确肯定。自然价值的概念逐渐获得更大范围的认可，并在可持续发展、循环经济、低碳经济与绿色发展中得到更高程度的运用。我们党提出的中国特色社会主义生态文明战略部署，把自然界作为经济社会发展的最基础来源、资源源泉和环境支持，明确了自然价值与经济价值、劳动价值、社会价值之间的不可分割的关系，这是与旧的工业文明思想截然不同的认识。如果继续把自然物看作任人宰割的没有价值的存在物，那么自然资源的浪费、自然环境的破坏、自然物种的消灭就是一种不可挽回的命运，最终人类生存的基础条件、人类文明的物质前提都将失去依托。党的十九大报告、习近平总书记在全国生态环境保护大会上的讲话精神启示我们：中国特色社会主义生态文明在价值观方面确立起自然价值的地位，彰显出自然与人、自然与社会之间相互依存、生死相依的生命共同体和命运共同体关系。首先，强调“必须坚定不移贯彻创新、协调、绿色、开放、共享的发展理念”[1]，体现生态文明价值追求的绿色发展成为“新发展理念”的重要理念。在全国生态环境保护大会上，习近平总书记进一步指出：“生态环境问题归根结底是发展方式和生活方式问题，要从根本上解决生态环境问题，必须贯彻创新、协调、绿色、开放、共享的发展理念，加快形成节约资源和保护环境的空间格局、产业结构、生产方式、生活方式，把经济活动、人的行为限制在自然资源和生态环境能够承受的限度内，给自然生态留下休养生息的时间和空间。”[2] 其次，重申“必须树立和践行绿水青山就是金山银山的理念”[3]，用“绿水青山”和“金山银山”的形象比喻凸显出自然万物与自然系统的自然价值向经济价值、财富价值和社会价值转变的认识前提。在2018年全国生态环境保护大会上，习近平总书记进一步强调指出了绿水青山的绿色财富属性，“绿水青山既是自然财富、生态财富，又是社会财富、经济财富。保护生态环境就是保护自然价值和增值自然资本，就是保护经济社会发展潜力和后劲，使绿水青山持续发挥生态效益和经济社会效益”[4]。再次，“必须坚持节约优先、保护优先、自然恢复为主的方针，形成节约资源和保护环境的空间格局、产业结构、生产方式、生活方式，还自然以宁静、和谐、美丽”[5]。既明确指明了自然价值纳入经济发展价值体系的基本原则与核心路径，同时也强调了自然是经济发展的重要价值目的之一。最后，强调“绿色发展”是在经济发展体系中体现自然价值的根本要求。习近平总书记在党的十九大报告中强调“加快建立绿色生产和消费的法律制度和政策导向，建立健全绿色低碳循环发展的经济体系。构建市场导向的绿色技术创新体系，发展绿色金融，壮大节能环保产业、清洁生产产业、清洁能源产业。推进能源生产和消费革命，构建清洁低碳、安全高效的能源体系”[6]。明确了符合绿色发展要求的经济体系、技术创新体系、产业体系与能源体系的生态文明本质与

① 习近平：《决胜全面建成小康社会夺取新时代中国特色社会主义伟大胜利——在中国共产党第十九次全国代表大会上的报告》，人民出版社2017年版，第21页。

② 习近平：《推动我国生态文明建设迈上新台阶》，《求是》2019年第3期。

③ 习近平：《决胜全面建成小康社会夺取新时代中国特色社会主义伟大胜利——在中国共产党第十九次全国代表大会上的报告》，人民出版社2017年版，第23页。

④ 习近平：《推动我国生态文明建设迈上新台阶》，《求是》2019年第3期。

⑤ 习近平：《决胜全面建成小康社会夺取新时代中国特色社会主义伟大胜利——在中国共产党第十九次全国代表大会上的报告》，人民出版社2017年版，第50页。

⑥ 习近平：《决胜全面建成小康社会夺取新时代中国特色社会主义伟大胜利——在中国共产党第十九次全国代表大会上的报告》，人民出版社2017年版，第50—51页。

绿色特征，是进一步提升和体现自然价值的具体发展措施。

（四）生态价值成为人民美好生活追求的重要内容

中国特色社会主义生态文明战略及其部署表明我们党和国家把生态价值纳入了人民对美好生活的追求主题，即人民对良好生态环境的需求在人民美好生活需要中的地位的上升，并切实融入全面建成小康社会、基本实现现代化进程之中；人民群众既是优质生态产品的享有者，又是优美生态环境的维护者。首先，我们党聚焦新时代主要矛盾的生态需求，设计美丽中国到美丽现代化“三步走”战略，彰显出生态环境满足人民群众美好生活需要的价值。党的十九大报告指出：“中国特色社会主义进入新时代，我国社会主要矛盾已经转化为人民日益增长的美好生活需要和不平衡不充分的发展之间的矛盾。”[①] 这个主要矛盾体现在生态文明建设领域就是“人民日益增长的对良好生态环境的美好生活需要”与“生态文明建设不平衡不充分”之间的矛盾。新时代人民日益增长的生态需要，是生态文明建设不断深入推进的根本动力。党的十九大报告分三个阶段指出了生态文明建设在现代化进程中的时序进度与目标要求，即全面建成小康社会决胜期的攻坚战、基本实现现代化阶段的美丽中国目标实现、现代化实现阶段美丽的社会主义现代化强国目标实现，以确保人民群众的生态权益的满足得到逐次提升。其次，我们党着重强调人民群众在美好生态环境建设中的价值主体地位。党的十九大报告指出：“我们要建设的现代化是人与自然和谐共生的现代化，既要创造更多物质财富和精神财富以满足人民日益增长的美好生活需要，也要提供更多优质生态产品以满足人民日益增长的优美生态环境需要。”[②] 把优美生态环境与美好生活并列，作为我们党引领发展和实现现代化的重要价值目标。在 2018 年全国生态环境保护大会上，习近平总书记进一步强调指出：“要坚持生态惠民、生态利民、生态为民，重点解决损害群众健康的突出环境问题，加快改善生态环境质量，提供更多优质生态产品，努力实现社会公平正义，不断满足人民日益增长的优美生态环境需要。”[③] 明确了新时代生态文明建设满足人民群众生态权益的丰富内

---

① 习近平：《决胜全面建成小康社会夺取新时代中国特色社会主义伟大胜利——在中国共产党第十九次全国代表大会上的报告》，人民出版社 2017 年版，第 11 页。

② 习近平：《决胜全面建成小康社会夺取新时代中国特色社会主义伟大胜利——在中国共产党第十九次全国代表大会上的报告》，人民出版社 2017 年版，第 50 页。

③ 习近平：《推动我国生态文明建设迈上新台阶》，《求是》2019 年第 3 期。

涵与现实要求。最后，我们党突出人民群众的生态文明建设主体地位。党的十九大报告在“推进绿色发展”的措施中提出：“推进资源全面节约和循环利用，实施国家节水行动，降低能耗、物耗，实现生产系统和生活系统循环链接。倡导简约适度、绿色低碳的生活方式，反对奢侈浪费和不合理消费，开展创建节约型机关、绿色家庭、绿色学校、绿色社区和绿色出行等行动。”[①] 明确了绿色发展“生产系统和生活系统循环链接”的社会性和全民性，以及开展全面绿色行动的必要性。机关、家庭、学校、社区、出行的绿色化是绿色发展的社会载体，而最终的落实者和行动者都是人民群众。在 2018 年全国生态环境保护大会上，习近平总书记明确指出：“生态文明是人民群众共同参与共同建设共同享有的事业，要把建设美丽中国转化为全体人民自觉行动。每个人都是生态环境的保护者、建设者、受益者，没有哪个人是旁观者、局外人、批评家，谁也不能只说不做、置身事外。要增强全民节约意识、环保意识、生态意识，培育生态道德和行为准则，开展全民绿色行动，动员全社会都以实际行动减少能源资源消耗和污染排放，为生态环境保护作出贡献。”[②]

（五）生命共同体价值融入人类命运共同体目标追求

习近平总书记在党的十九大报告中指出：“人与自然是生命共同体，人类必须尊重自然、顺应自然、保护自然。人类只有遵循自然规律才能有效防止在开发利用自然上走弯路，人类对大自然的伤害最终会伤及人类自身，这是无法抗拒的规律。”“生命共同体”理念像红线一样贯穿党的十九大报告，是具有体系性和统摄力的最有代表性的创新话语。首先，“统筹山水林田湖草系统治理”，是基于对人与自然“生命共同体”的系统性认识做出的生态建设实践；“还自然以宁静、和谐、美丽”，突出的是“生命共同体”对自然环境的内涵要求。其次，“倡导简约适度、绿色低碳的生活方式”，目的是尽量将对自然“生命共同体”的干扰破坏降到最低；“牢固树立社会主义生态文明观，推动形成人与自然和谐发展现代化建设新格局”[③]，反映出“生命共同体”构建的制度与观念保障。最后，习近平总书

---

① 习近平：《决胜全面建成小康社会夺取新时代中国特色社会主义伟大胜利——在中国共产党第十九次全国代表大会上的报告》，人民出版社 2017 年版，第 51 页。

② 习近平：《推动我国生态文明建设迈上新台阶》，《求是》2019 年第 3 期。

③ 习近平：《决胜全面建成小康社会夺取新时代中国特色社会主义伟大胜利——在中国共产党第十九次全国代表大会上的报告》，人民出版社 2017 年版，第 52 页。

记在“生命共同体”理念基础上部署建设美丽中国的战略行动，要求“加快生态文明体制改革，建设美丽中国”，明确推进绿色发展、保护生态系统、解决环境问题、改革环境监管体制的四大措施；要求构建适合绿色发展的经济体系、技术创新体系、能源体系、环境治理体系与生态安全屏障体系，建立市场化、多元化生态补偿机制，构建国土空间开发保护制度和完善生态环境管理制度。

在中国特色社会主义生态文明建设全局中，美丽不仅是美丽中国、美丽现代化的深刻内涵，还是“人类命运共同体”的基本特征。党的十九大报告强调“坚持推动构建人类命运共同体”，把“构筑尊崇自然、绿色发展的生态体系”作为其中的重要内容，强调“人类命运共同体”的美丽世界构建，凸显生态文明的人类价值。我们把生态文明看作人类命运共同体的鲜明特征，彰显着中国人民与全世界人民共同走向生态文明时代的同心同德。我们积极向全世界呼吁“各国人民同心协力，构建人类命运共同体，建设持久和平、普遍安全、共同繁荣、开放包容、清洁美丽的世界”①，“坚持环境友好，合作应对气候变化，保护好人类赖以生存的地球家园”②。当前，经济全球化背景下处于两极分化的南北国家出现了不同的生态运动与价值立场。“北方”发达国家以防止国内污染为主题，而“南方”不发达国家的主题是防止资源衰竭。全人类只有一个地球，全人类在这个共有的地球上共生。解决全球生态环境问题，需要在全球协商基础上形成全球共识，摒弃极端的人类中心主义意识，摒弃西方传统工业文明模式，推动旧的国际经济政治秩序下的经济全球化进程转轨。社会主义中国呼吁全世界人民构建人类命运共同体，建设清洁美丽的世界，共同保卫全球生态安全，这是美丽世界建设的中国方案，也凸显出生态文明建设的人类价值。不仅如此，“生命共同体”既是自然存在物与自然系统的生命共同体，又是人与自然关系的生命共同体。中国主张建立的人类命运共同体是生态文明性质的命运共同体，实质上是基于人与自然的生命共同体关系之上的人类命运共同体，因此在价值维度上表现为生命共同体价值在人类命运共同体价值追求中的纳入和体现，体现出了中国特色社会主义生态文

① 习近平：《决胜全面建成小康社会夺取新时代中国特色社会主义伟大胜利——在中国共产党第十九次全国代表大会上的报告》，人民出版社2017年版，第58—59页。

② 习近平：《决胜全面建成小康社会夺取新时代中国特色社会主义伟大胜利——在中国共产党第十九次全国代表大会上的报告》，人民出版社2017年版，第59页。

明建设中人与自然与人与人两种关系和谐价值的交汇融合。

三 中国特色社会主义生态文明发展价值观创新的理论与实践意义

中国特色社会主义生态文明既是人类文明道路转型的根本体现，又是中国特色社会主义发展道路的新转型，也是中国特色社会主义发展价值观的重大创新。中国特色社会主义生态文明价值观是人与自然和谐共生追求的新境界，是习近平新时代中国特色社会主义思想的重要特色内容、马克思主义生态理论的中国化新成果、世界现代化进程中共建生态文明的中国经验智慧，具有重要的理论意义和实践意义。

（一）中国特色社会主义生态文明发展价值观创新的理论意义

中国特色社会主义生态文明发展价值观体现着经济社会与生态三大规律的整体性反映、世界观和方法论的辩证统一、社会生态与人的价值的综合性、发展的生态底线思维，实现了生态唯物论、生态辩证法、生态思维的统一，是重大的理论创新成果。根据习近平总书记关于生态文明建设的系列重要讲话精神，中国特色社会主义生态文明是一种经济、政治、文化、社会、生态全面、协调、和谐、永续发展的价值观，具有深刻的理论创新性、全面的领域覆盖性与强大的发展引领力，是指导经济社会发展、要求人们自觉遵循的价值理念。中国特色社会主义生态文明既是与世界绿色发展进程、人类生态文明趋势相一致的国家层面、民族层面、治国理政的生态文明之路，又是全面贯彻落实进入经济社会生活经济层面、制度层面、社会层面、文化层面的发展价值观，还是融入个人生活微观层面的道德价值观理念。中国特色社会主义生态文明的主旨是追求人与自然关系和谐，关键问题在于协调自然物质生产、消费与社会物质生产、消费之间的循环关系。中国特色社会主义生态文明发展价值观创新与其他生态理论的价值观之间具有共通性与互补性，同时又有自己的创新特色与独特贡献。

第一，马克思主义人化自然观的继承发展。“人化自然”是马克思关于人与自然关系的重要思想，在马克思博士论文及其之后的著述中都有较多体现。马克思本人曾在《1844年经济学哲学手稿》中指出，“动物只是按照它所属的那个种的尺度和需要来构造，而人却懂得按照任何一个种的尺度来进行生产，并且懂得处处都把固有的尺度运用于对象”[①]，体现出了

① 《马克思恩格斯文集》第1卷，人民出版社2009年版，第163页。

"人化自然"的意思。他还多次谈到"人的本质力量的对象化"、人"自身的对象化""对象化了的人""人化的自然界"等。根据马克思的这些阐述，所谓的人化自然是人类从自身需要出发利用和改造自然界从而出现的变化结果，也就是打上了人的本质力量印记的自然。可见马克思坚持的是实践基础上的人化自然观。从博士论文马克思开启新自然哲学，之后演绎到社会领域，呈现出一个哲学体系建构的基因链。人化自然观是马克思自然哲学与社会哲学相互渗透融合形成的自然观，是对抽象自然观的批判与超越。在马克思主义哲学视阈下马克思人化自然观是对未来人与自然和谐的期待，具有客观实践性、辩证统一性、社会历史性、现实批判性与未来建设性的理论特点，体现了唯物论、认识论、辩证法和历史观的理论渊源。马克思人化自然观为生态文明时代提供了最根本的思想启示：在认识上，人类应树立环境伦理，承担好自然界守护者的角色；在实践上，人类需要在"最小消耗""合乎本性"的前提下"合理调节"人与自然关系，自觉肩负起建设生态文明的责任。作为新时代经济规律、社会规律与生态规律相辅相成关系的理性认识，中国特色社会主义生态文明发展价值观是对马克思主义人化自然观及其内蕴的自然价值思想的继承和发展，是在马克思主义发展规律论、发展价值论和发展方法论基础上的理论创新。其一，中国特色社会主义生态文明坚持以维护自然"生命共同体"、维系人与自然"生命共同体"关系、共建自然面前的"人类命运共同体"为根本目标，坚持独特的生态思维和底线思维，以生态唯物论、生态辩证法和生态思维的有机结合，实现了生态文明的本体论、关系论、方法论的统一。其二，中国特色社会主义生态文明发展价值观强调经济建设与生态环境、客观规律和主观能动性、目的和手段、真理和价值、中国与世界等对立统一关系的协调共赢，既是人与自然关系和人与人关系"两大和解"的发展观和世界观，更是以人、自然、社会多元主体协调和谐的唯物辩证方法论。其三，中国特色社会主义生态文明是我们党的生态文明追求在新时代的主题升华，实现了生态文明思想的丰富发展。在中华人民共和国成立之后我们党的生态建设史上，中国特色社会主义生态文明是对植树造林绿化祖国、环境保护国策、可持续发展、科学发展等思想的继承发展，实现了生态文明思想在新时代的主题升华及丰富发展。

第二，中国传统生态文化与智慧的传承弘扬。中华民族是一个追求人与自然和谐的民族，在中国发展的历史长河中形成了"天人合一""厚德载物”“民胞物与”“道法自然”等关爱自然、遵循自然规律的朴素理念，生态文化贯穿绵延5000多年的中华文明发展史。中国传统文化名著《易经》中关于天文与人文、天地之道与天地之宜的观点，《老子》中“道法自然”的思想，《孟子》《荀子》中“不违农时”、对草木“不夭其生，不绝其长”的理念，《齐民要术》中“顺天时，量地利”的方法，等等，“这些观念都强调要把天地人统一起来、把自然生态同人类文明联系起来，按照大自然规律活动，取之有时，用之有度，表达了我们的先人对处理人与自然关系的重要认识”①。同时，中国古代很早就把自然生态理念运用到国家管理制度之中，形成了掌管山林川泽机构的林官、湖官、陂官、苑官、畴官等虞衡制度。这些都是中华民族在长期的社会生产生活中总结出来的生态智慧。中国传统生态文化的理念与智慧穿越历史，在中国特色社会主义新时代绽放出生态文明的光芒。习近平总书记特别重视对中华民族优秀传统文化包括优秀生态文化的传承弘扬，2013年5月他在十八届中共中央政治局第六次集体学习时的讲话中指出，“我们中华文明传承五千多年，积淀了丰富的生态智慧。‘天人合一’‘道法自然’的哲理思想，‘劝君莫打三春鸟，儿在巢中望母归’的经典诗句，‘一茶一饭，当思来之不易；半丝半缕，恒念物力维艰’的治家格言，这些质朴睿智的自然观，至今仍给人以深刻警示和启迪”②。中国特色社会主义生态文明发展价值观创新是对中国传统生态文化的继承发展，是对中华民族生态智慧的时代传承。比如，“热爱自然、尊重自然、保护自然”的生态文明建设理念，与天人合一、珍惜物力、生活节俭、遵循自然规律的中国传统生态文化一脉相承；习近平总书记提出的“像保护眼睛一样保护生态环境，像对待生命一样对待生态环境”，是我们保护生态环境、开展环境治理的坚定理念，把“推己及人”的待人之道移嫁为“关爱自然”的接物之道，体现出传统文化和传统生态文化的互融互通，是传统生态智慧在当今时代的弘扬发展。

第三，国际各种生态思想理论与实践的借鉴超越。自工业文明以来生态环境问题以历史上前所未有的规模速度不断恶化的事实表明，“生态环境危机是工业文明的必然伴生物，生态环境问题的实质是发展模式的危

---

① 习近平：《推动我国生态文明建设迈上新台阶》，《求是》2019年第3期。

② 中共中央文献研究室编：《习近平关于社会主义生态文明建设论述摘编》，中央文献出版社2017年版，第6页。

机，是世界观和价值观的扭曲。工业文明所提出的鼓励人们过分追求物质和感官欲望满足的工具理性导致了享乐主义和消费主义的盛行和泛滥"[①]。对作为地球物种的人类而言，人类自从摆脱了动物界就已经具有了凌驾于任何自然存在物之上的能力。"如果把人生的意义仅仅定位在最大化地占有和消费物质财富，那么，人们就会贪婪地把地球上的自然存在物消灭殆尽。"[②] 在一定的时空条件下，地球资源的有限性、环境容量的有限性与人性之贪婪无度之间是一个此消彼长的巨大矛盾，这是生态环境问题的本质所在。不改变消费主义价值观，人类就不能走出生态危机的困境。20 世纪中期以来，生态文明的世界潮流在工业化进程中的生态环境问题及其导致的发展不可持续性中逐渐形成。美国生态作家蕾切尔·卡逊（Rachel Carson）1962 年出版的《寂静的春天里》，最早引发世人对生态问题关注。生态学者把人类文明进程中的农业文明、工业文明与生态文明分别称为黄色文明、黑色文明和绿色文明。从理论发展的进程看，国外绿色发展的思想轨迹遵循了从"浅绿"到"深绿"再到"红绿"的演变，即生态自由主义到生态激进主义，再到生态马克思主义的演变，后来还出现了"后现代生态批判"思想等。世界生态主义呈现出气候资本主义的困局、思辨自然主义的入场、建设性后现代主义的苦行、生态学马克思主义的前行、生态学社会主义的进展等发展态势。在当代世界多元格局中，国际生态主义平稳前行，绿色发展日渐成为共识。由生态环境问题的全球性带来的生态文明建设的世界性，这决定了中国特色社会主义生态文明与世界上流行的生态思想的价值共通性，也决定了中外生态文明思想理念交互融汇的联系性。但是，与当今国际上的主要生态思想理论与实践相比，中国特色社会主义生态文明具有突出的鲜明特征，在发展价值观上实现了突破与超越：一是世界历史上执政党首次把生态文明纳入国家战略，生态文明建设成为党的执政价值目标、国家战略目标、全国人民的共同奋斗目标与全社会行动目标；二是中国特色社会主义生态文明是经济、社会与生态三大规律的相辅相成，是自然观、生态观、发展观与实践观的统一，是一种综合性的发展进步追求；三是中国特色社会主义生态文明体现出生态文明理念的系统性及底线思维的独特性，既是"五位一体"建设全局中的重要部分和新

① 杨卫军：《习近平绿色发展观的哲学底蕴》，《学术论坛》2016 年第 9 期。
② 杨卫军：《习近平绿色发展观的哲学底蕴》，《学术论坛》2016 年第 9 期。

发展理念的重要内容，又是中国特色社会主义发展中的底线保障；四是中国特色社会主义生态文明具有鲜明的新时代特征，是鲜明中国特色与世界共识的辩证统一。

（二）中国特色社会主义生态文明发展价值观创新的实践意义

在中国特色社会主义新时代，中国开启从富起来到强起来的历史进程，中国发展既有国家民族意义，也有推动世界更好发展的重大价值，但依然面临强权国家维护旧霸权的抵制，故而建设生态文明成为必然选择。全球极端气候频发的生态环境危机和世界各国发展在经济和环保之间的徘徊倒退警示我们，生态文明不仅关乎人类未来命运，也直接关系我们当下生存；生态文明是促进人与自然和谐的必由之路，既是一种理念，也是一种现实选择；生态文明不仅是一国大计，更是全球大计和人类大计。在新时代中国特色社会主义发展框架下基于国内与国际双重视角的考量，中国特色社会主义生态文明既是新时代中国绿色发展的指导思想、实践指南，又为世界上各个国家和民族走好绿色发展道路提供理念引领。

一方面，中国特色社会主义生态文明为美丽中国和美丽现代化建设提供价值引领。在新时代，中国特色社会主义生态文明能够发挥思想引领作用，是新时代美丽中国建设的意识形态指南；能够发挥理论指引作用，为总结分析中国生态文明建设实践的成就、问题与经验，提升生态文明研究水平提供理论支持；能够发挥理念教育作用，引领全社会合力建设生态文明。一是对美丽中国建设的意识形态指导作用。生态问题的积累性与持续性、相对于人民美好环境需要的生态环境短板，决定了生态文明建设是新时代美丽中国的绿色基石。新时代习近平生态文明思想是贯穿全面建成小康社会、基本实现现代化、全面建成社会主义现代化强国的绿色指导思想。生态文明既是加快生态文明体制改革、建设美丽中国的首要内容，又是现代化经济体系建设的新发展理念，体现着中国新时代发展的整体性、协调性、平衡性、包容性、可持续性；它以战略着眼的长远性，为实现中华民族伟大复兴中国梦提供绿色动力；它高度关注新时代中国生态短板，指明生态文明建设的目标原则、任务要求与重点方向。二是对生态文明建设的理论指引作用。生态文明能力和生态文明战略是实现生态文明的关键要素，由识别能力、投入能力和评估能力构成的生态文明能力是中国生态文明的根本抓手，生态文明理念具有重要价值。近年来地方转型阵痛、影响群众生活等问题，说明绿色理念、生态观念、系统思维在生态施策、生态文明中的重要性，需要进一步发挥中国特色社会主义生态文明对生态文明施策、环保体制改革的理念更新和落实推动作用。三是对生态文明建设的实践指南作用。在政策执行上，习近平生态文明理念聚焦国内生态环境瓶颈、国际生态安全压力，体现转型发展的针对性，指导解决经济发展与资源环境的“二律背反”问题；在方法维度上，中国特色社会主义生态文明为科学践行生态文明提供唯物辩证法、生态思维理性与实践方法论；在社会维度上，中国特色社会主义生态文明引领着全社会的绿色共建行动。

另一方面，中国特色社会主义生态文明为推动世界生态文明进程提供重要价值启示。在工业文明向生态文明转型过程中，人们对生态问题的认识先后经历只要发展不要环境的阶段、重视自己小家园而不顾及他人甚至以邻为壑的阶段，进入地球是人类共同家园、生态文明是全人类共同责任的当今阶段。生态环境问题的全球性决定了中国与世界绿色发展的紧密相关性。这充分说明，生态文明建设关乎人类未来，建设绿色家园是人类的共同梦想，保护生态环境、应对气候变化需要世界各国同舟共济、共同努力，任何一国都无法置身事外、独善其身。改革开放前些年中国曾因人口数量巨大、劳动密集型、资源粗放型的经济增长方式，环境破坏一度非常严重而备受国际社会谴责。但中国持之以恒地坚持促进经济、社会与生态的协调发展，尤其是党的十八大以来取得的历史性成就引起世界瞩目，成为中国生态文明建设力度最大、举措最实、推进最快、成效最好的时期。习近平总书记在2018年全国生态环境保护工作大会的讲话中指出：“人类是命运共同体，保护生态环境是全球面临的共同挑战和共同责任。生态文明建设做好了，对中国特色社会主义是加分项，反之就会成为别有用心的势力攻击我们的借口。”① 不仅如此，中国特色社会主义生态文明在世界现代化发展史上的影响是世界性的。“在人类200多年的现代化进程中，实现工业化的国家不超过30个、人口不超过10亿。在我们这个13亿多人口的最大发展中国家推进生态文明建设，建成富强民主文明和谐美丽的社会主义现代化强国，其影响将是世界性的。”② 中国对世界生态文明发展做出

---

① 习近平：《推动我国生态文明建设迈上新台阶》，《求是》2019年第3期。

② 习近平：《推动我国生态文明建设迈上新台阶》，《求是》2019年第3期。

了卓越贡献，已成为全球生态文明建设的重要参与者、贡献者、引领者；相对于退出《巴黎协定》的美国，中国更显担当精神，生态文明建设国家战略获得国际社会广泛赞誉；在世界生态文明潮流中，中国特色社会主义生态文明提出人类命运共同体与生命共同体思想，是对世界生态文明的重大思想贡献；中国的生态文明建设理念与经验被联合国在国际社会推广，将为人类应对地球变暖、发展中国家现代化选择和全球绿色发展提供经验启示。当然，中国作为负责任的发展中大国和全球气候变化应对和环境治理体系的世界性领导者，在发挥世界生态文明建设引领作用的同时，也要警惕西方敌对势力的“碳政治”及其生态帝国主义逻辑的意识形态危害，以维护自身生态安全和意识形态安全。

人与自然生命共同体视野下的社会主义生态文明

陈艺文[*]

党的十八大以来，以习近平同志为核心的党中央立足于中国特色社会主义新时代的历史方位，系统总结中国社会主义现代化发展及世界范围内环境保护与治理的经验教训，着眼于更广阔视野来不断深化中国生态文明及其建设的理论思考与实践战略，形成了习近平生态文明思想。习近平总书记在党的十九大报告中提出："人与自然是生命共同体，人类必须尊重自然、顺应自然、保护自然。"[①] "人与自然是生命共同体"构成了习近平生态文明思想的基础性论断。"人与自然生命共同体"具有丰富的生态哲学意涵与绿色变革意蕴，为我们建设社会主义生态文明提供了基本理论视点和实践要求，而社会主义生态文明及其建设将为实现人与自然和谐共生提供现实文明载体与发展路径。

一 "人与自然生命共同体"的生态哲学基础阐释

随着生态环境问题的日益凸显，构建良好人与自然关系已经成为一种社会共识和时代要求。习近平总书记在2013年召开的党的十八届三中全会上指出："山水林田湖是一个生命共同体，人的命脉在田，田的命脉在水，水的命脉在山，山的命脉在土，土的命脉在树。"[②] 其中不仅明确表达了对自然生态系统的整体性认知，还强调了人与自然生态系统的共存共生关

* 陈艺文：北京大学马克思主义学院博士生。

① 习近平：《决胜全面建成小康社会 夺取新时代中国特色社会主义伟大胜利》，人民出版社2017年版，第50页。

② 中共中央文献研究室编：《习近平关于社会主义生态文明建设论述摘编》，中央文献出版社2017年版，第47页。

系。2017 年习近平总书记主持召开中央全面深化改革领导小组会议，确立了“坚持山水林田湖草是一个生命共同体”[①] 的基本原则，进一步深化了对自然系统的完整性和生态治理的系统性的认识。在此基础上，党的十九大报告正式提出“人与自然是生命共同体”思想[②]。2018 年 5 月，习近平总书记在纪念马克思诞辰 200 周年大会和全国生态环境保护大会上再次强调“人与自然是生命共同体”[③]，必须坚持人与自然和谐共生。可见，“人与自然生命共同体”作为习近平生态文明思想的一个基本范畴，着重强调的是人（社会）与自然之间的整体性和不可分割性，集中体现了习近平总书记对建设社会主义生态文明的哲学前提的深度思考，其思想基础在于对现代生态哲学文化的继承创新[④]。

作为对人与自然关系的哲学反思，现代生态哲学致力于探求包含人类活动在内的整个生态领域最普遍规律，并提出用方法论规范指导人对自然的实践关系。一方面，现代生态哲学将生态学视为“终极的科学”[⑤]，借鉴现代生态学的整体论和系统论方法，将人（社会）与自然视为一个相互依赖和协同发展的整体，并倡导人类对自然的诚实理解与谦逊态度。另一方面，现代生态哲学试图通过“非人类中心主义”价值观的确立与推广，推动整个现代人类文明的绿色化变革。其中较为明确的生态（生命）中心主义取向主要来自以下三个方面。其一是利奥波德（Aldo Leopold）的大地伦理学。利奥波德将伦理关系的拓展视为一个生态演变的过程。地球生态体系是各要素相互依赖与协调组织而成的一个生命共同体（biotic community），人类对其所生活的生态形势的认识将形成一种人与自然的伦理，它要求人类承担起对生命共同体所有成员及共同体本身的义务，维持与促进生命共同体的和谐、稳定和美丽。[⑥] 其二是奈斯（Arne Naess）的深生态学。

① 《敢于担当善谋实干锐意进取 深入扎实推动地方改革工作》，《人民日报》2017 年 7 月 20 日第 1 版。

② 习近平：《决胜全面建成小康社会 夺取新时代中国特色社会主义伟大胜利》，人民出版社 2017 年版，第 50 页。

③ 习近平：《在纪念马克思诞辰 200 周年大会上的讲话》，人民出版社 2018 年版，第 21 页；习近平：《推动我国生态文明建设迈上新台阶》，《求是》2019 年第 3 期。

④ 参见王雨辰《习近平“生命共同体”概念的生态哲学阐释》，《社会科学战线》2018 年第 2 期。

⑤ ［美］霍尔姆斯·罗尔斯顿：《哲学走向荒野》，刘耳等译，吉林人民出版社 2000 年版，第 82 页。

⑥ 参见［美］奥尔多·利奥波德《沙乡年鉴》，侯文蕙译，商务印书馆 2016 年版。

奈斯认为，每一生命形式都拥有平等的生存与发展的权利，真正的自我实现是与自然的认同和融合，其实现路径在于找到一种可以体验其他存在物的感觉的方法，从而超越个体的感知局限走向更广阔的生命世界。[①] 其三是罗尔斯顿（Philip Rolston）的自然价值学说。罗尔斯顿认为自然有机体自我生长和繁殖修复的能力是其内在价值的体现，生态系统是一个有着自身的生物功能与资源利用逻辑的家园，具有充满创造性的系统价值，因而构成了一个具有最大包容能力的完美的共同体[②]。因此，现代生态哲学基于对生态科学成果与哲学价值观念的再阐释，主张人与自然普遍联系与交互运动的生态世界观，倡导有机整体性的思维方式与尊重自然价值的伦理情感。

马克思和恩格斯运用其辩证唯物主义与历史唯物主义原理与方法，发展出以人类实践为基础的生态哲学思维方式，对人与自然共同体关系展开了辩证性、实践性与历史性的阐释与论证。首先，人与自然是一个不断运动发展的辩证统一整体。一方面，作为各种物体相联系与运动的总体[③]，自然界“是我们人类（本身就是自然界的产物）赖以生长的基础”[④]，自然状况影响着人类的生产生活方式。另一方面，作为一种现实的感性存在，人类必须在自然界中“通过活动来取得一定的外界物，从而满足自己的需要”[⑤]，将自然化为现实生活世界的内在要素。在这一过程中，人类对自然的改造，同时也是改变其自身的自然即我们自己。其次，实践是人与自然相互作用的中介及其协同发展的基础。劳动实践作为人的存在方式，“是人以自身的活动来中介、调整和控制人和自然之间的物质变换的过程”[⑥]，是人与自然相分离并形成更高统一的基础。人通过感性的实践活动确立了人在自然界中的主体地位，并结成了日趋复杂多样的社会关系。因而，人与自然之间的相互作用不再是简单生物意义上的新陈代谢，而是人类社会通过生产与消费等活动机制来与自然进行的复杂性物质变换过程。

---

① Arne Naess, *Simple in Means*, *Rich in Ends*. in M. E. Zimmerman et al., eds., Environmental Philosophy. London: Prentice - Hall, 2000, pp. 182 - 192.

② ［美］霍尔姆斯·罗尔斯顿：《环境伦理学》，杨通进译，中国社会科学出版社 2000 年版，第 216—260 页。

③ 《马克思恩格斯文集》第 9 卷，人民出版社 2009 年版，第 514 页。

④ 《马克思恩格斯文集》第 4 卷，人民出版社 2009 年版，第 275 页。

⑤ 《马克思恩格斯全集》第 19 卷，人民出版社 1963 年版，第 405 页。

⑥ 《马克思恩格斯文集》第 5 卷，人民出版社 2009 年版，第 207—208 页。

这意味着，人与自然关系的改变不仅依赖于人类的价值观念体系的变革，更取决于人类社会生产生活方式的深刻转型。最后，人与自然生命共同体的现实生成内在于特定的社会历史进程之中。马克思强调："所谓一切生产的一般条件，不过是这些抽象要素，用这些要素不可能理解任何一个现实的历史的生产阶段。"[①] 现实的人与自然关系也是与特定社会的具体经济与文化特征相连的。马克思曾将历史发展过程概括为"人的依赖关系""物的依赖关系"和"人的全面发展"三个基本阶段[②]，每一个发展阶段都体现了特定的人（社会）与自然关系。在最初的历史阶段中，由于没有充分认识和改造自然，人类与自然在总体上保持着平衡稳定的发展状态。在第二个历史阶段，社会生产与交往的发展极大地改善了人类生活状况，但人与人之间的关系受制于抽象物的中介与支配，整个社会的发展建立在对生命的剥削的基础之上。扬弃异化状态的将是人的自由全面发展的新的历史阶段。由于变革了资本主义生产方式，一切人的社会资源和发展条件受联合起来的自由劳动者的支配，人与自然之间的物质变换在人的目的性与自然规律性的统一中进行，实现"人和自然界之间、人和人之间的矛盾的真正解决"[③]。

因此，作为对世界社会生态关系的辩证理解与实践认知，"人与自然生命共同体"理念体现了一种生态整体主义的生态哲学基础，强调了自然生态的完整性以及人对自然的本体性依存关系，表达了尊重、保护与热爱自然的价值追求。在此基础上，习近平总书记强调，"生态是统一的自然系统，是相互依存、紧密联系的有机链条"，"生命共同体是人类生存发展的物质基础"[④]，因此"人类必须尊重自然、顺应自然、保护自然"[⑤]。特别地，"人与自然生命共同体"理念是对马克思主义生态哲学的继承与发展，表达了实践基础上的人与自然辩证统一关系，强调了自然生态体系对人类文明发展的前提性，以及人类实践对自然界的社会历史性塑造，人与自然的生命解放必须通过人类社会发展模式的生态转型来实现。基于此，

① 《马克思恩格斯文集》第8卷，人民出版社2009年版，第12页。
② 《马克思恩格斯文集》第8卷，人民出版社2009年版，第52页。
③ 《马克思恩格斯文集》第1卷，人民出版社2009年版，第185页。
④ 习近平：《推动我国生态文明建设迈上新台阶》，《求是》2019年第3期。
⑤ 习近平：《决胜全面建成小康社会 夺取新时代中国特色社会主义伟大胜利》，人民出版社2017年版，第50页。

习近平总书记指出："生态兴则文明兴，生态衰则文明衰。"[①] "生态环境保护的成败，归根结底取决于经济结构和经济发展方式。"[②] 因而新时代下的"人与自然生命共同体"理念，不仅在深层意义上挑战着现代文明（工业化/城市化）的物质生产方式与文化价值观念，更蕴含着明确的实践要求，即要促进现代文明与文化的整体性生态转型，创建人与自然和谐共生的生态文明。

二 社会主义生态文明的文明构型

就"生态文明"（ecological civilization）概念而言，其最早被提出或许可以追溯到德国政治学家费切尔（Iring Festscher），他于1978年批判了工业文明和源自基督教的进步主义观念，并将生态文明视为一种全新的文明形态[③]。生态文明首先意味着对工业文明的批判与超越。但从人类文明发展的历史来看，"只有资本才创造出资产阶级社会，并创造出社会成员对自然界和社会联系本身的普遍占有"[④]。我们所希求的人与自然和谐共生关系正是在资本主义主导的工业化及其全球化扩张进程中被逐渐解构的。正是基于此，美国左翼学者马格多夫（Harry Magdoff）指出，我们迫切需要创建与自然和谐共处的生态文明，这要求一个超越资本主义异化的，即社会主义的经济与政治，实现以满足人们基本需要与保护环境为导向的经济发展、实质性的平等与简约的生活。[⑤]

美国生态社会主义者科威尔（Kewell）论述了作为资本主义的替代的社会主义对人与自然生命共同体的培育与构建作用。在他看来，自然具有一种内在价值，即包括人类感知中的自然本质的生态系统的整体性，它体现为人与自然之间的客观联系，以及人对这种有机联系的把握、尊重与实现。[⑥] 与自然内在价值相契合的是一种生态社会主义，即"生产是由自由

① 习近平：《推动我国生态文明建设迈上新台阶》，《求是》2019年第3期。

② 中共中央文献研究室编：《习近平关于社会主义生态文明建设论述摘编》，中央文献出版社2017年版，第19页。

③ Iring Fetscher, "Conditions for the survival of humanity: on the Dialectics of progress", *Universitas*, No. 3, 1978.

④ 《马克思恩格斯文集》第8卷，人民出版社2009年版，第90页。

⑤ Fred Magdoff, "Harmony and ecological civilization: Beyond the capitalist alienation of nature", *Monthly Review*, Vol. 64. No. 2, 2012.

⑥ ［美］乔尔·科威尔：《资本主义与生态危机：生态社会主义的视野》，郎廷建译，《国外理论动态》2014年第10期。

联合劳动力开展的，使用的是以生态为中心的方式，实现以生态为中心的目标”[①]。首先，自由联合的生产将意味着生产者对生产资料的控制，是对资本主义生产关系的根本变革，因而是对劳动及其创造性潜力的真正解放。其次，自由联合的劳动者将以交换价值为基础的商品生产置换为以生态为中心的生产，社会生产活动通过对使用价值的实现和内在价值的合理利用恢复完整生态体系的互联性。最后，新的生产方式同时代表着一种思维方式与生活方式。劳动者的自由联合由于摆脱了资本的枷锁与等级的压迫将唤醒人性的善念和人与自然一体的生态思维，劳动者将以普遍的、超越狭隘的物质性的目标合乎规律地与自然进行物质变换。因此，整体意义上的文明应当是人与自然关系与社会关系的统一或契合。我们要构建的人与自然和谐共生的生态文明，不仅代表着人类将以合乎人性的方式调节人和自然之间的物质变换，也将更成熟理性地协调人与人之间的社会关系，其关键在于对资本主义生产方式与社会制度的变革，选择一种社会主义的生产生活方式。

“光是思想力求成为现实是不够的，现实本身应当力求趋向思想。”[②]中国特色社会主义实践为生态文明的理论探索提供着现实平台。生态文明概念的形成与推广，在更大程度上是特定形势和中国背景下政治变革与学术研讨之间互动的结果，并逐渐与中国特色社会主义的建设改革紧密结合起来，成为其总体布局中的重要引领性要素。从历史过程来看，1986 年，中国生态学家叶谦吉明确提出应该大力建设生态文明，即在改造自然的同时保护自然，保持人与自然的和谐统一关系[③]。1989 年，中国经济学家刘思华则使用了“社会主义生态文明”概念，认为生态文明是社会主义现代文明的一个重要方面[④]。可见，中国语境下的生态文明首先强调的是社会主义文明体系中人与自然关系的补充性向度及其建构。随着社会主义建设的推进，“生态文明”也被逐渐纳入中国共产党的政治意识形态与治国理政方略之中。2007 年，党的十七大报告明确提出“建设生态文明”[⑤]。

---

① ［美］乔尔·科威尔：《自然的敌人：资本主义的终结还是世界的毁灭?》，杨燕飞等译，中国人民大学出版社 2015 年版，第 201 页。

② 《马克思恩格斯文集》第 1 卷，人民出版社 2009 年版，第 13 页。

③ 参见叶谦吉《叶谦吉文集》，社会科学文献出版社 2014 年版。

④ 参见刘思华《理论生态经济学若干问题研究》，广西人民出版社 1989 年版。

⑤ 中共中央文献研究室编：《十七大以来重要文献选编（上）》，中央文献出版社 2013 年版，第 16 页。

2012年，党的十八大报告将生态文明及其建设纳入中国特色社会主义事业“五位一体”总体布局之中，要求“把生态文明建设放在突出地位，融入经济建设、政治建设、文化建设、社会建设各方面和全过程”[①]。同时，党的十八大报告也强调了生态文明建设的社会主义方向，要求“努力走向社会主义生态文明新时代”[②]。2017年，党的十九大报告将生态文明及其建设置于习近平新时代中国特色社会主义思想的理论框架和话语语境之中。2018年，习近平总书记在全国生态环境保护大会上系统而全面地阐述了中国生态文明及其建设的理论意涵与实践要求。[③] 2019年，习近平总书记更是用“四个一”强调了生态文明建设在新时代党和国家事业发展中的地位：“在‘五位一体’总体布局中生态文明建设是其中一位，在新时代坚持和发展中国特色社会主义基本方略中坚持人与自然和谐共生是其中一条基本方略，在新发展理念中绿色是其中一大理念，在三大攻坚战中污染防治是其中一大攻坚战。”[④] 由此，我们更为明确了社会主义现代化的整体性内涵和生态文明建设的立体性要求，其中所体现的生态友好的发展观念和社会主义道路选择都是促成我们现代文明朝着和谐可持续发展转型的重要保障。

在改革实践层面，2013年党的十八届三中全会在全面深化改革和推进国家治理的语境下提出生态文明制度建设的四大任务。[⑤] 2015年国务院印发《关于加快推进生态文明建设的意见》和《生态文明体制改革总体方案》，制定了40多项涉及生态文明建设的改革方案，从各个方面对生态文明建设进行全面系统部署安排。[⑥] 如今，生态文明制度体系的“四梁八柱”已经基本确立并不断细化拓展和有序落实，逐渐形成了由环境保护法律法规、环境保护规章制度、环境保护督察制度、环境专项行动计划构成的严

---

① 中共中央文献研究室编：《十八大以来重要文献选编（上）》，中央文献出版社2014年版，第30—31页。

② 中共中央文献研究室编：《十八大以来重要文献选编（上）》，中央文献出版社2014年版，第32页。

③ 参见习近平《推动我国生态文明建设迈上新台阶》，《求是》2019年第3期。

④ 《习近平在参加内蒙古代表团审议时强调保持加强生态文明建设的战略定力 守护好祖国北疆这道亮丽风景线》，《人民日报》2019年3月6日第1版。

⑤ 参见中共中央文献研究室编《十八大以来重要文献选编（上）》，中央文献出版社2014年版。

⑥ 参见习近平《推动我国生态文明建设迈上新台阶》，《求是》2019年第3期。

格有效的生态文明建设的实践框架。[1] 自2008年开始推进的生态文明建设试点工作为社会主义生态文明建设确立了基本制度构架和实践机制，并将在更为严格规范的标准和框架之下得到进一步深化扩展。[2] 2019年党的十九届四中全会对改革发展国家制度和推进国家治理现代化做出了专题研究，其最大特征在于将国家治理及其现代化的一系列重大议题更加鲜明地置于中国特色社会主义这一宏大理论话语与实践进程之中，并强调坚持和完善生态文明制度体系，促进人与自然和谐共生。[3] 正是在这样一种政治共识与实践部署之下，中国的生态文明及其建设得到了更为系统明确的制度化与政策化安排，逐渐孕育出新时代促进人与自然和谐共生的制度文化基础和社会实践力量。

因此，作为一种特定文明构型的社会主义生态文明，是我们站在新的时代条件下对人类文明发展理念和社会现代化实践的反思性总结与批判性超越，其核心意涵在于，在生态友好价值与社会主义政治体制的创新结合中实现现代文明的总体性转型与提升。也就是说，社会主义生态文明不仅将人（社会）与自然的和谐共生视为文明发展的自觉要求与基本考量，同时将社会制度改革与公正社会关系创建视为协调人与自然关系的重要内容与关键方面，最终指向一种不同于当今世界主导性（资本主义）制度与文化的新型文明样态。依此而言，当代中国的社会主义生态文明建设，要求在自觉尊重自然规律与践行绿色发展的同时，坚持推进中国特色社会主义理论与实践的时代创新，逐步构建保障人民健康幸福生活和生态可持续发展的经济政治体制和社会生活秩序。

三　人与自然和谐共生的现代化的发展战略

社会主义生态文明及其建设作为一个综合性的环境政治理论与实践话语，为建设人与自然生命共同体提供了总体文明构架与制度体系构想，而在其整体框架之下还体现着更为具体的发展路径及战略举措，其核心就是要努力推进人与自然和谐共生的现代化。党的十九大报告将“坚持人与自

---

① 参见包庆德等《生态文明制度建设的思想引领与实践创新——习近平生态文明思想的制度建设维度探析》，《中国社会科学院研究生院学报》2019年第3期。

② 参见郇庆治《生态文明建设试点示范区实践的哲学研究》，中国林业出版社2019年版。

③ 参见《中国共产党第十九届中央委员会第四次全体会议文件汇编》，人民出版社2019年版。

然和谐共生”作为新时代中国特色社会主义的基本方略，并明确指出我们所建设的现代化是“人与自然和谐共生的现代化”[①]。人与自然和谐共生的现代化的基本目标，是通过现代化发展模式的绿色革新创造更多物质文化财富来满足人民日益增长的美好生活需要，并提供更多优质的生态产品和更加美丽的自然环境来满足人民真实而基础的优美生态环境需要。它所蕴含的经济社会改革要求是坚持“节约优先、保护优先、自然恢复为主”[②]的建设方针，形成清洁环保、节能高效的社会生产方式与简约适度、绿色低碳的人民生活方式，其实质就是要积极构建人与自然和谐共生的生命共同体。这意味着，中国的社会主义生态文明建设并不绝对排斥广义上的现代化或经济社会发展，而是对中国改革开放以来现代化发展模式的生态化改革与完善，将中国现代化发展建立在其所处的自然生态系统总体稳定和持续再生这一基本前提之上，并以服务于人民大众多样化的合理需求为基本目标，探索创建以生态优先、绿色发展、普惠民生为导向的高质量发展模式，因而是中国特色社会主义现代化进程中的内生性绿色转型战略。

但必须看到，虽然就其作为一种对人（社会）与自然关系的哲学理解而言，“人与自然生命共同体”的哲学价值理念并非一种激进的“生态中心主义”立场，而是致力于在人类（社会）视野与潜能之内对自然生态的自觉尊重与协同发展，但这样一种有机整体性的生态哲学与价值伦理仍然是对现代性哲学与文明的批判与超越。换言之，人与自然和谐共生的美好愿景或追求要求我们用更加深刻的生态哲学思维与更为宽阔的政治想象来实现人类社会与文明基础意义上的绿色创新与变革。而由于中国的社会主义生态文明建设是在一种现代化主题的社会历史背景下展开的，“发展是党执政兴国的第一要务，是解决中国所有问题的关键”[③]仍然是推进人与自然和谐共生现代化的现实前提。就此而言，人与自然和谐共生的现代化的发展战略，很容易得到社会主义现代化建设语境下的政治合法性与大众理解，从而成为广泛性社会发展与文明进步历程的重要方面，但也同样容易受到现存的发展主义或国际主导的现代化话语体系的羁绊或束缚，从而

---

① 习近平：《决胜全面建成小康社会 夺取新时代中国特色社会主义伟大胜利》，人民出版社2017年版，第50页。

② 习近平：《决胜全面建成小康社会 夺取新时代中国特色社会主义伟大胜利》，人民出版社2017年版，第50页。

③《习近平谈治国理政》第2卷，外文出版社2017年版，第38页。

削弱了其对现代性的自我反思取向与绿色革新意蕴。

而实现这一绿色转型的有利条件在于，在经历了四十年改革开放的现代化建设之后，我们已经具备了足够发展的社会生产力与丰富的政治改革智慧，能够主动设计与追求生态可持续的社会主义现代化。坚决推进生态环境保护也已经成为人民大众的普遍共识和中国共产党治国理政的重要任务，并取得了显著成效。习近平总书记强调："正确处理好生态环境保护和发展的关系，也就是我说的绿水青山和金山银山的关系，是实现可持续发展的内在要求，也是我们推进现代化建设的重大原则。"[①] 因此，成功推进人与自然和谐共生现代化的一个重要方面就是要坚持促动生态主义变革，将人与自然生命共同体的生态哲学理念真正贯彻到社会主义现代化建设实践中，积极运用文明转型视野与改革创新思维，努力构建一种符合生态文明价值原则的经济、政治、社会、文化与环境治理制度体系。

另一方面，"人与自然的生命共同体"的生态哲学基础阐释的是人与自然在实践基础上的辩证统一与共存共生关系。在此视野下的人（社会）与自然适当关系，归根结底反映的是一种社会生态关系。这意味着，人与自然生命共同体的生态哲学与价值伦理的现实化实践，需要我们自觉主动地创建一种合乎生态的社会实践方式及与之相适应的经济政治文化制度。基于此，我们必须明确，作为中国特色社会主义建设基本遵循的"人与自然和谐共生的现代化"，在强调对生态环境的系统性保护与治理之外，其另一关键性内涵在于它依托中国特色社会主义这一根本性制度前提[②]。具体而言，中国特色社会主义至少在以下三重意义上构成了对生态文明建设的保障与促进意义。首先是对资本增殖逻辑的批判态度。习近平总书记强调，"中国特色社会主义是社会主义而不是其他什么主义"[③]，社会主义的核心要求是对资本主义经济政治关系的积极扬弃，而资本的物化增殖逻辑按其本性是反生态的[④]。因此，中国特色社会主义建设将主动对资本要素

---

① 中共中央文献研究室编：《习近平关于社会主义生态文明建设论述摘编》，中央文献出版社 2017 年版，第 22 页。

② 参见蔡华杰《社会主义生态文明的"社会主义"意涵》，《教学与研究》2014 年第 1 期。

③ 习近平：《关于坚持和发展中国特色社会主义的几个问题》，《求是》2019 年第 7 期。

④ 参见陈学明《资本逻辑与生态危机》，《中国社会科学》2012 年第 11 期；参见［美］约翰·贝拉米·福斯特《生态危机与资本主义》，耿新建等译，上海译文出版社 2002 年版。

和市场法则的应用扩张保持一种建设性约束态度，更加注重人民生活需求的公正满足和生态福祉的普惠共享。其次是以人民为中心的发展思想。习近平总书记强调，“中国特色社会主义最本质的特征是中国共产党领导”[①]，“中国共产党的领导，就是支持和保证人民实现当家做主”[②]，就是自觉维护人民利益和创造人民美好生活，而“环境就是民生，青山就是美丽，蓝天也是幸福”[③]。这意味着包括优美生态环境的人民生活与发展需求构成了社会生产与文明进步的根本目的与要求。最后是总体性的改革创新思维。习近平总书记强调，“社会主义从来都是在开拓中前进的”[④]，改革是社会主义的自我完善和发展，“全面深化改革涉及党和国家工作全局，涉及经济社会发展各领域，涉及许多重大理论问题和实际问题，是一个复杂的系统工程”[⑤]。正是这样一种不断探索实践与改革创新精神，推动着党和人民事业更好发展，其中一个基本方面就是推动形成更为完备高效的生态文明制度体系。但值得关注的是，部分由于中国社会主义初级阶段长期性的历史背景，也由于生态环境保护与治理实践路径上的多元化或政治折中色彩，现实中的生态文明建设更多注重一般工具层面的经济技术创新与行政管理升级，而相对忽视了其所蕴含的社会主义价值观念与制度性革新要求。

而经过七十年的社会主义建设改革探索，我们已经形成了较为完善的社会主义国家制度与治理体系，更为明确了中国特色社会主义是当代中国发展进步的根本保证。推进生态文明建设本身也是推进中国特色社会主义理论与实践创新的重要内容。党的十九大报告提出新时代要“始终坚持和发展中国特色社会主义”[⑥]。党的十九届四中全会指出，“我国国家治理一

---

① 习近平：《决胜全面建成小康社会 夺取新时代中国特色社会主义伟大胜利》，人民出版社2017年版，第20页。

② 习近平：《在庆祝全国人民代表大会成立60周年大会上的讲话》，人民出版社2014年版，第6页。

③ 中共中央文献研究室编：《习近平关于社会主义生态文明建设论述摘编》，中央文献出版社2017年版，第8页。

④ 《习近平谈治国理政》，外文出版社2014年版，第23页。

⑤ 中共中央文献研究室编：《习近平关于全面深化改革论述摘编》，中央文献出版社2014年版，第43页。

⑥ 习近平：《决胜全面建成小康社会 夺取新时代中国特色社会主义伟大胜利》，人民出版社2017年版，第17页。

切工作和活动都依照中国特色社会主义制度展开”①，系统阐述了中国特色社会主义制度的深厚根基、显著优势和创新路径。就此而言，中国特色社会主义的政治构想与实践，应当且能够成为“人与自然生命共同体”经验化与制度化实现的重要推动力量。因此，成功推进人与自然和谐共生现代化的另一个重要方面就是要坚持强化社会主义政治取向，更加自觉地运用社会主义的思维或进路，推动国家生态治理体系和治理能力的综合性提升，使生态文明建设更为契合地纳入新时代中国特色社会主义理论与实践话语体系中，成为社会主义经济、政治、文化与社会建设中的联动性环节和内生性要素。

四 结论

综上所述，“人与自然生命共同体”揭示了人与自然的相互联系与共生共在关系，它不只是一种新的哲学概念和伦理文化，更蕴涵了一种实现人与自然解放的实践诉求。而社会主义生态文明是对这一生态哲学理念现实化展开的文明载体或制度选择，是对人与自然的社会生态关系的再平衡，以及对维持这种平衡的社会制度的生态化重构。人与自然和谐共生的现代化则是推进社会主义生态文明建设的基本方略或主要路径。正是在社会主义生态文明建设历程中，人与自然生命共同体实现着其从作为一个生态哲学（世界观）现实化为社会主义建设与改革中的生态感知与绿色实践，并具体化为一系列经济社会变革或制度文化创新要求。就此而言，加快建设社会主义生态文明就是赋予人与自然生命共同体以现实实践形态，从而探索实现人类文明中人与自然和谐共生的现实道路与中国方案。

当然，中国特色社会主义生态文明建设是一个在辩证实践运动中不断深化的系统性工程。我们需要明确，正在深入推进的社会主义生态文明建设不仅是我们对于目前面临的自然生态环境问题做出的理性选择和政策应对，更是一个走向更加进步的生态文明和更加成熟的社会主义的整体性社会生态转型过程。② 这要求我们进一步坚持与强化生态哲学理念、社会主

① 《中国共产党第十九届中央委员会第四次全体会议文件汇编》，人民出版社 2019 年版，第 18 页。

② 参见郇庆治《作为一种转型政治的“社会主义生态文明”》，《马克思主义与现实》2019 年第 2 期。

义制度构想与现代化道路之间的实践贯通性或契合关系，在行政法治规范和公共治理政策方面推进对生态系统及其各要素的保护改善的同时，还需要在新时代中国特色社会主义思想引领中，充分推动现有市场经济机制和政治文化体制的改革发展，加强生态文明建设各项实践的制度化、体系化和常规化建设，形成最促发展和最利民生的生态文明建设合力来推进中国文明发展体制的现代化创新和生态化转型。

马克思的劳动价值论反生态吗?*
——兼论自然的“存在方式”的二重性

蔡华杰**

马克思的劳动价值论是否构成当今生态危机的思想根源是国际学界争论不休的问题。早在 1975 年，舒马赫（E. F. Schumacher）就认为马克思的劳动价值论没有将价值赋予自然是一个毁灭性的错误：“忽视这一重要事实的一个原因是，我们把游离于现实的、未经人手加工的东西都视为无价值的东西。甚至连伟大的马克思博士在阐释所谓的‘劳动价值论’时也犯下这一毁灭性的错误。”① 当今的生态经济学家从自然的内在价值出发也对马克思做出了尖锐的批判，让－保罗·德里格（Jean－Paul Deléage）指责马克思对价值概念的定义，“没能赋予自然资源内在价值”②。路易斯·巴博萨（Luiz Barbosa）指出，马克思“坚信原材料是自然界给予我们的无偿礼物，而人类劳动赋予其价值。因此，马克思没能注意到自然的内在价值”③。甚至有学者认为，马克思的劳动价值论是一种“力挺”工人阶级的规范性（normative）理论，而不是研究商品和服务的真实且客观的价值的描述性（descriptive）理论，“事实上，这样的理论告诉我们的并不是人们

---

* 本文为国家社科基金青年项目“新自由主义对全球生态环境治理的影响及我国对策研究”（17CKS030）阶段性成果。

** 蔡华杰：福建师范大学马克思主义学院副教授。

① E. F. Schumacher, *Small is Beautiful*: *Economics as if People Mattered*, New York: Harper & Row, 1975, p. 15.

② Jean－Paul Deléage. “Eco－Marxist critique of Political economy”, *Capitalism Nature Socialism*, Vol. 1, No. 3, 1989.

③ Luiz C. Barbosa, “Theories in Environmental Sociology”, in Kenneth A. Gould and Tammy Lewis, eds., *Twenty Lessons in Environmental Sociology*, Oxford University Press, 2009, p. 28.

对事物进行估值的实际情况，而是创造这一理论的作者如何进行估值。”[1] 而新近一次争论的升级版是发生在一位生态经济学者和一位马克思主义地理学者之间，前者是来自西班牙巴塞罗那自治大学环境科学与技术研究所的乔戈斯·卡利斯（Giorgos Kallis），他质问来自曼彻斯特大学长期讲授《资本论》第1卷的马克思主义地理学者埃里克·斯温格多夫（Erik Swyngedouw）：蜜蜂、马或者化石燃料的确开展了工作，它们同人类的手和思维一样，对最终产品的形成的确做出了贡献。马克思主义的主要观点为什么反对自然也做工作这样一个简单不过的事实？为什么不接受并将其纳入价值理论中？对于一罐蜂蜜来说，生产它的“社会必要劳动时间”难道不仅由养蜂人的劳动决定，还由蜜蜂的劳动决定吗？[2]

对此，一些善意的学者，特别是生态马克思主义学者，都从不同的角度深入马克思的文本，论证马克思的劳动价值论没有排斥自然在生产过程中的作用。那么，事实是否如此？既然要澄清的是自然在生产过程中的作用，那笔者对这一问题的论演就从生产过程开始。

一　自然在马克思资本主义生产过程叙事中的地位

马克思的叙事不是直接从资本主义生产过程开始，而是从资本主义生产与其他社会相类似的劳动过程开始。自然在劳动过程中的表现形式是作为劳动对象和劳动资料而存在，劳动对象和劳动资料表现为生产资料，马克思根据生产资料被劳动“滤过”的情况将其划分为：被劳动滤过的生产资料和未被劳动滤过的生产资料，那么，二者在整个劳动过程中的地位和作用如何？有无区别？显然，就劳动过程而言，不管生产资料是否已被劳动“滤过”，其都作为劳动过程的一个要素参与了劳动过程，并以一种“形式变化”和“质料转移”的方式“消失”在劳动产品中。我们可以看看马克思对劳动过程的叙述。

在总结劳动过程时，马克思写道：“在劳动过程中，人的活动借助劳动资料使劳动对象发生预定的变化。过程消失在产品中。它的产品是使用价值，是经过形式变化而适合人的需要的自然物质。劳动与劳动对象结合

---

① Alf Hornborg, “Towards an Ecological Theory of Unequal Exchange: Articulating World System Theory and Ecological Economics”, *Ecological Economics*, Vol. 25, No. 1, 1998.

② Giorgos Kallis & Erik Swyngedouw, “Do Bees Produce Value? A Conversation Between an Ecological Economist and a Marxist Geographer”, *Capitalism Nature Socialism*, Vol. 29, No. 3, 2018.

在一起。劳动对象化了，而对象被加工了。在劳动者方面曾以动的形式表现出来的东西，现在在产品方面作为静的属性，以存在的形式表现出来。”[①] 可见，马克思在此并没有对区分被劳动滤过和未被劳动滤过的劳动对象和劳动资料加以论述，而是从劳动三要素的相互作用来描述劳动过程及其结果。包括未被劳动滤过的自然界在内的一切劳动对象和劳动资料都对劳动过程的结果——作为使用价值而存在的产品，或者说财富，都是不可或缺的，它们“构成产品的主要实体”[②]。

劳动过程是周而复始地展开的。劳动过程产生的新产品，有的作为消费品被购买者消费了，有的则留在生产领域进入下一个劳动过程，这些新产品就从产品的角色转变成生产资料的角色。显然，这些产品是被劳动滤过的产品，因此，下一个劳动过程开始时所使用的生产资料也就是已被劳动滤过的生产资料，即便如此，马克思仍不忘强调天然存在的生产资料在这一劳动过程中的不可或缺，他说：“只要劳动资料和劳动对象本身已经是产品，劳动就是为创造产品而消耗产品，或者说，是把产品当作产品的生产资料来使用。但是，正如劳动过程最初只是发生在人和未经人的协助就已存在的土地之间一样，现在在劳动过程中也仍然有这样的生产资料，它们是天然存在的，不是自然物质和人类劳动的结合。”[③]

由此可见，从马克思的叙述中，我们可以看出马克思从未排斥未经劳动滤过的自然对整个劳动过程周而复始地循环展开所具有的重要作用，与一般劳动过程相类似的资本主义生产过程也是如此，因此，当我们将表现为劳动对象和劳动资料的自然要素加入资本主义生产过程的公式（G—W…P…W′—G′）后，这一过程就可以用如下公式表示：

$$G—W\left\langle\begin{array}{l}A\\ Pm\left\langle\begin{array}{l}OL\\ IL\end{array}\right.\end{array}\right.\cdots\cdots P\cdots\cdots W'\left\langle\begin{array}{l}A'\\ Pm'\left\langle\begin{array}{l}OL'\\ IL'\end{array}\right.\end{array}\right.—G'$$

资本家从市场上购买劳动力（A）和生产资料（Pm）这两种商品（W）准备进行生产，其中，自然存在于劳动对象（OL）和劳动资料（IL）中，生产终了时，形成了全新的商品（W′），在劳动的作用下，劳动者改变了自己，形成了新的劳动力（A′），原来的生产资料也以全新的

① 《马克思恩格斯文集》第5卷，人民出版社2009年版，第211页。

② 《马克思恩格斯文集》第5卷，人民出版社2009年版，第212页。

③ 《马克思恩格斯文集》第5卷，人民出版社2009年版，第214—215页。

形式（Pm′）构成商品的实体，其中包含着形式改变了的劳动对象（OL′）和劳动资料（IL′），自然发生了质料转移。

作为劳动过程的资本主义生产充分重视了自然对于创造产品的作用，但是，仅把资本主义生产当作简单的劳动过程是绝对不够的，资本主义生产还是价值的形成和增殖过程。而当我们去审视马克思对价值形成和增殖过程时，自然的作用却被“遮蔽”起来。让我们来看看马克思的叙事。

在讲述资本主义生产过程中价值形成过程时，马克思的确撇开了未被劳动滤过的自然来谈价值的形成，这一点我们可以从马克思列举的产业窥见一斑。马克思曾经根据劳动对象是否被劳动滤过，将产业分为：未被劳动滤过的采掘业和已被劳动滤过的其他产业，尽管这样的划分有点片面，因为这只是根据劳动对象进行划分，但马克思在论述上的确将采掘业的生产资料简化为天然存在的自然物，而将其他产业的生产资料，例如纺织业，简化为已被劳动滤过的劳动产品。

在价值的形成、增殖过程的论述中，马克思自始至终以棉纱的生产为例。生产棉纱所需的劳动对象是原料——棉花，但作为原料，棉花与其他两种劳动对象——土地和天然存在物的区别就是，它是植棉者劳动的产物。生产棉纱还需要劳动资料，从马克思对劳动资料的界定看，这理应包括土地、纱锭、厂房等在内的“一切物质条件”，有趣的是，马克思在此做了假定，他说：“我们再假定，棉花加工时消耗的纱锭量代表纺纱用掉的一切其他劳动资料。”① 如果从劳动过程所需的劳动资料看，显然，棉花是不能成为“代表”的，因为土地也是基本的劳动资料，而且是未经人类劳动滤过的劳动资料。所以，从马克思列举纺织业来说明价值形成、增殖过程这个事情来看，一他没有列举劳动对象是天然存在物的采掘业，二他没有将未经人类劳动滤过的劳动资料考虑在内。总之，未经劳动滤过的自然在马克思对价值形成、增殖过程的分析中被“遮蔽”起来了。

但是，退一步讲，倘若马克思以生产资料主要是天然存在的自然物的采掘业为例，或者在纺织业的劳动资料假定中增加土地这一要素，马克思的结论依然是一样的。这是因为马克思早已阐明了价值量的计算方法，“我们知道，每个商品的价值都是由物化在该商品的使用价值中的劳动的量决定的，是由生产该商品的社会必要劳动时间决定的。这一点也适用于

① 《马克思恩格斯文集》第5卷，人民出版社2009年版，第218页。

作为劳动过程的结果而归我们的资本家所有的产品。因此，首先必须计算对象化在这个产品中的劳动”①。既然计算价值量就是“计算对象化在这个产品中的劳动”，那么，那些未经劳动滤过的土地等自然要素就无法计算它们的价值量，或者价值量就为零，而作为原料的棉花不一样，原料是“已被劳动滤过”的劳动对象，已经是人类劳动的对象化产物，即已经包含了植棉者的劳动，从而“在棉花的价格中，生产棉花所需要的劳动已经表现为一般社会劳动”②。作为劳动资料的纱锭也是如此，假定纱锭和土地作为一切劳动资料的代表，二者价值量的总和仍然等于纱锭的价值量。因此，以棉花和纱锭作为生产资料来加以阐释，撇开土地等自然要素，同样能很好地说明价值的形成、增殖过程。那些没有经过劳动滤过的自然，则对于价值的形成、增殖过程的阐释没有什么意义，因为他们没有价值，作为生产资料也不会发生马克思所说的价值转移，在这一点上，马克思自己也特意加以说明：“如果生产资料没有价值可以丧失，就是说，如果它本身不是人类劳动的产品，那么，它就不会把任何价值转给产品。它只是充当使用价值的形成要素，而不是充当交换价值的形成要素。一切未经人的协助就天然存在的生产资料，如土地、风、水、矿脉中的铁、原始森林中的树木等等，都是这样。”③

所以，自然在马克思叙述劳动过程中的地位和作用，与价值形成和增殖过程是完全不同的，马克思充分肯定了自然对于前者的不可或缺，但的确在后者中的作用却被“遮蔽”起来了。

二 从劳动二重性出发理解自然“存在方式”的二重性

马克思的劳动价值论虽然没有赋予自然以任何价值，但是，首先我们应当明确的是，对劳动价值论反生态性的诘难完全是错置了对象，不是马克思，而是资本主义，应当成为被控告的对象，正如保罗·柏克特（Paul Burkett）所说：“人们一致抱怨马克思的价值理论排斥或者贬低了自然的生产性作用，但是，人们应该将这种抱怨转移到资本主义本身。”④ 批判马

---

① 《马克思恩格斯文集》第5卷，人民出版社2009年版，第218页。

② 《马克思恩格斯文集》第5卷，人民出版社2009年版，第218页。

③ 《马克思恩格斯文集》第5卷，人民出版社2009年版，第237页。

④ Paul Burkett, “Value, Capital and Nature: Some Ecological Implications of Marx's Critique of Political Economy”, *Science and Society*, Vol. 60, No. 3, 1996.

克思将自然视为“免费的礼物”的学者常常引用马克思如下的这段话，“作为要素加入生产但无须付代价的自然要素，不论在生产中起什么作用，都不是作为资本的组成部分加入生产，而是作为资本的无偿的自然力，也就是，作为劳动的无偿的自然生产力加入生产的”[①]。在此，马克思说得再明白不过了，是资本将自然视为无偿的自然力加入了资本主义生产，因此，指责的对象应当是资本主义生产。而当我们再次回到马克思的劳动价值论，深入观察资本主义生产时，就会发现马克思的劳动价值论不仅揭示了资本家剥削工人创造剩余价值的“秘密”，而且揭示了自然在资本主义生产中被剥削和异化的“秘密”，这其中的关键在于，必须在劳动二重性视角下审视资本主义生产，洞悉自然在这其中的“存在方式”的二重性。

那些对马克思劳动价值论进行生态诘难的学者是含混不清的，有的指责马克思没有认识到自然对创造财富的作用，有的指责马克思没有认识到自然对创造价值的作用，实际上，他们混淆了马克思的劳动过程和价值形成、增殖过程，没有从劳动二重性的角度理解马克思的使用价值（物质财富）创造和价值形成的区别。

当部分经济学家把劳动二重性所产生的使用价值和价值混淆起来时，就会误以为自然本身产生了价值，并导致“自然租金拜物教”的发生。马克思指出：“商品世界具有的拜物教性质或劳动的社会规定所具有的物的外观，使一部分经济学家迷惑到什么程度，也可以从关于自然在交换价值的形成中的作用所进行的枯燥无味的争论中得到证明。既然交换价值是表示消耗在物上的劳动的一定社会方式，它就像例如汇率一样并不包含自然物质。”[②] 当劳动产品采取商品这一形式时，人与人之间的关系就必须体现为物与物之间的关系，正是这一表现形式遮蔽了部分经济学家的双眼，使他们误以为物本身就能够产生交换价值，其实，交换价值是人与人之间关系的一种表现，一种物只有在特定的人与人的关系下才能产生交换价值，因此，价值是不包含任何自然物质的，历史上的重农学派认为地租是由土地本身生成的，就是认为土地本身可以形成价值并产生交换价值，完全陷入了地租拜物教。如果将马克思的这一批判不仅用到土地本身，而是用在生态经济学对自然的理解上，那生态经济学家就是陷入了自然租金拜物

---

① 《马克思恩格斯文集》第7卷，人民出版社2009年版，第843页。
② 《马克思恩格斯文集》第5卷，人民出版社2009年版，第100页。

教，因为生态经济学家在肯定自然具有使用价值的时候，却从这种自然属性中直接延伸出价值，好像自然凭借着自身“物”的属性，就获取了价值和交换价值，这正如马克思对贝利（Bailey）所进行的批判一样，后者完全颠倒了价值和使用价值的属性。贝利替商品说出了所谓的内心话：“‘价值〈交换价值〉是物的属性，财富〈使用价值〉是人的属性。从这个意义上说，价值必然包含交换，财富则不然。’‘财富〈使用价值〉是人的属性，价值是商品的属性。人或共同体是富的；珍珠或金刚石是有价值的……’珍珠或金刚石作为珍珠或金刚石是有价值的。”[①] 其实，“物的使用价值对于人来说没有交换就能实现，就是说，在物和人的直接关系中就能实现，相反，物的价值则只能在交换中实现，就是说，只能在一种社会的过程中实现”[②]。所以，我们要理解自然的价值，也是要在“一种社会的过程中实现”，要认清在这一社会的过程中体现出的社会关系，而不是被资本主义生产的表象迷惑。

在马克思那里，物质财富和价值是两个完全不同的东西。资本主义劳动由于其二重性特征，使得资本主义的生产过程及所创造的财富也具有二重性特征。一方面，资本主义劳动是一种具体劳动，它创造了使用价值。在马克思那里：“不论财富的社会的形式如何，使用价值总是构成财富的物质的内容。”[③] 这种与社会形式无关的具有普遍性的财富，就是物质财富，马克思将这种劳动过程称为“生产一般”，据此，我们可以将这一劳动过程的产物——物质财富称为“财富一般”。另一方面，同其他社会条件下的劳动所不同的是，资本主义劳动同时是抽象劳动，它创造价值，这一劳动过程同时是价值的形成、增殖过程，这时，财富又表现为价值形式。因此，资本主义劳动过程，既是“生产一般”过程，创造了使用价值这种“财富一般”，又是价值形成、增殖过程，创造了“财富的价值形式”。这不是两个过程，而是同一个过程的两个面相，对资本主义来说，二者的意义和地位是不同的，由于价值是资本主义的本质范畴，因此，资本主义劳动过程本质上是价值形成、增殖过程，资本主义劳动过程的结果——其所创造的财富，从本质上看其实是“财富的价值形式”，但“生产一般”和“财富一般”又构成这一价值形式的物质承担者，成为“财富

---

① 《马克思恩格斯文集》第5卷，人民出版社2009年版，第101页。

② 《马克思恩格斯文集》第5卷，人民出版社2009年版，第102页。

③ 《马克思恩格斯文集》第5卷，人民出版社2009年版，第49页。

的价值形式”的外在表象。

正是资本主义劳动的二重性、资本主义劳动过程的二重性和资本主义财富的二重性，导致了自然也在其中呈现二重性存在，即自然的“自然形式”和“社会形式”。只要看清自然在资本主义之中的二重性，就能看清自然被异化的面目。那么，我们从哪些维度进行考察呢？马克思曾指出：“现在时髦的做法，是在经济学的开头摆上一个总论部分——就是标题为《生产》的那部分（参看约·斯·穆勒的著作），用来论述一切生产的一般条件。这个总论部分包括或者据说应当包括：（1）进行生产所必不可缺少的条件……（2）或多或少促进生产的条件。”① 马克思这里所指的经济学在总论部分的两个内容，实际上是指将资本主义生产看作超历史的“生产一般”及其所创造的“财富一般”所具有的两个内容，第一个是涉及创造财富所需要的生产条件问题，第二个是涉及促进财富增长的生产条件问题。而如果将资本主义生产不是看作超历史的，而是历史性的生产，那么，这两个内容实际上涉及的是生产价值、剩余价值的条件和增加价值、剩余价值的问题。因此，笔者也根据马克思的这两个内容考察自然的存在的二重性及其异化问题。

三 自然在创造财富中的二重性“存在”

我们先来看看自然在资本主义条件下创造财富中的二重性及其异化问题。

从创造“财富一般”来看，其必不可少的条件当然是生产的各种基本要素，这包括生产资料和劳动及其二者的结合，那么，创造“财富一般”的“生产一般”是“一个抽象……例如，没有生产工具，哪怕这种生产工具不过是手，任何生产都不可能。没有过去的、积累的劳动，哪怕这种劳动不过是由于反复操作而积聚在野蛮人手上的技巧，任何生产都不可能”②。如果让马克思再写一个“例如”，那肯定是“自然”，在《资本论》第1卷，马克思在完整阐述生产过程的结果——商品时，就指出了商品是自然物质和劳动这两种要素的结合。因此，要使“生产一般”得以正常进行的基本条件是包括自然在内的生产资料和劳动，换句话说，生产者要

---

① 《马克思恩格斯全集》第30卷，人民出版社1995年版，第27页。

② 《马克思恩格斯全集》第30卷，人民出版社1995年版，第26页。

“占有”包括自然在内的生产资料，并将劳动加于其上，生产才能顺利进行，在这里，作为条件的“占有”就提出了自然对于生产者而言的所有权问题，对此，马克思在《1844年经济学哲学手稿》中就已明确指出：“自然界，就它自身不是人的身体而言，是人的无机的身体。人靠自然界生活。这就是说，自然界是人为了不致死亡而必须与之处于持续不断的交互作用过程的、人的身体。所谓人的肉体生活和精神生活同自然界相联系，不外是说自然界同自身相联系，因为人是自然界的一部分。”[①] 从中我们可以看出，人为了不致死亡而必须实现对人自身的身体和人的无机身体——自然界的占有，从生产的意义上看，这就是要实现生产者对自然的所有权，但同人对自己的身体是一种“天然占有”的所有权一样，对自然界的所有权也应是一种“天然占有”的所有权，“天然占有”意味着任何人都拥有为了不致死亡而使用自然界的基本权利，因此这种权利必定带有公共性的韵味，而不是私人意义上的所有权，正是基于此，马克思痛斥了所谓土地私有权的荒谬性：“个别人对土地的私有权，和一个人对另一个人的私有权一样，是十分荒谬的。甚至整个社会，一个民族，以至一切同时存在的社会加在一起，都不是土地的所有者。他们只是土地的占有者，土地的受益者。”[②]

自然以一种“无机的身体”的存在方式被生产者“天然占有”，这就是在“生产一般”的状态下自然的“自然形式”，它实现了自身与生产者的有机统一，并且成为创造“财富一般”不可缺少的基本条件。这一特征作为共同的规定，也体现在资本主义生产中，从表面看，资本主义生产也是包括自然在内的生产资料与生产者的结合过程。但也正是这一表象遮蔽了自然在资本主义生产中的“社会形式”，即自然以资本主义私人占有的存在方式同生产者相“分离”。我们还是从学界对马克思劳动价值论的生态诘难说起。

批评马克思劳动价值论具有反生态性质的经济学家常常重复这样的论调：难道自然在价值和剩余价值的形成中没有贡献吗？其实这涉及马克思劳动价值论和资产阶级的古典政治经济学在研究价值和剩余价值时的旨趣差异问题。从劳动价值论形成的学术史来看，劳动是一切商品价值的源

---

① 《马克思恩格斯文集》第1卷，人民出版社2009年版，第161页。
② 《马克思恩格斯文集》第7卷，人民出版社2009年版，第878页。

泉，这一论点在经济学说史上并不是马克思所独有的贡献，在马克思之前，虽然资产阶级的古典政治经济学家在劳动价值学说上还存在不彻底、不科学的各种缺陷，但他们先于马克思提出了劳动创造价值的观点，配第（William Petty）提出商品价值是劳动创造的原理，斯密（Adam Smith）也提出区分使用价值和交换价值、劳动是衡量商品交换价值的真实尺度等原理，马克思还赞赏李嘉图（David Ricardo）对价值量的分析虽不充分但已是最好的分析，因为他发现了价值是劳动创造的，价值量由劳动时间决定。同资产阶级的古典政治经济学家不同的是，马克思研究劳动创造价值，不仅指明劳动创造价值，更重要在于分析剩余价值是如何经工人创造出来却又被资本家无偿占有的事实，从而揭开资本家剥削工人的秘密，也就是经由分析剩余价值的起源去揭示资本主义的经济关系及其历史性，而像李嘉图这样的资产阶级古典政治经济学家则倒转过来，"从来没有考虑到剩余价值的起源。他把剩余价值看作资本主义生产方式固有的东西，而资本主义生产方式在他看来是社会生产的自然形式"①，因而他也就只是在决定价值和剩余价值量的问题上兜圈子，而不愿触及产生价值和剩余价值的基本经济关系前提。

这种研究旨趣的差异对理解自然的存在方式有何意义？如果从资产阶级的古典政治经济学出发，忽视自然在价值量和剩余价值量上的影响就应该遭到批判，因为自然条件的好坏明显对价值量和剩余价值量产生影响。针对这样的诘难，马克思的回答是：自然条件的好坏影响了价值量和剩余价值量的大小，但是，只有在资本主义的经济关系下，才有价值和剩余价值的生产，自然条件的好坏不起决定性作用，而且正是资本主义的经济关系的确立才导致了资本对人和自然的双重剥削。

马克思是非常重视自然条件对商品价值量的影响的，在《资本论》开篇论述价值量变动的时候，马克思就指出生产商品所需的劳动时间是随着劳动生产力的变动而变动的，而劳动生产力是由多种情况而定的，其中就包括"自然条件"②。由于相对剩余价值的生产是以劳动生产力的提高为基础的，因此，马克思在论述相对剩余价值时，又再次谈到自然条件，他将自然条件分为人本身的自然和人周围的自然，后者在经济上包括生活资料

① 《马克思恩格斯文集》第5卷，人民出版社2009年版，第590页。
② 《马克思恩格斯文集》第5卷，人民出版社2009年版，第53页。

的自然富源和劳动资料的自然富源，这些自然条件影响了劳动生产力，影响了一个社会能提供剩余劳动的多少，“绝对必须满足的自然需要的数量越少，土壤自然肥力越大，气候越好，维持和再生产生产者所必要的劳动时间就越少。因而，生产者在为自己从事的劳动之外来为别人提供的剩余劳动就可以越多”①。马克思还援引了狄奥多鲁斯（Theodoncs）对古代埃及优越的自然条件的惊叹：古代埃及之所以能够腾出那么多的剩余劳动来兴建宏伟的建筑，主要是因为在物种的丰富性、气候温暖等优越的自然条件下，养活人口所需的必要劳动时间少的惊人。

然而，“良好的自然条件始终只提供剩余劳动的可能性，从而只提供剩余价值或剩余产品的可能性，而决不能提供它的现实性”②。马克思举了亚洲群岛东部岛屿上居民采伐可以食用的西米粉的例子。良好的自然条件使得这些岛屿的居民一周只需要劳动一天的时间就可以养活自己，但是，在这个岛屿上却没有出现他们为别人无偿从事剩余劳动的现象，也就没有剩余价值的产生，可见，良好的自然条件并不必然产生剩余价值，只有当生产力发展到一定程度，相应地在生产关系层面出现西米树的资本家私人占有，以及丧失西米树的劳动者沦为雇佣工人的情况下，才会出现雇佣工人采集西米粉的剩余劳动形成剩余价值的情况。所以，只有在资本主义的经济关系下，才有剩余价值的产生问题。

不仅如此，马克思更是通过劳动创造价值的分析，揭开了资本家剥削雇佣工人的秘密，即雇佣工人只获得了维持其劳动力价值的工资，而其所创造的超过劳动力价值的那部分价值，即剩余价值却被资本家无偿占有了，所以，在这里，剥削意味着雇佣工人自己创造的价值的一部分被资本家无偿占有了，没有得到相应的报酬，为什么明明是雇佣工人自己创造的价值却可以为资本家所占有？因为资本家凭借着对劳动力和生产资料的双重所有，而占有了工人阶级劳动过程的结果——产品，也就是说，“产品是资本家的所有物，而不是直接生产者工人的所有物”③，资本家随后在流通过程中对产品的销售而实现了对剩余价值的占有，因此，剩余价值的占有，有赖于资本家对劳动力和生产资料的私人占有，唯有如此才形成对工人的剥削。

---

①《马克思恩格斯文集》第5卷，人民出版社2009年版，第586页。
②《马克思恩格斯文集》第5卷，人民出版社2009年版，第588页。
③《马克思恩格斯文集》第5卷，人民出版社2009年版，第216页。

那么，从中我们可以看出，剥削不仅在于价值由谁创造，还在于基于所有制之上的归谁所有问题，就此而言，资本家不仅凭借着对劳动力的占有而剥削劳动者所创造的剩余价值，还凭借着对自然要素等生产资料的占有而实现对自然的“剥削”。

我们可以从《哥达纲领批判》那段耳熟能详的段落更好地理解资本家对自然的“剥削”。在为马克思的劳动价值论进行辩护时，学者常常引用《哥达纲领批判》中的这段话作为论据：“劳动不是一切财富的源泉。自然界同劳动一样也是使用价值（而物质财富就是由使用价值构成的!）的源泉，劳动本身不过是一种自然力即人的劳动力的表现。上面那句话在一切儿童识字课本里都可以找到，并且在劳动具备相应的对象和资料的前提下是正确的。可是，一个社会主义的纲领不应当容许这种资产阶级的说法回避那些唯一使这种说法具有意义的条件。只有一个人一开始就以所有者的身份来对待自然界这个一切劳动资料和劳动对象的第一源泉，把自然界当作属于他的东西来处置，他的劳动才成为使用价值的源泉，因而也成为财富的源泉。”[①] 的确，在这里，马克思非常明确地指出，财富的创造除了劳动之外，还需有一个前提条件，即实现对劳动对象和劳动资料的占有，因此，只讲劳动是财富的源泉，是将生产资料的资本主义私人占有给“遮蔽”起来了，从生态的意涵上看，就是将自然资源的资本主义私人占有和其他阶级丧失对自然资源的所有权给“遮蔽”起来了，那么，这也就“遮蔽”了资本家对劳动和自然共同创造的财富的剥削。

所以，在马克思那里，自然在创造财富中要发挥作用，不仅仅在于作为一种天然物而存在，还应该实现对这种天然物的占有，在“生产一般”的创造“财富一般”的过程中，自然是以被生产者“天然占有”的方式而存在，但是，资本主义生产中，为了创造“财富的价值形式”，并实现对价值和剩余价值的占有，自然却是以与生产者相分离，而后又经资本家“撮合”的方式而存在，这样一种“社会形式”就导致了自然的异化，“需要说明的，或者成为某一历史过程的结果的，不是活的和活动的人同他们与自然界进行物质变换的自然无机条件之间的统一，以及他们因此对自然界的占有；而是人类存在的这些无机条件同这种活动的存在之间的分

① 《马克思恩格斯文集》第3卷，人民出版社2009年版，第428页。

离，这种分离只是在雇佣劳动与资本的关系中才得到完全的发展”①。

四　自然在促进财富增长中的二重性“存在”

接下来，让我们看看自然在资本主义条件下促进财富增长中的二重性及其异化问题。

在揭示了创造价值和剩余价值的基本经济关系前提下，马克思与资产阶级的古典政治经济学一样，也要探究如何促进财富增长的问题，这就需要研究各个民族发展过程中的劳动生产率高低程度，生产率越高，财富就越多，而影响劳动生产率高低的因素，在“经济学家”那里包括“气候，自然环境如离海的远近，土地肥沃程度等等”②，如前所述，马克思也对类似的自然条件提高劳动生产率的作用给予了高度重视。然而，在资本主义条件下，当财富表现为“财富一般”和“财富的价值形式”二重性时，自然在这其中也以二重性的存在方式而呈现异化状态。

如何判断一个国家或民族的财富增加或减少了？换言之，衡量财富增加或减少的尺度是什么？“财富一般”和“财富的价值形式”是不同的。创造“财富一般”的“生产一般”过程，是劳动作用于自然，改变自然的形式，最终创造出能满足人类的需要、具有使用价值的产品。可见，产出的特定产品或者说使用价值的质与量就成为衡量“财富一般”的尺度。从量的角度看，正如马克思所说：“更多的使用价值本身就是更多的物质财富，两件上衣比一件上衣多。两件上衣可以两个人穿，一件上衣只能一个人穿，依此类推。”③ 从质的角度看，在产品数量一样的情况下，能提供更高质量产品的社会，意味着能够使用物质财富的时间更长久。自然，在这种增加“财富一般”中的作用当然是至关重要的，一个社会掌握了优越的自然条件，意味着这个社会获取了更加丰富的自然资源，它对生产力的发展就能起推动作用，就能创造出更多的使用价值。例如，煤炭资源丰富一点，就能为社会提供更丰富的产品和使用价值，英国正是凭借煤炭而开启了工业革命的进程。自然，就是以其本身的具体多样性的存在方式“助力”“财富一般”的增加，这就是自然在“生产一般”状态下的“自然形式”。

---

① 《马克思恩格斯文集》第8卷，人民出版社2009年版，第139页。

② 《马克思恩格斯全集》第30卷，人民出版社1995年版，第28页。

③ 《马克思恩格斯文集》第5卷，人民出版社2009年版，第59页。

令人遗憾的是，如此重要的自然，在资本主义生产之下，由于财富表现为价值形式，导致其也在价值的主导下发生“贬值”的异化，这是因为财富一旦表现为价值形式，衡量财富的多寡就转换成衡量价值量大小的问题，而价值量的大小可以从以下两个维度考察：从构成价值实体的维度看，取决于生产商品耗费劳动时间的长短；从价值的社会关系本质的维度看，取决于生产商品的社会必要劳动时间。我们可以从这两个维度窥见自然遭受“贬值”的异化。

一方面，构成价值实体的是耗费在生产商品上的劳动，衡量劳动量大小的尺度是劳动时间，因此，要根据生产商品的劳动时间的长短来决定商品的价值量。在资本主义条件下，财富不是“财富一般”，而是“财富的价值形式”，衡量财富多寡，不是“生产一般”意义上所生产的使用价值的质和量，而是价值量的大小，二者不仅没有一一的对应关系，还存在此消彼长的对立关系，马克思指出：“然而随着物质财富的量的增长，它的价值量可能同时下降。”① 这源于二者的衡量尺度是不同的，衡量价值量大小的不是产品在物理意义上质的高低和量的多少，而是“用它所包含的‘形成价值的实体’即劳动的量来计量。劳动本身的量是用劳动的持续时间来计量，而劳动时间又是用一定的时间单位如小时、日等做尺度”②。而当一个社会由于获取优越的自然条件，提高了这个社会的生产效率时，就增加了这个社会所生产的产品或使用价值，即增加了这个社会的“财富一般”。然而，也正是由于生产效率的提高，使得生产单位商品的劳动时间减少，从而单位商品的价值量反而减少了。整个社会的使用价值量增大了，但财富表现为价值的总量却保持不变。这就出现了自然在增加财富中的意义问题：优越的自然条件对增加“财富一般”起到了巨大的推动作用，但是，不论自然条件如何优越，以至于促进了劳动生产力的巨大发展，但由于价值在资本主义社会中始终是财富的规定形式，因此，表现为价值形式的财富却没有因此得到增长。

另一方面，构成价值实体的是劳动，但价值表征的是人与人之间的交换关系，这里所考察的劳动是同一的人类劳动力的耗费，因此，单位商品的价值量不是由生产该商品的个别劳动时间决定的，而是由社会必要劳动

---

① 《马克思恩格斯文集》第5卷，人民出版社2009年版，第59页。

② 《马克思恩格斯文集》第5卷，人民出版社2009年版，第51页。

时间决定的。这一规定导致了如下两个结果：一是资本在不断寻求自然的帮助，寻求那些“无偿馈赠”的自然的帮助；二是资本也在不断抛弃自然，抛弃那些已经无法给其带来超额剩余价值的自然。从价值量上看，前一种自然是“一文不值”的，后一种自然有一个从大变小直至归零的过程。

在马克思看来，价值量是由生产商品耗费的劳动量来决定的，但不是由个别劳动力所耗费的个别劳动时间来决定的，相反，“只是社会必要劳动量，或生产使用价值的社会必要劳动时间，决定该使用价值的价值量”①。这里涉及的是个别资本家生产商品的个别劳动时间和整个社会生产商品的社会必要劳动时间的关系，当个别资本家生产商品的个别劳动时间低于社会必要劳动时间时，在其他条件不变的情况下，就能以高于商品个别价值的社会价值出售，从而获取超额剩余价值，处于这样一种条件下的资本家就能在竞争中不断将剩余价值转化为资本，在市场竞争中将自身置于有利地位，整个社会就是在这样的经济机制下进行运转的。而个别劳动时间的缩减有赖于个别资本家生产该商品的劳动生产力的提高，提高劳动生产力的办法之一就是获取有利的自然条件。所以，生态经济学家认为优越的自然条件提高了劳动生产力从而增加了价值量，实际上指的是个别资本家提高劳动生产力从而获得了超额剩余价值，但也正是超额剩余价值引诱、驱使着每个资本家不断寻找有利的自然条件，所谓“有利”，既包括获取“无偿馈赠”的自然条件，也包括获取免费地排放废弃物的自然环境，最终，自然就成为资本家手中的原料库和垃圾倾倒场所而被贬得“一文不值”。

商品的价值量由生产商品的社会必要劳动时间决定，这里的“社会”，从空间的意义上看，马克思肯定预见了全球市场这样具有当今时代特征的空间范围，“马克思是在世界正通过蒸汽轮船、火车和电报，快速向全球贸易开放的历史环境下写作的。他非常清楚价值不是在我们的后院甚或是一国经济内部被决定的，而是产生于全球的商品交换”②。因此，当我们看到马克思写到“这些工业所加工的，已经不是本地的原料，而是来自极其

① 《马克思恩格斯文集》第5卷，人民出版社2009年版，第52页。

② ［美］大卫·哈维：《跟大卫·哈维读〈资本论〉》，刘英译，上海译文出版社2013年版，第24页。

遥远的地区的原料"[①] 时，我们不应该感到惊叹，这正是价值规律使然，当今的帝国主义国家也正是在这一规律的指引下，将自己塑造成了生态帝国主义，在全世界范围内不断寻找廉价的原料来源。

商品的价值量由生产商品的社会必要劳动时间所决定，这里的"社会"，从时间的意义上看，尽管马克思将它与"现有"的静态概念相联系，但这同时也是动态的，即"现有"的时间是会随着劳动生产力的变动而变动，从而价值量也处于动态的变动之中。那些作为生产资料而存在的自然物，其价值量的变动也随着劳动生产力的变动而变动。虚拟商品、原材料和辅助燃料，都包含着自然要素，它们作为生产资料在市场上出售，其价值量不仅取决于生产自身所需的社会必要劳动时间，而且取决于整个社会生产相关商品所需的社会必要劳动时间，当整个社会生产某种商品所使用的生产资料普遍发生转换时，原来的生产资料就面临被淘汰的命运，这明显地体现为人类历史进程中的能源转换进程，从使用马、牛这样的畜力作为动力，到使用风车、水车这样的自然力作为动力，再到使用煤炭、石油、天然气这样的化石燃料作为动力，就是这一进程的生动写照。原来整个社会所使用的生产资料是马、牛这样的自然物，那些率先使用风车、水车进行生产的资本家在市场竞争中就能够获取超额剩余价值，但当整个社会普遍使用风车、水车作为生产资料时，原先的马、牛这样的自然物，其价值就逐渐减少并最终消减为零，到了19世纪，由于廉价的煤炭、石油的发现，风靡了相当长时间的风车、水车，逐渐被蒸汽机、内燃机替代，其价值也逐渐减少并最终消减为零，整个20世纪就是化石燃料的世纪，而眼前又进行着类似的运动，尽管我们不能确定什么样的生产资料会成为主导要素。因此，从能源转换的进程来看，即使那些被赋予高价值的自然物，也会因为社会必要劳动时间的变化而逐渐减少价值甚至消减为零，当然，这也有可能意味着消减为零的自然在未来重新被赋予高价值，但可以肯定的是，在这样的经济运行机制下，只有那些能够为个别资本家带来超额剩余价值的个别自然要素才会逐渐被赋予高价值。

从上述的分析中，我们可看出，区别于自然的具体多样性的"自然形式"，自然在资本主义条件下是以一种"价值形式"的面目存在的，这就是自然的"社会形式"。正是自然的"价值形式"在价值量的衡量尺度规

---

① 《马克思恩格斯文集》第2卷，人民出版社2009年版，第35页。

定中遭受了“贬值”的异化。自然在这种衡量尺度中的异化，其实也就是市场配置资源的结果，即市场的竞争机制、价格机制驱动着资本家选择能够带来剩余价值最大化的自然资源，由此一来，为了避免这一层面的异化，就向我们提出了从市场配置自然资源走向公共计划配置自然资源的要求。

然而，这只是理解自然的“价值形式”的一个层面，即只是纯粹从价值的量的规定性上来考察自然遭受“贬值”的异化。将价值作量化的考虑和分析，在学术史上被称为“量化的价值论”，弗兰兹·佩特里（Franz Petry）、伊萨克·鲁宾（Issak Rubin）和保罗·斯威齐（Paul Sweezy）都曾做过这样的处理，例如，斯威齐曾写道：“价值量理论的主要任务，就是来自这个作为一种量值的价值的定义。它无非是要研究，在一个商品生产者的社会中，究竟有什么规律制约着劳动力在各个不同生产领域间的配置。”① 可是，如果这样理解价值量理论的任务，那马克思就只是揭示了价值规律对劳动力配置的制约问题，或者如上述分析的，对自然配置所引起的贬值问题，但马克思对价值量不是止步于此，针对资产阶级的古典政治经济学，他还进一步追问：“为什么劳动表现为价值，用劳动时间计算的劳动量表现为劳动产品的价值量呢？”② 这就启发我们不应仅仅从量的角度分析价值，还应从质的角度分析价值，从而进一步理解自然的“价值形式”对自然本身意味着什么。

价值是与商品紧密联系在一起的，商品本身具有二重的形式，即使用价值和价值，当生产出来的产品表现为商品，它就不是作为对生产者有用的使用价值而存在，而必须作为对别人有用的使用价值同其他商品相交换而存在，为了让两种商品的交换顺利进行，就必须使得两种商品有共同的东西，即两种商品必须是质上同一，只存在量上的差别，为此，就必须把商品体的使用价值撇开，把使用价值抽去，“也就是把那些使劳动产品成为使用价值的物体的组成部分和形式抽去。它们不再是桌子、房屋、纱或别的什么有用物。它们的一切可以感觉到的属性都消失了”③。这时劳动的有用性质消失了，劳动的具体形式消失了，各种劳动全部化约为相同的人

---

① ［美］保罗·斯威齐：《资本主义发展论》，陈观烈等译，商务印书馆1997年版，第51页。

② 《马克思恩格斯文集》第5卷，人民出版社2009年版，第98页。

③ 《马克思恩格斯文集》第5卷，人民出版社2009年版，第51页。

类劳动，即抽象劳动，商品这个物，“作为它们共有的这个社会实体的结晶，就是价值——商品价值”[1]。因此，价值的形成过程表明，与劳动过程不同，这不是一个简单的人与自然的物质变换过程，自然本身的具体多样性并没有直接进入价值的建构之中，价值仅由抽象劳动独自建构，由此，我们也可以再次理解上述所说的为什么自然条件的改进促进了劳动生产力的提高，却并不直接增加单位商品的价值量，因为价值量不直接表达所生产的产品的量。

自然本身的具体多样性虽然没有直接进入价值的建构之中，但是，价值的建构却离不开自然，因为价值始终要附着在使用价值上，使用价值是其物质承担者，为了解决这一矛盾，这时就需要“配合”抽象劳动的形成，实现自然本身的抽象化，把自然的具体多样性撇开，把使用价值抽去，自然在这种抽象化过程中就表现为一定量劳动的“吸收器和转移器”。我们可以再回头去看看马克思对价值形成和增殖过程的描述。马克思指出，如果把价值形成过程和劳动过程进行比较，就会知道，“在价值形成过程中，同一劳动过程只是表现出它的量的方面。所涉及的只是劳动操作所需要的时间，或者说，只是劳动力被有用地消耗的时间长度。在这里，进入劳动过程的商品，已经不再作为在劳动力有目的地发挥作用时执行一定职能的物质因素了。它们只是作为一定量的对象化劳动来计算”[2]。所以，进入劳动过程的自然，不再作为“物质因素”了，而是作为对象化劳动来计算，因此，“同劳动本身一样，在这里，原料和产品也都与我们从本来意义的劳动过程的角度考察时完全不同了。原料在这里只是当作一定量劳动的吸收器”[3]。原料不仅成为抽象劳动的“吸收器”，还成为价值的“转移器”，因为他们在劳动过程中消耗了自身，丧失了使用价值，但是与此同时又转化为一个新的使用价值，从而将自身所包含的价值量转移到新的使用价值身上，马克思还列举了生产资料在价值转移上的两种不同形式，其中一种就是像煤这样的原料，是一次性转移到新产品中的。

所以，在价值形成和增殖过程中，的确是连一个自然物质原子的影子都找不到了，自然都化约为抽象劳动或者抽象劳动时间，如果我们仔细注意马克思对此的用语，会发现他常用“只是”这种语气来表达自然在这个

---

① 《马克思恩格斯文集》第5卷，人民出版社2009年版，第51页。
② 《马克思恩格斯文集》第5卷，人民出版社2009年版，第228页。
③ 《马克思恩格斯文集》第5卷，人民出版社2009年版，第221页。

过程中的转化，“只是”表明的是仅此而已，自然“只是”抽象劳动的“吸收器”和“转移器”，仅此而已。就此而言，与前述劳动过程的图示不同，价值的形成和增殖过程的图示如下：

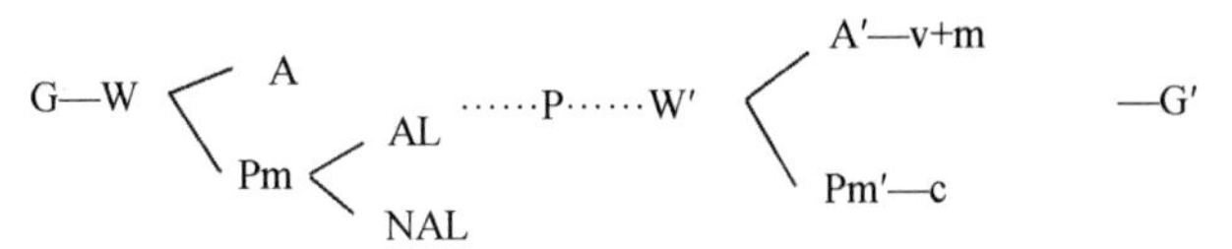

资本家从市场上购买到生产所需的劳动力商品（A）和生产资料（Pm），这时的生产资料中已经不是表现为劳动资料和劳动对象的生产资料，而是表现为原料中包含着的抽象劳动（AL）和天然存在物的“无抽象劳动”（NAL），紧接着，雇佣工人使用资本家的生产资料展开劳动，生产出商品（W′），这个商品包括生产过程劳动力新创造的价值（v + m），也包括生产资料转移来的价值（c），最终，资本家出售商品获得比原来多得多的货币（G′）。整个过程，再也看不见自然的具体多样性，看到的“只是”自然的单一抽象性。

因此，对于资本主义的价值形成和增殖过程来说，无论是包含自然要素的生产资料，还是劳动力，其使用价值都不再是具体劳动，生产资料不是具体劳动的产物，劳动力的使用不再是具体劳动的展开，二者的使用价值全部化约为一定的抽象劳动量，或者说一定的劳动时间，马克思对这种作用的转换都使用了“具有决定意义”① 的修饰语。正因为如此，马克思在描述价值形成和增殖过程时主要以纺织业为例，但由于自然发挥抽象劳动“吸收器和转移器”的作用，马克思在纺织业之外又提到了采掘业中天然存在物的作用。“如果工人不是在纺纱厂做工，而是在煤矿做工，劳动对象煤就是天然存在的。但是，从矿床中开采出来的一定量的煤，例如一英担，依然代表一定量被吸收的劳动。”②

当自然从具体多样性的自然转变为单一抽象性的自然时，实际上就是从目的降成手段，变成从属于价值的手段，与量层面上的“贬值”相比，自然这种意义上的降格，是在质层面上遭受“贬值”的异化，这是理解自然的“价值形式”更为根本的层面。自然降格为价值的手段，意味着自然如果有“主体性”的话，那么，这种主体性就会因为自然的这种异化而消

① 《马克思恩格斯文集》第 5 卷，人民出版社 2009 年版，第 221—226 页。

② 《马克思恩格斯文集》第 5 卷，人民出版社 2009 年版，第 222 页。

失殆尽。马克思曾谈到这种劳动抽象化形成价值的过程中体现在生产资料上的两种“有趣的现象”[①]：一种是同一生产资料，作为劳动过程的要素，是全部加入同一生产过程，但是作为价值形成的要素，则只是部分加入同一生产过程；另一种正相反，一种生产资料能够全部进入价值形成过程，而只是部分进入劳动过程。这种“有趣的现象”同样发生在自然的身上：自然是一个完整的生态系统，包括空气、水、土地、森林等要素，这些要素相互联系形成一个有机整体，共同加入生产过程中，但将其进行价值化后，只是将某种单一的自然要素纳入生产过程；人们加工从森林里砍伐回来的木头制作家具，整个木头全部进入价值形成过程，但是，人们在劳动过程中不可避免地会产生锯末和刨花，锯末和刨花没有变成家具，因此，又只是部分进入劳动过程。

自然的具体多样性消失在价值形成过程中的同时，也导致自然整体受价值的抽象统治。捍卫马克思劳动价值论的学者在引述了《哥达纲领批判》中的那句“劳动不是一切财富的源泉”之后，较少注意到紧接着这段话之后的论述，即“资产者有很充分的理由硬给劳动加上一种超自然的创造力，因为正是由于劳动的自然制约性产生出如下的情况：一个除自己的劳动力以外没有任何其他财产的人，在任何社会的和文化的状态中，都不得不为另一些已经成了劳动的物质条件的所有者的人做奴隶。他只有得到他们的允许才能劳动，因而只有得到他们的允许才能生存”[②]。在此，从马克思“不得不”的语气词可看出，雇佣工人为一种社会规定性所制约，他“不得不”的缘由不仅在于丧失了生产资料所有权，还在于一种以抽象劳动为中介的社会规制着这种必要性，即工人只有将自己的劳动力以商品的形式出售给资本家，实现自身劳动力的抽象化，才能获取工资以维持自己的生存。同理，自然也是如此，价值作为一种社会中介，规定着自然“只有”实现自身的抽象化，从属于抽象劳动才能成就自己的价值，这其实也表明，当自然以“价值形式”的方式表现自身的存在时，价值正以一种“无声的强制”[③] 保证资本家统治着自然。

自然的“价值形式”在质层面上所遭受的“贬值”的异化，实际上向

---

① 《马克思恩格斯文集》第5卷，人民出版社2009年版，第237页。
② 《马克思恩格斯文集》第3卷，人民出版社2009年版，第428页。
③ 《马克思恩格斯文集》第5卷，人民出版社2009年版，第846页。

我们提出了废除价值本身的要求，杰夫·曼（Geoff Mann）一针见血地揭示了马克思的价值范畴所具有的独特含义：“马克思主义者和/或批判政治实践的最终目标不是将价值公平分配给其生产者，而是价值范畴本身的废除、摧毁和克服。”[1] 所以，只有废除以抽象劳动和抽象劳动时间为尺度的社会规定性及其导致的对整个社会的人与自然的抽象统治，自然本身才能够回归到一种本真状态，从而获得自身的解放，那些试图将自然价值化的意图和实践举措，可能在短期内会产生一定的效果，但从长远和根本上看，是对自然的扭曲。

---

① Geoff Mann, “Value after Lehman”, *Historical Materialism*, Vol. 18, No. 4, 2010.

论空间正义的生态之维

张 佳*

伴随着传统社会向现代都市社会的转型，传统正义理论在面对空间生产和空间规划所造成的诸多正义问题时逐渐失去了理论效力。现实空间矛盾的凸显以及社会理论的空间转向共同开拓了正义理论的空间视域。空间正义范式的提出旨在调整和规范人们在空间资源的占有和分配、空间权益的获得和享有上的不平等关系。可见，空间正义仍然关注的是社会领域中的不平等、不公正问题，是社会正义原则在空间场域中的展现。因此，中国学术界在探讨空间正义问题时，主要着眼于分析和解决城市空间生产所导致的人与人之间的空间冲突和矛盾。实际上，空间生产和空间规划还会带来环境污染、生态匮乏等环境问题，并进一步引发环境风险、环境危险物的不公正分配问题。由于空间是社会空间和自然空间的复合统一体，空间资源既是社会资源，也是生态环境资源，因此空间正义不仅要保障人们平等享有工作、居住、生活空间的权益，也要关注人们居住、生活的空间是否健康安全。基于此，本文旨在阐发空间正义所内含的生态维度，从而在空间和生态的双重视域中寻求正义，实现人与自然的和谐共生，人和社会的公平公正。

一 空间正义问题的出场

尽管空间正义概念在当代才被明确提出来，但如果对正义概念进行追溯，就会发现正义和空间长期以来保持着密切的关系。按照苏贾（Edward W. Soja）的说法，在社会正义概念的起源中，地理空间起着重要的作用。在古希腊城邦时代，城市的会议场所和公共场所是民主思想的发源地，它

---

* 张佳：中南财经政法大学哲学院副教授。

引发人们思考平等、自由、人权、正义等。正义、民主被定义为以城市为基础的公民参与城邦政治及公平获取城市资源的权利。可见，这一观点已经提出了具体的空间正义的诉求，城邦被看作一个具有特权的空间，生活在城市之中的公民有别于奴隶、妇女、野蛮人和白痴，他们享有各种优势和权利。这种正义理念延续几千年直到今天，正义、民主在城市与乡村、市区与郊区之间仍存在相当大的差异。随着现代意义上的国家的出现，"这些古老的以城市为基础的空间概念化的正义、民主、公民权，被后来发展起来的以民族国家为基础的西方理论所取代"①。正义通过法律被普遍化为所有人的权利，就此而言，人所处的地域就显得不那么重要了。罗尔斯所建构的普遍的、规范的分配正义理论专注于对有价物品的公平分配。对于正义的判断是由现有的条件和成果来确定的，而不去考察最初创建了这种不平等的缘由何在。分配的不平等通常以收入而不是更有争议的等级、阶层，以及人们所处的地理位置等因素来界定，因此，罗尔斯（John Bordley Rawls）的正义论完全忽视了正义的空间性和历史性。

直到20世纪60年代，城市危机的蔓延使非正义和不公平地理问题浮出水面，人们才开始系统地重新审视空间和正义之间的联系。城市危机根源于空间资本化。代表资本的精英阶层运用其政治经济权力占有空间，通过空间重组、空间规划等手段对弱势群体进行空间剥夺，造成整个社会在空间上的分异与隔离，加剧了社会资源占有与配置的不公正。对此，一批学者试图从空间视角来重构正义理论。社会规划师布兰迪恩·戴维斯（Brandian Davis）在1968年首次提出了"领土正义"概念。这一概念作为一个规范性目标旨在实现不同领土地域上的公共服务和相关的投资应满足社会成员的需要。应该说，"领土正义"概念只是对某一特定地域范围的正义建构与秩序安排的设想，并没有超越古希腊城邦正义中对空间的理解。也就是说，"空间"在"领土正义"中仅仅被当作追求社会正义的地域背景而存在。大卫·哈维（David Harvey）在《社会正义和城市》一书中集中批判了资本城市化所导致的社会正义问题，由此对领土正义概念作了进一步阐发，他认为领土正义是对"造成最不幸地区的空间组织形式和地域资源分配"② 的挑战。这意味着他把

① ［美］爱德华·苏贾：《寻求空间正义》，高春花等译，社会科学文献出版社2016年版，第72页。

② David Harvey, *Social Justice and the City*, Edward Arnold Ltd, 1973, p. 110.

领土正义界定为空间组织和地域资源的公正分配。哈维对空间正义理论形成的重要贡献在于：不再把城市空间理解为滋生不公正不平等的场所，而深刻认识到城市空间就是以资本逻辑为主导的空间生产和社会权力运作的产物，其本身就是一种社会资源和权益。因此，尽管哈维并没有明确使用过空间正义这一术语，但他对城市正义的空间批判摆脱了传统正义理论对空间等地理要素的狭隘理解，使空间正义作为一个独立的理论范畴和一种全新的价值规范得以成立。

真正对空间正义问题展开专门研究的是苏贾。与哈维一样，苏贾的立论基础也是对空间社会性的强调。在苏贾看来，空间社会性在由资本主导的都市化运动中凸显出来，都市化进程不断生产和再生产出社会不平等不公正，因此，寻求空间正义成为迫切的理论任务。但由于苏贾坚持空间本体论，将不正义现象产生的根源归结为空间性因素，而不是从社会政治经济过程来寻求正义的根基，这样他就把空间正义提升到了与社会正义相等的甚至是更高的地位，不同领域的正义均被纳入空间正义的范畴，诸如种族隔离、性别歧视、分配不公等社会不公正都是空间正义缺失的表征。苏贾对空间正义的探讨并非仅仅停留于抽象的理论探讨，而是着眼于如何寻求和实现空间正义。正如苏贾所说："我并不想把空间性正义附属于更为熟悉的社会正义概念，而是想把社会生活各方面潜在有力但尚属模糊的空间性更清晰地拿出来，在这空间化的社会性（和历史性）里打开更有效的方法，通过有意识的空间性实践和政治把这个世界变得更美好。"①

从空间正义问题的提出到空间正义范式的确立表明，空间正义试图超越传统正义理论对绝对正义理念的抽象论证，哈维、列斐伏尔（Henri Lefebvre）、苏贾等人不约而同都将理论旨趣转向了探讨如何消除不公正，促进公平正义。可见，空间正义不是从空间视角赋予绝对正义理念以新的内涵，而是为了指明非正义如何，以及为何以空间形式表现出来。这一研究路径的转变是对马克思主义方法论基本立场的坚持和运用："对立的解决绝不只是认识的任务，而是现实生活的任务。"② 因此，空间正义理论具有深刻的现实批判指向，这一现实就是资本主义空间生产的非正义性。在

① ［美］爱德华·苏贾：《后大都市》，李钧等译，上海教育出版社2006年版，第476页。
② 《马克思恩格斯全集》第3卷，人民出版社2002年版，第306页。

空间生产的语境中，由于空间成了产品、资源，对空间的占有和分配就必须引入正义的视角对之进行检视，由此空间正义才得以成立。只有对空间生产的内涵有了准确把握，才能理解空间正义的现实指向。

二 空间生产的生态维度

空间生产概念虽然是晚近才提出来的，但人类实际上一直在进行着空间生产，因为物质资料的生产过程同时也是生产、创造这些物质资料的空间形式的过程。之所以把空间生产同一般的物质生产区别开来，是因为空间生产的主要指向是生产物质产品的空间形式或空间属性，具体而言，简单的空间生产比如住宅房屋的建造，复杂的空间生产则是城市的规划与构建。正如列斐伏尔所说："空间的生产，在概念上与实际上是最近才出现的，主要是表现在具有一定历史性的城市的急速扩张、社会的普遍都市化以及空间性组织的问题等各方面。"① 随着城市化进程的不断推进，都市社会的来临，空间生产在社会生产中的地位和作用日益加强。空间生产突出的是产品的空间属性对于人类生产和生活的价值与意义，空间产品和空间资源的这一独特性决定了其与土地及建基于土地之上的各种自然空间形态密切相关。因此，作为调节空间生产过程中矛盾关系的空间正义原则，就不仅要公平合理地配置生产和生活空间资源，也要保障人们在享有生态空间资源上的空间权益。可见，空间正义内含生态的维度，既涉及人与人之间的空间社会关系，也关涉人与自然空间之间的关系，这主要可从以下两方面来理解。

一方面，空间生产的前提和基础是自然地理空间，人类通过对自然地理空间的开发利用生产出满足人类需要的新的空间形式和空间产品。自然空间（山林、平原、河流、湖泊等）生态环境条件的优劣是影响空间生产水平和质量的重要因素。城市开发建设是最主要的空间生产形式，城市繁荣发展的程度与自然生态环境密切相关。比如大城市和特大城市密集的地区往往是水文资源丰富、生态环境条件好的地区。因此，如何处理不同地区、不同城市、不同人群之间的自然空间资源平等分配的问题就成为空间正义首先需要关注和解决的。

另一方面，空间生产不仅需要满足人们对生产空间和生活空间的需求，还需要满足人们对生态空间的需求。生产空间是指人们进行生产活动

① 包亚明主编：《现代性与空间的生产》，上海教育出版社2003年版，第47页。

所需要占据的一定的空间场所和空间资源。对从事农业劳动的农民来说，最重要的可支配空间资源就是土地，包括耕地、林场、草原、山坡、水塘等。对城市中的劳动者来说，则需要占据工厂、办公楼等工作场所和就业空间。生活空间是人们日常生活的空间，包括居民居住空间、各种公共场所和交通空间等。随着生产力的发展和物质生活水平的提高，人们不仅需要占有必需的生产和生活空间，而且还产生了追求高品质生存空间的要求，生态空间反映的就是人们对优美生态环境的需求。然而，现实状况却是城市的发展所制造的各种难以解决的环境问题，以及农业生产活动对良田、绿水、青山的滥用、砍伐、污染和损毁，严重危害和破坏了人们生产生活所需要的生态空间。面对日趋紧张的生态空间资源，发达地区就会利用自身优势地位将各种污染转嫁给落后地区，城市精英阶层则凭借财富和特权来获取良好的生态环境，空间发展所付出的巨大的环境代价都由普通的民众来承担，他们平等享有适宜生活空间和生态空间的权利被无情剥夺了。因此，空间非正义既表现为生产、生活空间资源的分配不公，也表现为生态空间资源的分配不公。居民空间权利的不平等不仅体现在所占有空间的规模和形态上的差距，也反映在占有空间的环境和质量的差别上。在生态环境日益恶化的今天，空间正义更应致力于消除不同群体在空间环境和质量享有上的不平等。

三 植根于资本主义空间生产的环境非正义

在以资本为主导的资本主义空间生产中，空间产品、空间资源占有与分配不公现象日益加剧。围绕着争夺生产、生活和生态空间资源问题，西方资本主义国家掀起了城市社会运动和环境正义运动。城市社会运动是城市中的弱势群体为争取实现住房、学校、医疗保健、交通、环境等城市资源的公正分配而展开的斗争，而环境正义运动则把斗争的矛头指向了城市弱势群体所遭受的不公正的环境待遇。环境正义运动和西方主流生态运动在对“环境”的界定上具有本质区别。西方绿色思潮从笼统、抽象的人类整体利益出发呼吁关注自然命运，热衷于保护原生态环境和濒危动植物，而对人类自身生存环境漠不关心。环境正义则是立足人的现实生存境况，对人们所居住的生活环境及工作场所的健康安全给予了充分的关注。“环境不只是森林和湿地，环境也是所居住的地方。因而住房危机也应该被看作是一个环境问题。”[1] 由此看来，环境正义所诉求的是清洁安全的城市环境，是有色人种、少数族裔和低收入阶层在环境风险、环境危险物的分担和环境好处的分配上的平等权利。因此，环境正义与城市空间生产有着不可分割的关联，其实现必须诉诸正义的空间生产。在空间生产的视域中，环境危机与空间危机相互交织在一起，环境问题也就理所当然成了空间正义理论的重要研究主题。对此，哈维深入分析批判了资本主义空间生产和空间规划所导致的非正义的环境后果。哈维指出，资本主义空间生产是服务于资本积累要求的，为有效规避环境问题带来的不利影响，资产阶级不惜牺牲穷人和下层人民的利益，将生态危机的恶果转嫁给他们，主要表现在以下几个方面。

第一，生态危机的空间转移造成环境享有上的不平等。生态环境的优劣对资本积累来说至关重要。假如生产活动地点周围是有毒有害、污染严重的环境，财产就会贬值，生产成本就会增加，反之，良好的生态环境则有助于吸引投资，扩大资本积累。而且良好的居住环境是衡量生活质量高低的重要标准。因此“富人不大可能‘不惜一切代价’放弃怡人的环境，反之，根本没有能力承受损失的穷人则很有可能为了一笔微不足道的钱而牺牲它”[2]。这也是资产阶级可以轻易地将各种污染企业进行空间转移的原因所在。即使在转嫁生态危机的过程中遇到了抵抗和阻碍，大量的就业机会和补偿款也会让低收入人群聚集区屈从和接受。富人本是破坏生态环境的始作俑者，他们应该承担首要的责任，但他们却凭借资本霸权将容易产生污染和有毒有害物质的工业产业向贫困和低收入人群聚集区进行空间转移，使他们不公平地遭受环境危害的影响，进一步加剧了其本就恶劣的工作和生活环境。与此形成鲜明对比的是，富人占有和享受着清新的空气、洁净的水质和优美的风景。

第二，自然资源的私有化造成自然空间资源分配上的不公平。水、森林、石油、矿产等是人类进行生产和生活的重要自然资源，本应属于资源所在地人们共有和共享。但新自由主义所推行的私有化确认了在自然资源上私有财产权的合法化。于是，资产阶级将空间生产扩展至全球，通过在

---

① Laura Pulido, *Environmentalism and Economic Justice: Two Chicano Struggles in the Southwest*, Tucson: The University of Arizona Press, 1996, p. 14.

② ［美］戴维·哈维：《正义、自然和差异地理学》，胡大平译，上海人民出版社 2010 年版，第 424 页。

全世界范围内的空间布展和空间重组，塑造了等级化的全球空间秩序，从而不断在国内外获取自然资源的所有权和开采权，大量侵占发展中国家和弱势群体的自然资源，地球上自然资源丰富的地区基本都被富人所占有和控制。不仅如此，他们还为自己的掠夺行为进行辩护，认为只有实现自然资源私有化才可能真正有动力去保养和维持自然资源的生态条件，宣称“出于环境理由无偿地剥夺私有财产权是不公正的，确保土地恰当利用的最明智的和最好的组织形式是高度分散的财产所有民主制”①。对此，哈维批判道：“财产所有权的模式在生态上是混乱的，在社会上是不平衡的。”②土地开发商、资源开采者对自然资源的占有造成了资源分配上的两极分化，严重威胁到穷人和边缘人的生存和发展，而且他们也不可能比集体更有远见和智慧来科学合理开发自然界，私有权的存在也增加了建立任何关于全球环境治理协议的困难，因此自然资源的私有化只会使环境朝着非正义的方向发展。

第三，强加于环境利用之上的短期合同逻辑严重破坏了贫穷落后国家的生态环境。新自由主义资本积累模式是以灵活性和流动性为特征的，短期合同成为推动资本和劳动力在全球自由流动的有效手段。被纳入资本和市场轨道的自然空间生产同样也青睐于短期合同，在对自然资源的开采上，“对短期合同关系的偏爱给所有生产者造成压力，他们要在合同期内尽可能地攫取一切”③。为了在短期内高效地开采资源，同时受到高度耗费能源的消费主义的鼓吹，自然资源和生态环境面临着过度开采和开发的严峻压力。而这一压力被资本主义传导给了那些贫穷但拥有大量自然资源的国家和地区，在获取外汇的诱惑之下，这些国家被迫允许大规模短期采伐，从而使自身的自然资源和生态环境被肆意破坏。

综上所述，在新自由主义所主导的全球化的推动下，资本主义空间生产从城市扩展至全球，空间剥削的对象也随之从资本主义城市内部的弱势群体遍及到所有落后国家和地区的人民；空间剥削的形式也随之从对人们生产、生活空间的掠夺扩张至对生态空间的破坏。空间非正义现

---

① ［美］戴维·哈维：《正义、自然和差异地理学》，胡大平译，上海人民出版社 2010 年版，第 441 页。

② ［美］戴维·哈维：《正义、自然和差异地理学》，胡大平译，上海人民出版社 2010 年版，第 442 页。

③ ［美］大卫·哈维：《新自由主义简史》，王钦译，上海译文出版社 2010 年版，第 201 页。

象的日益蔓延和恶化对空间正义理论提出了新的要求。一方面，空间正义的论域应从城市空间正义扩展至全球空间正义。既要探讨城市居住空间差异化、等级化等城市空间资源分配不公正的议题，也要关注发达国家对发展中国家空间资源的剥削掠夺及空间危机和生态危机的转嫁。另一方面，空间正义应兼具空间视角和生态视角。空间非正义所指向的生产、生活空间占有和分配上的不平等，不仅包括人们所占有的空间资源、空间产品在数量和规模上的差异，也包括所占有空间在环境和质量上的差别。因此，空间正义的实现不仅要着力解决住房、交通、教育、医疗、贫困等传统城市问题，还必须诉诸生态环境资源公正合理的分配及保障人们工作、生活、居住空间的健康安全。显然，以资本逻辑为主导的空间生产是不可能实现空间资源的公平配置，也不可能保障所有人的空间权益不受损害。只有将资本主义空间生产变革为社会主义空间生产，才能真正实现空间正义。

四　社会主义空间正义的双重目标——空间公正和生态正义

西方空间生产和空间正义理论对于我们开展社会主义空间生产实践，追求社会主义空间正义具有积极的借鉴和启示意义。社会主义空间生产的本质不是服务于私人资本，而是以满足人民群众的空间需求，促进人的自由全面发展为出发点和归属。因此，社会主义空间正义就是要建立起公平正义的空间分配结构以保障人们平等享有生产、生活和生态空间。这一价值诉求要求社会主义空间生产应实现经济效益、社会效益和生态效益的统一。在空间产品的供给方面，以绿色、高效、安全的方式对国土空间资源进行开发利用，为人们提供丰富优质的空间产品和生态环境。在空间产品的分配上，既要立足社会正义保障不同社会群体在空间资源和产品分配上的公正，又要立足环境正义实现不同社会群体在空间利益获得和环境代价与风险承担上的权利义务对等。可见，社会主义空间正义是试图在空间生产过程中建构起一种规范人与人、人与自然之间新型空间关系的价值准则，其价值诉求体现在以下三方面。

第一，社会主义空间正义旨在实现空间公正和生态正义的统一。社会主义空间正义指向的是社会主义空间生产实践中的公平和公正，空间公正是其本质内涵。实现空间公正就是要保障所有公民作为居民不分贫富、种族、性别、年龄等都享有基本的空间权益。所谓“空间权益”是指“公民在居住、作业、交通、环境等公共空间领域对空间产品和空间资源的生产、占有、利用、交换和消费等方面的权益”①。基于此，以往我们在对空间公正的探讨中，重点关注的是中国城市化进程中所导致的城市底层群体生存空间被侵占排挤，空间权益被剥夺的非正义现象，着力协调化解的是人与人之间的空间矛盾和冲突。殊不知，空间既具有自然属性，又具有社会属性，既是自然资源，也是社会资源。人类的生存发展、社会的公正进步既有赖于城市空间资源的生产和配置，也维系于自然生态环境的改善。因此，社会主义空间正义必须实现空间公正和生态正义的双重目标。在空间正义的视域中追求生态正义主要涉及两个层面。其一，社会主义空间生产实践不能以破坏自然空间环境为代价。空间生产所提供的空间产品和空间资源是实现空间正义的现实基础。空间生产效率越高，生产力越发达，创造的物质财富就越丰富，人们享有空间产品和空间资源的机会就越多。可以说，没有效率，公平正义就丧失了赖以实现自身的物质基础。对于城市空间生产来说，如果将高效率狭隘理解为城市规模和速度的扩张，那么，城市空间的急剧膨胀就会破坏生态自然条件，消耗大量的土地和能源资源，各种污染物排放量激增，造成大气污染、交通拥堵、垃圾围城、水资源短缺等生态环境问题。以巨大环境成本为代价的城市空间生产显然背离了社会主义空间正义的初衷，城市居民的基本生存空间都陷入了生态危机，何谈公正平等的分配？因此，社会主义空间正义理应包含着可持续发展的生态诉求，公正高效的空间生产应是通过有效率地协调人与自然、人与人的关系，减少或消除空间生产活动中的各种矛盾和冲突，从而更有效地推动城市可持续发展。其二，社会主义空间正义要实现人们在生态空间资源分配和环境风险分担上的公平公正。如果说前一层次是强调实现人类与自然之间的正义，关注自然环境对空间生产的制约作用会妨碍空间正义的实现。那么，后一层次则是强调在生态空间资源分配问题上实现人与人之间的正义。环境问题和生态危机不只是人与自然之间矛盾和冲突的结果，它实际表征的是以自然为中介的人与人之间的利益冲突。寻求生态正义就不能只关注自然界的命运，而不关注人类自身的命运，西方环境主义的局限性就在于谋求的是抽象的人类与抽象的自然之间的抽象的正义。社

① 任平：《空间的正义——当代中国可持续城市化的基本走向》，《城市发展研究》2006 年第 5 期。

会主义空间正义谋求的是空间生产中的正义，因而城市环境就成了生态正义考量的首要问题。大自然和城市环境都是人类生存和发展的前提和基础，但相对于自然界这个“大环境”，健康安全的工作、居住、生活空间才与人们的生活息息相关，更具有直接现实性。因此，环境利益是空间权益的一项重要内容，社会主义空间正义不仅要保护自然生态环境，更要保障所有人都平等享有健康安全的工作生活空间，防止和避免社会弱势群体成为环境风险和代价的承受者，受到不公正的环境待遇。

第二，社会主义空间正义旨在实现代内空间正义和代际空间正义的统一。以生态思维方式来看待空间生产，就会认识到生态空间资源不是无限的，大多数都是不可再生和不可移动的，空间资源的生产和分配就不能只考虑当代人的需求和利益，还应充分考虑到如何保证当代人与后代人之间的代际公平。就代内空间正义而言，是指保障同时代的所有人，不分地域、民族、性别、阶层、年龄等差异都能平等地享有生产和生活空间资源、空间产品的权益。构建起公平正义的空间分配结构，使空间资源在城市与农村之间、发达地区与落后地区之间进行合理布局和配置，从而促进区域空间、城乡空间的协调发展和可持续发展。就代际空间正义而言，指涉的是当代人与后代人公正分配空间资源的问题，是可持续发展理念在空间正义问题上的集中反映，强调空间资源的开发利用不能损害后代人所应享有的发展权。由于国土资源是有限的，当代人如果无限制的进行空间扩张和空间生产必然会造成下代人国土空间资源可用数量的减少甚至枯竭；当代人如果对国土资源进行破坏式开发，必然造成国土资源质量下降，生态环境脆弱，工作生活空间条件恶劣，进而影响下一代人的健康持续发展。因此，社会主义空间生产“既要支撑当代人过上幸福生活，也要为子孙后代留下生存根基”①。

第三，社会主义空间正义旨在实现国内空间正义和国际空间正义的统一。以空间视野来看待空间生产，就会认识到生态空间资源分配不公和环境风险分担不对等问题不仅存在于城市空间，而且伴随着空间生产的全球化而扩张至全球空间。资本全球化塑造了中心—边缘的全球空间生产等级格局、不平等的空间分工，以及非对称性空间交换关系。发达资本主义国家凭借这一不平等的全球空间结构，一方面剥削和掠夺发展中国家的空间

① 《习近平谈治国理政》第2卷，外文出版社2017年版，第396页。

资源，破坏其生态环境；另一方面将生态危机进行空间转嫁，把容易造成污染的企业大量转移到发展中国家，使发展中国家为发达国家承担环境风险的代价。面对全球空间生产，社会主义空间生产既要顺应时代潮流，又要努力颠覆和超越资本逻辑，社会主义空间正义的价值原则要求我们不能只仅仅着眼于处理好国内空间生产过程中不同地区、不同人群在环境利益享有和环境风险承担上的不匹配不公正，也要致力于打破不公正的全球空间格局，实现发达国家与发展中国家在空间资源、生态资源上的平等分配，发达国家与发展中国家在空间治理、环境治理中所担当的责任义务的平等公正。

五　迈向社会主义空间正义的国土空间规划

公正合理的国土空间规划对于社会主义空间正义价值目标的实现具有关键意义。这是因为，国土空间兼具空间属性和生态属性，国土空间既是空间生产又是生态文明建设的物质载体，其空间结构和空间布局是否公正合理不仅对空间资源的公平配置也对生态环境产生深远影响。因此，未来我国的国土空间规划必须确立以生态为基础的整体性、长远性规划，在不同空间尺度上公正合理调配空间资源，统筹协调人与自然、人与人、经济与社会的平衡发展。

自改革开放以来，尽管中国国土空间规划不断成熟完善，越来越关注强调公平、公正和生态环境问题，但离社会主义空间正义的价值目标尚有很大差距。当前中国国土资源的开发利用中普遍存在着严重的区域剥夺行为，“这种行为主要是指强势群体和强势区域基于区域与区域之间的空间位置关系，借助政策空洞和行政强制手段掠夺弱势群体和弱势区域的资源、资金、技术、人才、项目、政策偏好、生态、环境容量，转嫁各种污染等的一系列不公平、非合理的经济社会活动行为”①。结果是既破坏了自然环境，又导致了空间资源的不公正分配。具体表现为以下三点。第一，不同地域空间中人们享有的空间权利的不平等。大城市对中小城市的剥夺、城市对农村的剥夺、发达地区对落后地区的剥夺使优质空间资源都流向了强势地区，这些地域空间中的居民无论是在享有空间产品和空间资源

---

① 方创琳等：《中国快速城市化进程中的区域剥夺行为及调控路径》，《地理学报》2007年第8期。

的数量还是质量上都远远超过了弱势地区中的群体。第二，同一地域空间内部居民空间权利的不平等。即使是同处于发达地区的人们其所享有的空间产品和空间资源也存在着较大的差异。在城市扩张和更新改造进程中，房价被不断拉高，同时大量的城中村、棚户区、简易房被拆除，城市中的农民工、低收入者和弱势群体的居住空间被不断剥夺和丧失，由此造成了城市高收入阶层和低收入阶层在居住空间权利上的严重不平等。第三，不同地域空间、不同群体对空间环境和质量享有上的不平等。国土资源的开发利用中，生产空间对生活空间、生态空间的挤占致使耕地面积锐减，生态系统脆弱，环境污染严重，城市发展完全超出了资源环境的承载能力。国土空间开发的环境风险和生态代价则都由弱势地区和弱势群体来承担。总之，愈演愈烈的空间剥夺不断加剧着国土空间开发的失调和国土资源配置的失衡，进一步强化了强势群体和弱势群体在空间上的对立，结果是社会矛盾和生态环境矛盾日益突出。

因此，未来中国国土空间规划的任务主要是协调各种空间关系，解决社会矛盾和冲突，维护社会公正。为此必须把空间正义的平等原则、差异原则和效率原则贯彻到空间生产和空间分配领域。第一，平等原则是空间正义的首要原则。国土空间规划在对空间资源进行布局时应大力扶持落后地区，关照弱势群体利益，从而保障区域之间、城乡之间、不同人群之间在占有和消费空间资源上的平等权利。为此，通过加快推进公益性基础设施、公共空间建设和环境保护设施建设，改善弱势群体的生活空间；通过特殊政策引导资金、技术、人才、资源等流向落后地区，特别是老少边穷地区，推动这些地区的空间生产和空间发展，使人们共享空间产品和空间资源。第二，差异原则在空间正义中的体现主要包括两个方面。一是对空间资源和空间产品的分配坚持比例公平。平等原则满足和保障的是人们的基本空间需求。人们的发展性、享受性、成长性空间需求则应该依据人们能力的高低和贡献的大小来衡量是否应该被满足。基于此，不能依靠强制力量，以“劫富济贫”的方式剥夺发达地区来支持援助落后地区，而应该是以优惠的政策、优厚的待遇、宜人的生活空间和优美的环境引导资金、技术、人才流向落后地区。二是空间生产和空间规划不能走向同质化，应合理规划不同区域的主体功能与发展目标。资本主义空间生产是以强制性的同质化抹杀了各种差异，是压制了差异的生产。与此不同，社会主义空间生产是差异的空间生产，是为了尊重和满足人们多样化的空间需求。因此，空间规划必须从大一统的空间开发模式转向差异化的空间开发模式，充分考虑各个区域、各种人群、各种文化的多元性，充分发挥各个地域的特色优势，满足人们对生产、生活、生态空间的多样化需求。当前我国提出并积极倡导的主体功能区规划就是对空间正义差异原则的积极践行。第三，空间正义必须坚持有效率的公正和有公正的效率，“要把提高‘效率’与增进‘正义’放在总体上、平等一致的地位上来考虑”①。要实现空间利用效率和效益的最优化，必须以经济、社会和生态效益为指标进行综合考量和评估。以适度集聚开发作为国土空间开发的主导方式，节约集约利用国土空间资源。通过集聚产生出巨大的规模经济效应，从而节约能源资源耗费，提高资源配置和运行效率，减轻生态破坏与环境污染，同时，建立健全转移支付、生态补偿等制度对人口、资源输出地区给予公平合理的补偿，使效率的实现符合正义的目标。

综上，空间资源作为自然空间和社会空间的复合统一体，其生产、规划、配置是否公平合理对于实现空间公正和生态正义都会产生深刻影响。正是基于对空间正义和生态文明内在逻辑关联认识的不断深化，自党的十八大以来，中国一直致力于构建人与自然、人与人之间公正和谐的空间关系，确保人民共享空间发展成果，满足多元化的空间发展需求，实现美丽中国的理想空间格局。

---

① ［美］阿瑟·奥肯：《平等与效率》，王忠民等译，华夏出版社1999年版，第86页。

自然—清洗与自然的生产*

[美] 尼尔·史密斯著 刘怀玉译**

自从《不平衡发展》写作四分之一世纪以来，资本主义及其地理已经发生了剧烈的变化。全球化，对于许多人来说的日常生活的计算机化，苏联及东欧的国家社会主义的解体，世界政治中的区域重申，东亚史无前例的工业革命，以及与之相伴随的中国的资本主义化，反全球化与世界社会正义运动，全球变暖，作为全球都市政策的绅士化之普及化，生物技术和新自由主义国家的兴起，美国所领导的以反恐战争为借口的全球霸权战争，以上这些变化和许多其他的发展都已经从根本上改变了20世纪资本主义的面孔。除了任何其他方面之外，战后的第一世界、第二世界与第三世界之间相对稳定的划分，自从20世纪80年代以来已经受到了质疑，今天不仅仅缺少任何严密性而且看上去有些古怪，20世纪70年代就是如此。以此类推，在一个目前都市化已经达到50%的世界里，任何乡村与都市的区别也受到了怀疑，在城市中心与中心绅士化时代的郊区之间，以及公司、边缘城市外围（edge city periphery）之间的任何鸿沟同样也受到了怀疑。在诸多前沿方面，资本主义的不平衡发展看上比以往更有沟痕感了。

在这份巨大的变更名单上，还有许多内容可以加入其中，2001年美国五角大楼与世界贸易中心遭遇袭击，几乎没有任何怀疑这些事件可以筛选入历史，它们实际上已经成为某些全球政治的分水岭，就像是20世纪的世界大战。但并不是“9·11”事件本身改变了世界，且不管某位美国总统①

---

* 本文系尼尔·史密斯《不平衡发展自然、资本与空间的生产》一书第三版后记第一节中译文，此书中译本即将出版，如有引用，必须说明，不得以任何方式转载。

** 尼尔·史密斯：纽约城市大学教授；刘怀玉：南京大学哲学系教授。

① 这里作者暗指时任美国总统乔治·沃克·布什（George Walker Bush，1946— ），他是第43任美国总统，并被称作小布什。——中译者著。

会如何固守相反的观点。当然这些事件粗暴地被估算与夸张地作为一种象征方式，但是拿它们和人类以暴力自戕的历史记录相比可谓小巫见大巫。或者毋宁说它是对这些暴力事件——粗野地与精心地在一个广袤无垠的规模上展开——的一种反应而已。这个反映标志着一道分水岭，如果它是可以被人们发现的话。这些事件代表着并被以美国为中心的统治阶级冷漠地用于一场蓄谋已久的全球霸权的目的，虽然事件很短暂，但与最终很离奇的结局有着牢不可破的关系。那些已经发生于其他规模及其他区域的变更，无论以何种方式都无法否定或者无法贬低，这个代表着国际的、但是集中于美国统治阶级的帝国的权力规划，以及对这个规划的反应（包括“9·11”事件），已经被看作是20世纪最后四分之一的首要的政治的文化的及经济的现实。今天在从家庭到超星球的一切规模上的不平衡发展，既是自上而下的也是自下而上的。但如果我们要理解这些各不相同的规模化的过程在哪里以及如何相遇在一起的话，对这个全球野心作一种分析性的评估那将是至关重要的。

在21世纪的头十个年头，我们中间的许多人被一种严重的政治想象力、记忆力甚或是感情匮乏症所俘虏了——在地理上我们处于所谓世界核心的位置，这通常包括欧洲、北美、日本及大西洋洲，但却要把其中的黑人居住区及巴黎的贫民区排除在外。当然，从墨西哥城、孟买到上海与开罗这些相比较而言算是“次等”的阶级权力中心也能被纳入世界核心区。事实上，我们已经变成是马格里特·撒切尔铁娘子（Margaret Hilda Thatcher）著名格言“除了资本主义别无选择”的有意或无意的吹鼓手。许多左派机构成员，他们在20世纪80年代还曾憎恶过撒切尔及其格言，而在21世纪现在却转而成了铁娘子最灵巧的支持者，他们从一种理想主义的拒绝到对资本主义作为一个严密范畴的承认。正如统治阶级把资本主义放到更广阔更多样、然而也更纯粹的形式中加以测定——今天国家转变成为一种底线的企业家，以及不断声称环境、社会的天赋特权的经济学家以及文化工程师。这样一种立场转变完全否定了资本主义的存在。而对于资本主义的否定者来说，他们并没有统一的政治对抗目标，只有虔诚的和折中的自由主义道德安抚。按照目标之不可见性的标准来说，替代性是不可见的。

事实上，除了其他国家以外，其中包括在20世纪70年代尼加拉瓜、安哥拉及萨尔瓦多为争取民族解放的斗争，已经在很大程度上退却或者说失败了；中部非洲和西部非洲的很多后殖民主义的政权，经过艰苦斗争，其先的被分裂与被征服的主权已经转交给他们了，现在反而把他们前殖民地的优雅主人的野蛮状态转变成一种最贫困角落新资本主义的贪婪状态；环境保护主义和多元文化主义是右派的也是左派的新政治；欧洲的社会主义已经变成了走在半道上的新自由主义的先驱，他们从与资本主义针锋相对转而施以拥抱，而草根派的社会主义运动仍然在大多数南美洲国家掌握政权。与此同时，人权和女权却无视国内事务，而已经变成了在非常低贱的西方利益驱动下发动战争的号角。但世界范围内围绕着基本人权、得体的收入、清洁的饮水、尊严、终止种族主义、良好的工作条件及联合起来而展开的斗争仍然在爆发。

撒切尔、里根（Ronald Wilson Reagan）、科尔（Kohr）还有邓式的新自由主义的自负，在20世纪80年代对全球化给予了帮助，并得到了他们的各式各样的继任者们，诸如比尔·克林顿（Bill Clinton）、托尼·布莱尔（Tony Blair），以及印度总理阿塔尔·比哈里·瓦杰帕伊（Atal Bihari Vajpayee），还有许多其他各种脱去了资本意识形态包装的全世界继任者们的贯彻推进。国家经济已经为工厂、金融与环境所胁迫；而商业违规的根据就是来自于18世纪启蒙主义的自由主义命令，即经济商品是普遍的“好东西”，而市场逻辑明显地楔入大众心理之中从而掌握着大众心理的运动，即市场逻辑是适用于一切事物——从个人偏好到社会选择——的逻辑。民族—国家同样地被裹胁到和资本主义自由市场缠绕在一起的“自由与民主”进程之中。而对于世界上许多民族国家来说——首先当然是对小布什总统（George Walker Bush）可笑而牵强地指认的邪恶轴心国（伊拉克、朝鲜和伊朗），以及那些注定身陷凶兆的阴影之中的国家（巴勒斯坦、叙利亚、古巴与委内瑞拉等）来说——自由从18世纪的承诺转而变成了20世纪的威胁，从机会的灯塔转而变成威胁的屠杀战场。全球化经济的习惯手法是一种强制的全球性治理政策及其派生物的全球化消费文化与社会的再生产。“自由将会风行世界的”，乔治·布什在2005年4月曾如是咏叹不已。“自由是历史的方向”。与此同时，美国军队从另一个方面确信历史已经回到了正道。

然而，有太多的事情仍然没有改观。阶级不平等、环境的毁坏、贫困与种族非正义、帝国主义以及种族灭绝，这些现实无可争辩地要比25年前更加糟糕。深层次化的全球性资本主义所承诺要解决的问题远没有解决，鸿沟的深度也许已经甚至超过了那些批评家们的预见。当然，追根求源式分析确有许多缺点，在今天这些缺点也非常确切无疑了，但我已重申追溯式的校正与更新的诱惑。其中的力量之一，不过是把不平衡地理发展作为以下双方竞争着的未解决难题来看待：一方面社会空间的均等化趋势；与之针锋相对的趋势是分化。立足点既非随波逐流于社会过程的某些哲学式的模棱两可，也非任何类型的本体论必然性（也许等于是一会事儿），正如马克思已经非常清晰地察觉到的那样，我们可以从商品形式的内在社会关系及其在资本主义条件下的普遍化中追踪到均等趋势和分化趋势之间的矛盾。它们是看得见的真实存在。以此方式看待不平衡发展，一方面在不同规模上定位与解释那些构成今天世界剧烈变动着的景观；另一方面，它迫使我们把不平衡发展当作一种特殊的地理盛装——完全不用当作必然性——而是作为可以被以不同的方式制造出来的人造世界来看待，而不管有什么自然的超常力量。这里最必然的就是一种例外。

《不平衡发展》一书最深层次的目标是致力于把自然、空间及社会过程融汇贯通为一种可以观察到的景观，并在多元的规模上，致力于并阐明其中的水到渠成的景观所呼唤的社会不平等问题的解决之道。因此，对于许多人（包括我在内）而言，把自然界和马克思主义意义上的历史社会变化相结合，看上去也许是在“自然的生产”组织下的一种多少的催促。从今天的眼光来看，自然的生产看上去几乎是显而易见的了，正在变成一个核心的政治问题。这个主题，它鼓动着这个原初的文本，似乎是一个明显的出发地点。

虽然环境运动一度处于完全摇摆不定的状态，在 20 世纪 80 年代初是很难估计到“自然的生产”主题——或者我们想使用什么语言表达都行——居然达到如此被广泛接受的程度：它会变成不再仅仅是激进正统派，而充斥于头版头条。全球变暖和人为导致的气候变化不再是让人忧心忡忡的环境左派的口号，而是华尔街卧室里的面包、黄油和马丁尼酒午餐。格兰诺拉[①]（Granold）的绿色已经被美元的绿色替代。实际上，自然的生产已经在某些方面变成了此种资产阶级的正统；气候变化已经从对利润的威胁转变成为资本主义利润率的新部分。到 2003 年为止，五角大楼与以美国为基地的全球商业网络有足够的合作，能够警告美国气候变化影响到了其安全，并增加了数十亿美元的项目以应对气候安全问题。

---

① 格兰诺拉（Granold）是一种燕麦的商标名称。——中译者注。

但问题并没有这么简单，似乎并没有适当科学依据否认全球变暖正在发生，以及正在强化着的社会经济生产、再生产及消费对于这个后果的作用。不过在很大程度上，这个全球性的对气候变化的社会作用，并非完全清楚，且应该说是相当无法估算的。问题在于计算如此一种责任要求，要么假设有一个与全球变暖相比照的静态自然如何可能确定测量——一个可论证的非现实的科学假设——要不然就假设某些与人类构成成分相对照的“自然”变化（但这种未来的规划如何假设呢?）应该被测量。当然有基于退回到19世纪数据的精致的全球气候循环变化的模型（但是地理学的筛选）。但对过去的精确描述从来不会保证人们对未来的精确预测。最后，把社会与自然对气候变化的作用辨别开来的尝试，不仅仅是一场愚蠢的辩论，而且是一场愚蠢的哲学辩论：它许可了自然与社会泾渭分明的神圣教条——自然在一个角落，社会在另外一个角落，这是一种现代西方思想精确的行话，这正是“自然的生产”论题所要致力于侵蚀之物。

我们并不需要充当一名“全球正在变暖的抗议者（denier）”——其本身是一种有趣的描述符号（descriptor）——即不需要当一名如下意义上的杞人忧天者（skeptic concerning）：全球性公共性正在退却，对一浪高过一浪的技术、经济和社会变化浪潮的冲击逆来顺受，以适合迫切的全球生存的必要性。作为一个向已经破产了的地理决定论回归的更加广泛的组成部分，全球变暖变成了谴责任何一种社会罪恶的方便措辞。除了明显的冰帽融化、海平面上升、气候与植被带移位，城市洪灾等等这些明显的含义之外，全球变暖被传唤用来免除许多社会罪恶：在炎热城市里持续的夏天犯罪、作物歉收、新的移民模式、东南欧夏季炎热的新纪录、西北欧的创纪录的降雨与寒冷，到2050年35%的多样性生物的消失，多伦多猫科动物空前的增长……迫在眉睫的环境厄运的启示录腔调实际上充斥于日常生活的方方面面，以及现在与未来。

为了实现资本主义利润之目的，在20世纪90年代有许多类似于“漂绿”①（greenwashing）的法人团体吸收了绿色政治、重新编码了环境主义，

① 漂绿（Greenwash），意指一家企业宣称保护环境，实际上却反其道而行，实质上是一种虚假的环保宣传。用来说明一家公司、政府或是组织以某些行为或行动宣示自身对环境保护的付出但实际上却是反其道而行。此举通常是为了给产品改名或改善产品形象。这个词最初在1990年代初期在美国被使用，因1991年3月和4月间的一本名为*Mother Jones*的左翼杂志中的文章标题而声名大噪。——中译者注。

全球变暖与气候变化的幽灵在今天作为特定的“自然—清洗”的代表而被展示。这看上去应该是一个悖论。自然清洗是社会变革自然所引起的过程，这得到了足够多的承认，但在社会改变自然的过程中，自然界却变成了新的决定我们的社会的超级力量。社会改变自然很可能有更多的过错，但自然的影响力量却带给人类以灾难。自然这个原因性的力量不应该受连累，但看上去由于社会介入自然却应该被增强，自然与社会的二律悖反是增强了而不是减弱了：“自然清洗”把积累起来的社会后果的高山倾倒入了原因性的自然垃圾箱里。自然仍然是遥远的社会的原因和后果的范迪门斯地（塔斯马尼亚岛）[①]。

如果当今环境新闻是由气候变化所左右的，自然的清洗则有一个更广阔的地带。由于自然的清洗的到来几乎没有被感觉到，《不平衡发展》第一版确实包括了仅仅提一下而已的“温室效应”（greenhouse effect）。就像当初所称谓的那样，但关于自然的生产立足点则更为广阔，问题在于，它正处于消失的危险状态之中，因为地理环境决定论的回潮激起了新的自然清洗。今天我们被没完没了地劝告说，这个或那个环境危机状态威胁到这个星球和存在于其上的生命，这些威胁都带着生理学的、生物化学的印迹而涌现出来：伊伯拉病毒、艾滋病、疯牛病、萨斯病、癌症多样性繁殖、禽流感。自然清洗确实起到了作用，当疾病的社会协同生产（不管广为接受或另外一回事）被排挤一旁，以迎合看上去一幕幕无情的自然灾难上演。再者，问题并不在于自然的清洗不承认社会参与了自然之中；而是承认这一点，自然的洗涤重组了明显地无法撼动的自然作用于并凌驾于社会之上的权力。

当“自然的生产”论题理所当然地强调社会活动在穿越自然时的大量作用时，该命题不想以任何方式与建构主义范式（constructionist paradigm）同流合污或者沆瀣一气，后者自20世纪80年代以来红火一时。虽然一些理论家们为社会生产的政治意义而劳神，却已经采纳了社会建构主义且给予其优先的发言权，并相信以此可以回应许多同类的社会变更问题。这种自我创造其类型的自然清洗说，在其中自然的权力被东拉西扯地清洗走或至少被冲到了边缘，也许没有什么比1995年的《社会文本》更加惨败的

---

① 范迪门斯地（Van Diemen's Land）是塔斯马尼亚岛（Tasmania）的一个地名，后者是澳大利亚的一个岛屿。——中译者注。

了，在这本文化期刊中，彻头彻尾地发明的用“建构主义”来阅读当代物理学，上演了一场科学骗局。不管我们多么需要对世界的科学概念进行批判——而年轻的科学家们更经常地精明于此道而不是退避三舍——一种话语重组的建构主义并不能引导多远。当然在这个论题上有很多辩论，问题在于如何把自然—社会关系概念化，这在理论上不是、也不会得到很容易地解决。我依然相信，核心问题并非在于如何重组我们对自然和社会的理解，最好一种规划至多是去努力修理掠夺式资本主义，而且相反：如何使自然—社会关系、过程事件成为统一体（如果说它们本来是差异性的领域的话）？因为它们终究首先会被构想成为赤裸裸的二元性。这个计划要求通过西方自然观的演化，对无数的实际的自然生产进行历史解读，集中在最近几个世纪基础上。自然的生产的概念目前暂时还说得过去，它把最广义的变化着的人类劳动概念置于其方程式的核心。我的想法与唐纳·哈拉维（Donna Haraway）的概念相一致，后者是一种社会的与自然的过程和关系的共同生产概念。与之相反，自然的清洗，则是要把责任再度推给自然界。

最要紧的问题并不是要减轻由于贪婪的资本主义消费地球资源导致的环境危机的程度，也不是建议环境问题某种意义上怎么样成为第二位的问题，或者要求对它们作少许或有限的关注，确切地说，问题正好相反。不如说关键问题在于主张对环境危机的反应更应该的是成功地实现对危机准确地评定的程度。这里的左派启示录严重地迷失了目标。全球变暖作为一个过程，被孤立的当作一个环境二难推理的核心问题来对待——从而可以把它从资本积累过程中和社会生产关系中抽离出来，就此而论，是全球变暖明显地招致了这样一种气候变化——而导致全球变暖的动因却消失在视野中。“让所有键盘上的双手都来减少碳排放量吧”，也许安慰了自由的意识，但是这并非一种应对全球变暖之特别进步政治反应，因为它是在非常狭隘的使用价值意义上而误解了自然；这种解决问题之道所立足的是一种很累赘的自愿捐助主义——你有没有补偿开车上班的污染而在今天种一棵树呀？在这个问题上它也很模糊地假设一种很累赘的责任与因果关系。就此而论，它仅仅是把我们带向对全球变暖的原因的理解上。我们绝大多数无法作出选择而只是消费某些碳氢化合物燃料去旅行、取暖、烹调及发电，等等，并不是因为我们选择而是因为另外选择是被禁止的奢侈或意味着是不可能的。另类选择的稀少无非是自愿的，动力被可比性的利润值的精打细算替代了。当价值与交换价值被抛弃在一旁时，启示论与自由主义便相遇了。而导致的解决这个非常真实问题的方法完全失败于对资本积累的追逐。这就是说，资本积累驱动下生产使用价值的景观是导致全球变暖与环境危机的罪魁祸首。

自然的生产在应对气候变化过程中已经深化了方式。这在20世纪80年代早期应该说是无法预料到的。那时已经明显地出现了“有机食品”工业和循环利用产业，而与大众应对可察觉到的20世纪60—70年代环境问题相协调一致。迅速发展的环境工作部门如法炮制。实际上可以举出一个很好的例子。这就是在消费者的自由劳动还有政府补贴赞助下的循环工业，它仅仅提供给罪犯工业以廉价的再循环原料，从而诱使它们生产出数量更大的垃圾来。无论利弊得失如何，显然几十年后对气候变化做出的回应也正沿着同样的轨道而行。对气候变化的关注是用不同的企业化方式而进行的。石油公司狂暴地进入荒野、沙漠及全世界的海洋进行钻探，都把它们广告称为是“绿色的”。航空公司有利可图地使用燃烧节省技术，而美其名曰“碳爱护者”；而核动力发电又回到了“替代性清洁”的议事日程上。在全球的碳封存市场上碳抵销本身成为一种商品，从20世纪90年代开放到2007年为止它代表数十亿计美元的营生。在此基础上一种完整的环境未来，安全以及衍生商品市场正在剧增。这里的自然不仅仅是商品而且是金融——当然用以储存它。自然中没有如此一种方式支付：试举一例说明，一个造纸公司为支付它所用的木材而创造“啄木鸟未来”而贴到未开启的英亩上并创造相当可观的利润。即当这样一种未来价值提升时。再举另外一个例子。公用事业公司创造一个市场允许他们（或任何其他人）通过购买未来天气，保护他们的赌注——实质上就是在天气上打赌，以对抗异常寒冷（或暖和）冬天，或者异常炎热（或凉爽）的夏天。更非同寻常的也许是，这里有人尝试着去使用购买模型与出售未来天气市场，以此去断定气候本身的未来，这真的是理想主义空谈的社会建构主义呀！

碳封存市场应该不会减少碳排放，或者说碳节省技术实际上导致了整个碳排放增加，这并没有让我们吃惊，虽然在以市场为根据的天气预报背后的落后逻辑确实延长了可信度（应当注意，在2004年，在它的存在成为笑谈以前，一个类似的“安全未来”市场已经被五角大楼直接提出来讨论了。在其中公众能够打赌在某地与定时下一次“恐怖主义”）袭击。正如五角大楼官员指出的，他们正在“收集”信息，借口是市场暴涨（market spikes）能够反映实际的有计划袭击的知识。环境政治未能掌握这样一种自然的市场化深度与意义——在其中法人资本主义以超常创造的方式，致力于重构真正的使用价值的关怀问题，诸如减少碳排放进入一种经济价值的问题，重新纳入经济价值问题之中，这种价值观与原初的关怀完全格格不入，如此的环境政治依然被20世纪所困扰。直白地说，今天自然正忙于被组织排成一队，作为一种在二十或三十年前不可思议的积累战略形式而存在。

有关自然的生产的争论很清晰地从列斐伏尔（Henri Lefebvre）如下的倡议那里激发起了理论灵感：即我们用“空间的生产”方式来思考，正如现在所透彻地理解的那样，列斐伏尔由此精彩地颠覆了西方两三个世纪以来的思想——不再把空间表达成为一种抽象物——一种牛顿式绝对空间，或者一种笛卡尔（René Descartes）式的场域——而是作为可塑性的人工制造物来处理。这就把我们带回到最起码是牛顿（Isaac Newton）与莱布尼兹（Gottfriecl Wihelm Leibniz）之间的论战。正如大卫·哈维已经指出的那样，但它使我们展望的焦点更加集中。如上所述，探索自17世纪以来的自然的历史（和空间）以及自然（和空间）的概念的历史，把“空间”悬搁这里既是蓄意而为的也是成问题的，但也是列斐伏尔本人那里某些东西的症候性。就列斐伏尔与以往有关问题一刀两断的大多数内容而言，他仍然奇怪地传统地看待自然，与他所提供一种优秀的分析空间历史的发射台相反，这种分析与其现代的概念化融为一体。他对自然的态度非常简直可以说是失败的。对于列斐伏尔而言，空间仍然活着，尽管有其偏见，但从未充满着掌控在资本主义手中的抽象物；实际上在他的著作中全部观点是真正的革命政治势必是一种空间的政治，与之相反，对于列斐伏尔而言，自然的政治是卑微的失败的政治。他说自然“正在死亡”，它“正在消失”，在资本的手中被清除：“自然正在被‘反自然’——即被抽象物、符号与图像、话语，还有劳动及其产品所绞杀。自然和上帝一起正在死亡。‘人性’把它们二者都杀死了——也许除此之外还正在自杀。”[①]

在这个花絮中还有好多故事，但似乎有理由得出如下的结论：在某个方面，列斐伏尔至少在这里又返回了他所处的时代。他把一种19世纪进化论意义上的关于自然进步殖民化和20世纪60年代环境运动对致命的后果

---

① Henri Lefebvre, *The Production of Space*, Oxford, 1991, p. 71.

迸发出来的愤怒焊接到了一起。康德的思想依然还在流行，但是牛顿式的绝对空间观却早已烟消云散（虽然所有的政治都变成了空间的政治，就此而言，它还没有消失），故在本体论上空间仍然压倒自然。自然依然在”空间“中发生，尽管此时空间正在打一场注定要失败的战斗，它的优先性在慢慢地褪去。如果我们要在这个方面完成对康德的颠覆，反转空间对自然的特权，把自然，而不是把空间（以及时间）视为先验的，那么会发生什么？如果我们把空间视为自然的产物，这个自然是被自己愈益集中生成的，而且充满生命力，并且我们还把这个自然看成是人和非人的事件和过程的连续体，那么会发生什么？虽然在过去还没有人以此方式明确地把以上观点表述出来，但是这的确是推动“自然的生产”这一论题出现的动力。

列斐伏尔应该不会很反对如此这般的一种转向。这绝不意味着暗示空间正在死亡——毫无疑问不是这样，倒不如说把自然提升到了按列斐伏尔所说的空间的档次，这迫使我更加严格地考察自然与空间协同生产之间的地理—历史辩证法。这会导致一种影响，即把自然的政治置于任何变革性政治议程的核心，而与此同时回避任何轻而易举的建构主义。如果我们通过列斐伏尔本人的三元辩证法为开端来重思这种自然的生产，也许会做得更糟糕。三组合是列斐伏尔最初运用于空间的生产，这种策略很大程度上是为一种雄心勃勃的再组合所左右的，即以社会生产为主导，列斐伏尔将其视为自然的—精神的—社会的空间的三组合。对于自然而言，这种设计又该是一种什么样子呢？我们如何可能重思物理自然、心理自然与社会自然之间的关联性呢？这样做的话又该会让我们如何把一种空间与自然的概念更充分地缝合在一起呢？不过，这远非仅仅是一个概念问题，正像气候变化的证据上升不断清晰地说明，这种影响是高度的不平衡的空间性，一个地方气温更高是与其他地方气温更低是相匹配的。这里的干旱是那里发洪水造成的，一种环境下物种减少是由另外地方物种泛滥所造成的。我们如何可能把自然变化的不平衡性与不平衡空间发展概念性地整合在一起呢？

论生态正义的五个维度

刘　洁　黄晓云*

正义既是一个伦理范畴，也是一个关系范畴，“‘正义’与‘不正义’是同一社会历史发展过程中的不同侧面，在不同历史发展阶段有着不同的表征”①。因此，在不同时代背景下或同一时代不同价值立场中，人们对正义的理解和诠释不同。总的来说，正义包含公正、平等、自由、权责对等、参与性等原则，主要体现在资源分配、权利责任、社会尊严等方面，始终是人类文明发展的伦理基础与人类不懈追求的美德。基于世界性的资源悖论、生态危机与人类可持续发展的价值诉求，20 世纪 80 年代生态伦理学正式将“正义”问题由人类社会延伸至生态领域，实现了价值判断与现实判断的融合，其最终指向是人与自然的和谐共生，人与人的平等共享。在人类文明演进过程中，存在反映生态系统中主体的发展状态及其关系，时间反映历史发展中生态存在的代际关系，场所反映自然系统与人类社会的资源分配，运动反映生态系统中能量、物质及信息的流变，精神反映人类认识世界、改造世界的方法与立场，正义内蕴此五个维度是人类文明进步的应有之义。

一　调和存在之维的主体正义

资本主义工业时代中，经济社会生产的“增长”追求、消费主张使人沦为资本的控制对象并加剧社会的阶层分化。与之伴随的生产需要引起大量的物资消耗，技术的更迭亦使人类对非人存在的控制力不断加强，更加凸显了人与非人存在的“主客”对立关系。社会的非正义与生态问题的相

---

* 刘洁：长江大学马克思主义学院硕士研究生；黄晓云：长江大学马克思主义学院副教授。

① 郑伟等：《正义的主体及边界》，《北京师范大学学报》（社会科学版）2016 年第 5 期。

互交织引发了人们的反思，部分人甚至走向了“反人道主义”，即牺牲人的生存权利来保护生态，忽视了人类本身也是自然存在的一部分这一客观事实。生态系统是其中存在物相互关联、相互作用构成的有机整体，生态视域下，应无主客之分，无所谓“中心”，人与自然共荣共存、人与人相互平等，人与内在自我辩证统一。

（一）人与自然的种间正义

探讨人与自然的种间正义问题在于如何处理人与自然之间的关系。从生态伦理角度看，人与非人存在之间不存在三六九等的等级，自然为人类提供赖以生存的物质基础，人类是生态循环系统中的重要一环，人与自然共同组成一个有机整体。正如恩格斯所说：“我们决不像征服者统治异族人那样支配自然界，决不像站在自然界之外的人似的去支配自然界——相反，我们连同我们的肉、血和头脑都是属于自然界和存在于自然界之中的。”[①] 然而，人类认识世界的程度与改造自然的能力在人类文明的不断演进中逐步提高，人与自然之间的关系也随之发生了变化，到工业文明，资本主义工业化通过大规模的生产以迎合人类无止境的物质欲望，工具进步冲破了人类的自然受动性，人类以“主人翁”的姿态对自然进行无限度的利用与索取，而毫无尊重自然、维护自然、发展自然的责任感，这种人与自然之间不对等的关系一步步超出了自然的承受极限，资源枯竭、空气污染、气候变暖等生态问题频频显现，最终反馈至人类本身。现实状况表明，短期利益实现的代价虽然在时间上具有滞后性，但必然客观存在，因此，人类必须直面人与自然之间的正义问题。与工业文明中“人类发展科学技术征服自然，将自身视为自然的主人”的哲学理念不同，生态正义秉承“人属于自然、依赖自然、尊重自然、与自然共生”的生态原则，将伦理从人类主体拓展至整个大自然，旨在实现人与自然的和谐共生。这种正义追求源自人类本性的夙愿，并蕴含于世界文明的未来进程之中。

（二）人与人的差异性平等

平等是人类社会中人与人之间行为规范及利益交换的价值引导和判断准则。“基因遗传、文化环境造就了人的异质性，但人人生而平等的理念

---

① 中共中央马克思恩格斯列宁斯大林著作编译局：《自然辩证法》，人民出版社 2018 年版，第 314 页。

是伦理上必须要遵循的价值引导。”[①] 也就是说，人与人之间不可能实现全面绝对的平等，但要实现社会正义，必须要在个人生理起点、成长环境等因素的差异性基础上遵循差异性平等。构建平等的环境中必然存在着竞争，达尔文（Charles Robert Darwin）在《物种的起源》中表达的中心观点是物竞天择，适者生存，即生物的进化在于物种之间的竞争，这是基于生物进化的真理，但当资本注入这种“优生学”理念时，则催生了一种“适者生存”的社会经济伦理。与生物界不同的是，人类具有其特有的理性的法律规范及意识形态等作为社会秩序来引导社会发展，趋同的规则制度不可能包容所有人的特性。因此，资本市场下的公平、自由竞争其实无法确定实质性平等的竞争起点、竞争机会和竞争环境，竞争过程也会受既定的社会政治经济结构及价值环境的限制，社会贫富差距也会因此扩大，弱肉强食等现象愈加严重。同时，在追求“增长”的工业文明背景下，“增长”受益者与非受益者在社会上因资本占有而地位不等、资源配置不等及生态责任不等，受益者会由物资“增长”带来幸福感，而由此造成的环境污染却成为非受益者的“欲加之罪”，这也进一步说明，人与自然关系的恶化是人类社会人与人之间矛盾的表征，其根本是人与人之间关系的扭曲。综上所述，要使社会长远且良性地发展，亟需一种生态性的模式来改变既定的非正义竞争、非正义权责关系。

（三）人与内在自我的辩证统一

人是作为客观存在与人的内在价值并存的个体。但是，“建立在‘可计算性和效率’原则基础上的资本主义生产造成了工人的异化”[②]。同时，“在以经济增长作为衡量社会文明进步的资本主义工业化背景下，消费主义价值观盛行”[③]。由此导致社会工人的劳动目标指向消费，消费加剧劳动异化的恶性循环，马尔库塞（Herbert Marcuse）在《单向度的人：发达工业社会意识形态研究》一书中指出：“当代资本主义社会通过借助科学技术带来的巨大物质财富，利用广告等大众媒体制造‘虚假需求’，进而控

① ［澳］查尔斯·伯奇等：《生命的解放》，邹诗鹏等译，中国科学技术出版社 2015 年版，第 208 页。

② 王雨辰：《生态批判与绿色乌托邦——生态马克思主义理论研究》，人民出版社 2009 年版，第 123 页。

③ 王雨辰：《生态批判与绿色乌托邦——生态马克思主义理论研究》，人民出版社 2009 年版，第 181—183 页。

制人的内心世界，实现总体的统治。”[①] 这种以经济增长为价值导向所产生的外部力量缔造出了“虚假需要”，其目的是维持资本市场的运转，同时，“巨大的物质财富”在很大程度上是建立在工人的异化劳动之上的，并且超出人们的实际所需。在这种环境下人们无法正确处理需要、商品、消费三者之间的关系，一味满足自身的“虚假需求”，并形成以消费活动为核心的所谓对自由与幸福的追求，而丢失自我实现的其他可能。与此同时，过量的物质生产漠视了自然体系的承受力，造成了自然资源的浪费，经过长期积累导致资源枯竭、生态危机。这说明“在资本支配模式中，经济体系的增长是其监控的对象”[②]。这种反生态性的发展模式着眼于短期利益，而要实现人类长远的发展及生态系统的可持续性，则必须以生态理性替代经济理性，重新审视经济理性背后作为人的类本质的内在价值。因此，生态正义主张的社会体系是基于人们生活的真正所需而非无休止的物质欲望下的资源配置体系，扭转忽视人的全面发展、环境质量而优先生产效率的价值导向，使人们重构需要、商品、消费三者的关系，并开拓人的发展领域，将社会道德、精神需求及审美艺术等纳入人生追求中，寻求符合人本性的生活方式，实现人的客观存在与内在自我的辩证统一，即正义的存在方式。

二 跨越时间之维的代际正义

历史不外是各个世代的依次交替，“每一代都利用以前各代遗留下来的材料、资金和生产力”[③]。人类文明成果及物质基础是联系不同世代人的纽带，这是人类社会的发展基于时间一维性的连续性、继承性。资源的有限性使利益随时间的一维性单向度发生，即使当代人在过去世代中“缺场”，他们之间未来世代人在当代“缺场”，也必然存在利益冲突，“代际正义”也由此而生。当代人已苦尝了前人过快消耗资源所带来的恶果，应吸取教训，引入正义理念评价过去世代对当今世代的影响，将未来世代人的发展纳入生态考虑，以整体、长远的发展为价值导向，构建一个正义可

---

① ［美］赫伯特·马尔库塞：《单向度的人：发达工业社会意识形态研究》，张峰译，重庆出版社1988年版，第6页。

② ［澳］查尔斯·伯奇等：《生命的解放》，邹诗鹏等译，中国科学技术出版社2015年版，第269页。

③ 《马克思恩格斯文集》第1卷，人民出版社2009年版，第540页。

持续的社会。

（一）当代代际权力的“缺场”

从人类时间发端至第一次工业革命，人类对环境的改造程度尚在自然可调节限度之内，18 世纪开始，工业革命开始催化人类改造世界的能力，人类文明正式从农业文明向工业文明过渡。在历史长河最近的200 余年内，建立在征服自然的基础上，人类创造了前人无法想象的物质、精神财富。恩格斯在《自然辩证法》中指出：“对于每一次我们过分陶醉的人类对自然界的胜利。自然界都会进行报复。每一次胜利，起初能得到预期的结果，但是在往后却会发生出乎预料的影响。”[①] 由于生态问题在时间上的滞后性，生态危机在近一个世纪内才开始外显，且愈演愈烈，当代人虽然继承了人类独一无二的工业文明成果，但是面对的是伤痕累累的物质家园，这也说明恩格斯的论述在当代得到了印证。工业文明时代下的过去世代人义无反顾地盲目追求资本增长而无心考虑其后代会身处怎样的环境之中，当代人与过去世代人本该享有同等丰富的自然资源和清洁的发展环境，而资本主义工业化导致的资源浪费、枯竭迫使我们身处愈加恶劣的泥潭。时间的一维单向性使我们无法在过去的历史中“在场”，以至于我们无法对前人非正义性的生产、发展方式进行反抗，而由前工业文明时代导致的矛盾积累形成了我们目前面临的重大生存难题和发展障碍——全球性的生态危机。

（二）代际正义的界限

在时间轴上，过去世代和未来世代的界限即是当代，那么作为当代人与过去世代人之间、未来世代人与当代人之间的代际正义，其界限亦即代内正义。张苗苗对代内正义做了较全面的阐释：“代内正义是指在合理与正当的条件下，不论其种族、国籍、性别、经济、政治和文化等方面差异的同时代所有人，对于享受、创设自然环境和利用、保护自然资源有相对平等的权利和义务。”[②] 丁成际对代内正义与代际正义的关系做了准确把握：“代内正义问题不解决，当代人就不可能自觉地去关注后代人及代际正义问题，更难以在实践上真正解决代际正义问题。”[③] 因此，代际正义必

① 中共中央马克思恩格斯列宁斯大林著作编译局：《自然辩证法》，人民出版社 2018 年版，第 313 页。

② 张苗苗：《生态文明中的公平正义探析》，《学术交流》2013 年第 11 期。

③ 丁成际：《论代际正义与可持续发展》，《毛泽东邓小平理论研究》2011 年第 8 期。

须建立在代内正义实现的基础上，同时，由于未来世代人类“不在场”这一客观因素，所以无论是代内正义还是代际正义，其思考者、执行者及最直接的受益者均是当代人。未来即未知，且人类必须在物质资源的基础上生存和发展，“一般来说，储备资源的能力越强，幸存的概率也就越高”①。但资源的有限性与“时间的偏爱”赋予了人类“继承”的特性，一代人的储存在一定程度上决定了其后代的初始所得。罗尔斯（John Bordley Rawls）对正义的储存原则进行了界定，“即以过去世代对当代的储存量加上为环境改善的付出量之和作为当代对未来世代储存量的基本参考”②。这一公式符合算术对等原则，但是生活在工业文明巨大惯性的阴影下，过去世代的发展模式及储存原则在一定程度上为当代提供了“反面教材”。因此，要想摆脱生态代内非正义，当代人必须超越其发展模式，即将环境改善、当代发展目标的实现及后代发展的利益保障作为当代人共创共谋的三重正义任务。

（三）正义与可持续发展

过度的发展与无限制的增长使当代人开始为人类不确定的未来担忧，时间的单向性导致当代人与未来世代人权责的不对等，当代人的行为选择直接决定了未来世代人的初始状况及其生存环境，这种绝对的控制力于未来世代人而言是只能接受而无法抗拒的。尽管当代人无法预知未来世代人的具体价值取向，但对于存在而言，未来世代人有着与当代人同等的基本利益需求，若未来世代人的基本利益需求得不到满足，不正义的行为则已在当代发生。因此，实现可持续发展，是实现当代人与未来世代人之间资源分配正义的必要条件。在工业文明条件下的社会构架中，正义与可持续发展之间存在着一种非此即彼的关系，认为可持续发展只是现存社会制度下资本获益者用来掩盖其内部权力滥用的工具。但是，“如果将正义延伸到未来正义视域，可持续发展就可以被纳入正义之中”③。即将正义与可持续发展之间转变成相互依存的关系，这说明在时代前进过程中，随着人类对自然规律、社会规律的把握不断深入，正义与可持续发展的关系也随之

① 熊逸：《我们为什么离正义越来越远》，湖南文艺出版社2012年版，第219页。

② ［美］约翰·罗尔斯：《正义论》，何怀宏等译，中国社会科学出版社2018年版，第226页。

③ ［澳］查尔斯·伯奇等：《生命的解放》，邹诗鹏等译，中国科学技术出版社2015年版，第239页。

发生了变化。这是在探索生态系统深远发展过程中的思维转变，是生态视阈下二者的正义关系。正义无法建立在当代人与未来世代人互利的基础上，体现的是当代人对未来世代人的责任，这种责任要求每一代人坚持可持续发展原则，遵循自然规则，不以牺牲未来世代人的生存利益为代价满足当代人的增长欲望，即将资源消耗限制在地球可调节限度内并进行必要的生态恢复，使生态系统回归良性的物质循环，为“未出场”的后代留下应得的生存基础，奠定优良的文明基础。

三 突破场所之维的空间正义

“空间正义问题是在空间生产过程中产生的”①，是由人类实践活动产生的空间利益分配及由空间分配决定的利益分配的正义问题。“现代社会空间的物理属性逐步消失，经济属性和政治属性日益显现。”② 性质的转变主要是由于工业资本支配模式下的生产方式、统治制度导致的社会重组，主要体现为国际间、城市内部及城乡之间的不平衡发展。当空间成为资本积聚的工具时，由资本进行的社会等级划分在空间上也得到了充分的体现，一定空间内的分化凸显着社会的非正义性，实现生态正义必然要突破非正义的空间格局。

（一）国际空间正义

交通设施的进步冲破了地理的物理性障碍却带来了新的社会性“隔阂”，全球化背景下的网络互通、贸易交往、文化互鉴等使国家与国家之间在空间上的物理差异逐步转变成政治、经济结构上的不平衡。资本主义发达国家处于掌握生产核心技术及大量资本的垄断地位，并将工业制造场所向第三世界转移，而欠发达国家由此沦为工业生产的廉价原料及劳动力供应地。这种不平衡的产业发展趋势使发达国家的环境问题在促进全球工业化的过程中得到了局部的治理与改善，但发展中国家却因此要承受污染性产业及技术带来的环境污染后果，还要面对因发达国家的绿色贸易壁垒而造成的产品出口阻挠。这种产业发展模式非但未促进欠发达国家的良性发展，反而造成了国际间的“马太效应”。但随着生态问题的加剧，企图以资本支配模式来改善、控制污染是短暂有效且非生态性的，空间会因地

① 任政：《资本、空间与正义批判——大卫·哈维的空间正义思想研究》，《马克思主义研究》2014 第 6 期。

② 李建华等：《空间正义：我国城乡一体化价值取向》，《马克思主义与现实》2014 第 4 期。

理条件差异、政治经济结构等原因得以社会性地划分，但对于整个生态系统而言，空间在本质上是一体的，这也是局部的过量碳排放会导致全球变暖的原因。这种由生产、资本扩张带来的空间正义问题，将导致全球呈现出核心地区、半边缘地区及边缘地区的空间格局。这是生态正义无法回避的问题，国际贸易分工赋予了空间在资本意义上的"等级"划分，而这种"等级"在自然意义上是不存在的，在社会意义上是非正义的。生态视域下，更强调关联性、协调性，立足于区域自治来表达全球化的生态治理，在全球贸易系统中，不同地域具有其"绝对优势"，应承担着与其发展相对应的直接或间接的生态治理责任，实现权责对等的空间正义和国际整体协调发展。

（二）城市空间正义

即使是在同一城市范围内，依然存在着由资本影响空间资源分配及由空间资源决定利益分配的正义问题。政治、经济、社会是无法脱离空间而存在的，"那些支配着空间的人可能始终控制着地方的政治，即对某个地方的控制要首先控制空间，这是一条至关重要的定理"[①]。哈维在《巴黎城记》中写道："巴黎的房地产越来越被视为是纯粹的金融资产中虚拟的资本形式，它的交换价值被整合到一般的资本流通当中，完全支配了使用价值。"[②] 这是由人类社会赋予空间的资本意义所形成的新资本形式，城市空间随着社会的都市化成了资本的重要支配力量，是攫取剩余价值的重要工具，空间的交换价值因此逐步凌驾于其使用价值。19世纪巴黎的景象亦是当下全球空间资本化的写照，空间资源成为社会拜物教的力量之一，其被占有量是财富多少及社会地位的重要象征。一方面，这一城市化特征促进了房地产开发产业的兴起，空间成为利益分配、争夺的目标，最终的结果是空间资本受益者较普通工人获取社会财富的速率更快，加剧城市的两极分化；另一方面，财富的占有在较大程度上决定了财富所有者的居住空间"等级"，而"等级"的划分又决定了城市人口的其他资源配置，进而形成了人与人之间的阶级分化。显然，资本化、城市化的资源配置是不平等的，空间是人类的生态归属场所，这种反生态的空间资本化使城市居民迷失了对自身所处位置的良性认知，多元空间利益主体微观现实生活中的问

---

① ［美］大卫·哈维：《后现代的状况》，闫嘉译，商务印书馆2003年版，第292页。

② ［美］大卫·哈维：《巴黎城记》，黄煜文译，广西师范大学出版社2010年版，第135页。

题也逐渐显露，城市危机由此产生并萌生空间批判意识。社会对空间正义的追求需要用一种生态模式来逐步瓦解空间中的资本性质，保障城市的长远发展，实现城市空间资源的公平配置及城市居民作为人的本质上的平等。

（三）城乡空间正义

城市与乡村是社会的两种空间形态，二者在地理环境中有所区别，但在政治、经济上是共生的关系，所以，对于社会整体而言，城市与乡村在发展理念上应是同等重要的。基于社会发展需要而产生的空间社会性的划分，导致了世界范围内各国家、地区不同程度的城乡发展不平衡问题，城乡空间差异由此被纳入正义的讨论之中。首先是由产业分布导致城市与乡村之间财富收入的差距，一方面直接使城市与乡村财富差距显现；另一方面，城市的较高收入必然吸引大量乡村人口向城市流动，乡村发展动力、资源极大被削弱，同时破坏了乡村的正常物质循环。其次，城市与乡村的基础设施建设存在较大差别，城市的教育、医疗、文化等资源配置也明显优于乡村，这也更进一步加剧了乡村人口的外流。从经济发展来看，城市在社会进步中发挥了主导性的作用，城乡之间的不平衡发展是现代社会发展的必然产物，在这一历史进程中，城市的发展在一定程度上是以牺牲乡村的利益为代价的，城市与乡村之间、城市居民与农民之间也出现了由空间隔离而产生的等级表征。长远来看，城乡空间发展不平衡，其不良后果辐射的领域将是整个社会，社会整体发展的阻滞引起了对城乡空间正义的审视。解决城乡发展不平衡问题是实现社会及生态整体正义中的重要一环，必须强调整体性与协调性，超越传统城市优先的思维模式，改变城乡对立、分离、依附的非正义空间格局，尊重空间的多样性，使城市与乡村发挥各自的社会功能，城市居民与农民在客观差异基础上平等享有空间权益、资源配置，这既是空间正义的价值取向，也是实现整体可持续发展的必然要求。

四　革新运动之维的实践正义

“一切文明形式都是以实践为基础建立起来的。”[①] “有机界与无机界之

① Zhang Yunfei, “On the Historical Position of Ecological Civilization”, Capitalism Nature Socialism, No. 1, 2019, p. 11 –25.

间的能量、物质交换关系的内在联系构成了生态系统的实践基础，其规律的核心在于生态系统内能量、物质流动的动态平衡。”① 基于能量、物质的流变，人类在进行劳动交换、信息联动的过程中形成社会实践。生态正义旨在革新工业文明背景下的直线性非正义实践模式，修复生态环断裂，让生态系统回归良性循环和动态平衡的同时，革新人类社会的非正义劳动交换及信息资源的不平衡配置。

（一）自然系统的能量流变

以能量守恒为内容的热力学第一定律为人们所熟知，“而不幸的是，热力学的第二定律认为，地球上生命体的等级增长以太阳能为代价，所有自足系统都会在丧失热能的过程中逐渐从高级结构状态转化为低级结构状态”②，这一被大多数人忽视的定律表示：能量的流变具有不可逆性，总能量不变，但其状态对人类来说是从有效走向无效的。生命有机体有其特殊性，在一定时期内能从外部环境中吸取秩序维持其组织得以发展，基本过程是以负熵为生通过新陈代谢产生正熵，这一熵增过程产生的热能最终排向外层空间，这即是生态系统内无机界与有机界能量的基本流变过程。在较长一段历史时期内，整个生态系统的能量转换过程较平稳，自工业文明以来，随着人口的增长、需求的增加、消费的盛行及人类科学技术进步，人类对自然资源的消耗呈指数型增长，这一点在人类所使用的能源类型上也有所体现，从柴草到煤到石油再到核能及其他新能源。技术的进步似乎赋予了能源的无限性，但开采难度的上升、代价的增加却被忽视。人的主观能动性在资源消耗中表现出其超自然性，被消耗的能源最终转化为热能，当热能产生的速度超出地球将热量扩散至外部空间的能力时，地球内部温度将降持续上升。这说明人类通过实践进行的能量消耗，已造成热量的产生与排放能力的不平衡，伴随非正义熵变过程的资源枯竭、环境污染、全球变暖等已成事实，且突破了自然极限。因此，基于生态系统的整体正义的实现，应立足于地球资源基础、承载能力，构建可持续发展的生态系统，在改善目前现状的过程中，逐步实现能量转换的平衡。

---

① Zhang Xunhua&Wang Yan, “Essentials of the Construction of an Ecological Civilization”, *Social Science in China*, No. 4, 2013.

② ［澳］查尔斯·伯奇等：《生命的解放》，邹诗鹏等译，中国科学技术出版社 2015 年版，第 20—21 页。

（二）经济社会的劳动交换

生产社会化程度不断提高，社会分工的国际化和技术的不断革新促进了社会生产率的提高，生产交换成了人类社会发展的主要方式，但由此带来的财富总数增长却进一步拉开了社会的财富差距。因为“在资本主义经济活动中，工人的工资取决于当事双方所订的契约而非实质的劳动价值”[①]。这种按市场等价交换原则进行的劳务自由贸易在程序上是正义的，而工人的劳动价值往往高于“契约价格”，其差额即是资本主义生产的实质——剩余价值，资本家就是通过对工人剩余价值的无偿占有来实现资本积累。正如马克思在《1844 年哲学经济学手稿》中指出的：“在资本雇佣的劳动关系中，工人生产的财富越多，他就越贫困，工人创造的商品越多，他就变得越廉价。”[②] 因此，市场等价交换只是一种服务于资本受益者的主观规则，所谓的契约实际上存在利益倾斜。对于人类社会而言，正义不是基于某种利益立场的规定，而是基于人本身的社会秩序。工业文明下的劳动非正义，其根本在于生产资料私有制，资本受益者是剥削劳动大众的少数人，资本主义为社会构建了“金字塔”生产结构，对应的财富占有却是“倒金字塔”结构，同时，这种不对等的社会经济结构形成了以资本占有量为衡量依据的社会等级。“一个和谐和生态健全的社会必须促进实质上的对等”[③]，“对经济社会中劳资对等的要求是对现实具体的人类劳动内容、劳动方式和劳动关系所展开的合理性反思和合目的性价值审视”[④]。要实现社会的和谐与长远的发展，必须对经济社会中的不正义现象及不对等关系加以厘清和批判，并在社会发展中实现超越。

（三）社会系统的信息联动

社会发展也是信息传播的过程。“在信息生态系统中，主要包含信息资源、信息主体、信息环境。”[⑤] 其中信息环境包括政治、经济、政策、文化等，影响着信息资源的分布、信息内容的价值立场及信息的处理与传播。在信息的分布链上，发达国家、城市及掌握话语特权的群体和个人，

---

① ［英］亚当·斯密：《国富论》，郭大力等译，译林出版社 2018 年版，第 58 页。

② 《马克思恩格斯文集》第 1 卷，人民出版社 2009 年版，第 156 页。

③ Fred Magdoff, *Hamorny and Ecological Civilization*: *Beyond the Capitalist Alienation of Nature*, https: //www. researchgate. net/publication/286989121. html.

④ 毛勒堂：《劳动正义：一个批判性的阐释》，《上海师范大学学报》（哲学社会科学版）2016 年第 6 期。

⑤ 李美娣：《信息生态系统的剖析》，《情报杂志》1998 年第 4 期。

往往能够站在更高的信息位，占据更大的信息场，发挥更强的信息能。相对于经济社会中的劳动交换非正义，符号性的信息非正义往往被忽视。20世纪90年代，美国著名未来学家托勒夫（Alvin Toffler）在《权力的转移》一书中提出了“信息富人”“信息穷人”“信息沟壑”“数字鸿沟”等概念，这并非预见，而是这类信息非正义现象已在当时社会中有所显现，进入21世纪后，世界范围内“信息沟壑”“数字鸿沟”等问题在不断推进全球化的过程中日益加剧。部分发展中国家由于经济落后、基建滞后等原因不能及时获取、传递有效信息，造成国际交往中的“信息孤岛化”问题，同样的现象亦在同一国家不同地区之间普遍存在，由此加剧社会由信息资源的不平衡分布带来的阶层分化及其辐射的社会不正义问题。历史的发展催生新的传播手段，新的传播手段亦对历史的发展产生巨大的推动力，因此，“人类历史的发展也是传播手段的阶段性发展”①。现阶段信息论、系统论、大数据、人工智能等的涌现让人类社会的信息联动发生了翻天覆地的变化，以互联网为枢纽的新兴科技能打破了信息传播特权由社会精英主体掌握的传统，这为信息共享的整体实现带来了机遇，同时也契合生态正义以利益共享的价值取向，旨在观照社会整体利益，逐步推进信息资源分配的公正，实现社会信息正义。

五 重塑精神之维的文化正义

文化是人类精神活动的反映。科学技术、语言及人的价值观念既是文化的重要组成部分，也是指导、运用于人类实践活动中不可或缺的要素，工业文明缔造了非凡的科学技术，以及与之相适应的工业语言和经济理性价值观。这种“以否认自然价值为特征的文化，导致以生态危机为表现的文化危机，从而促进人类对新的可持续发展的文化的追求”②。这一新的文化必然寓于一个有机性的、整体性的生态正义之中。

（一）工具理性的技术矫正

“技术是人类与客观世界实践关系的中介，是存在于实践活动之中的特有文化现象”③，植根于一定历史背景下的社会环境之中，有其内在的原

① 王岳川：《媒介哲学》，河南大学出版社2004年版，第192页。

② 余谋昌：《环境哲学：生态文明的理论基础》，中国环境科学出版社2010年版，第306页。

③ 中共中央马克思恩格斯列宁斯大林著作编译局：《自然辩证法》，人民出版社2018年版，第271—301页。

理与逻辑。至工业文明时代，技术成为资本支配的工具，成为社会危机、生态灾难的有力推手。由此产生了两种技术评价观，一是将生态危机归结于技术使用的“技术滥用说”，另一种所谓的“丰饶论”观点则寄希望于发展技术来挖掘更多能源、避免资源争夺，从而使人类社会长久地发展下去。无论是“技术滥用说”还是“丰饶论”的观点，都是站在人类控制自然立场上的推论，且过分关注技术的“生产力属性”，缺乏对技术“有益属性”与“破坏属性”的辨别。技术作为人的主观能动性在实践活动中的表达，“技术不仅不能创造而且还要消耗有效能源”[①]。更进一步说，技术在人类实践活动中仅仅是作为物质能量存在形式的转换装置，同时还需消耗资源为其提供动力。技术如“双刃剑”，在提高人类生活质量的同时在生态平衡中发挥了一定的负面作用。因此，技术的利用与社会发展、生态系统发展之间的利害关系必须被重新审视。技术进步的逻辑不一定与技术使用的逻辑一致，需要我们思考的问题不是技术本身的利弊，而是人类该站在何种立场去发展技术、运用技术，“如何”也不是科学技术问题，而是伦理上的正义问题。技术是人类文明发展的产物，更是人类迈向正义社会的重要抓手，应以一种整体可持续的视角，倡导舍弃片面的资本增长，避免工业化的生态弊端，发展绿色科技开发清洁能源，提高自然资源的使用率，使自然、经济、社会三者的可持续发展有机统一，由此对既定科技使用原则进行矫正，逐步实现正义的技术使用导向。

（二）工业语言的生态转向

韩礼德认为：“语言是一种生产意义的资源，一个语义发生系统，伴随着一个把系统实例化的过程，形式是语篇，而意义要从功能的角度来理解，即要结合社会语境。语言就是在语境中伴随着人类的发展而发展的。”[②] 也就是说，现实环境在缔造语言的同时，语言也起着塑造现实的作用，植根于特定的环境在无形中影响着人类的思维、行为方式。首先，在工业文明社会中，量的多少、增长的速率成为衡量社会进步、产业发展、人的成就等方面的标准。其中隐含的“增长”“等级”等观念扎根于人的意识中并对人与人之间的正义产生了负面影响。其次，名词的可数性、不

① ［美］杰里米·里夫金等：《熵：一种新的世界观》，吕明等译，上海译文出版社1987年版，第71页。

② ［英］韩礼德：《韩礼德文集》第5卷，张克定等译，北京大学出版社2015年版，第8页。

可数性对自然存在进行了划分，空气、水、石油等不可数词性赋予了这些资源在人类观念中的无限丰富性。最后，在语义结构中，人往往作为主要的“施事参与者”，非人存在则作为主要的“鉴赏对象”，从而导致非人存在的道德考虑被忽视，并影响着人类对待非人存在物的立场，这也是人类以控制自然的方式透支自然资源，满足短期符合人类自身的物质需求，过渡发挥自身主观能动性的原因之一。从工业文明发展来看，这些语言符合时代环境并发挥其推动力量，但从生态角度看，这是以人类为主导中心的非正义性语言。社会语言系统的形成和转变不可能一蹴而就，在生态问题逐步对人类生活及其发展产生影响时，“绿色”“和谐”“可持续性”“共同体”等词汇走进人类视野，生态保护型信息亦大量呈现，要实现工业语言的生态转向，需要在社会各层面形成生态共识，构建由现实推进理论创新，由理论推进现实转变的良性社会语言转变模式，使人们开始关注语言的力量并逐步摒弃语言中有悖生态理念的成分，营造和谐的生态语境，促进人与人、社会、自然之间的关系走向正义，走向可持续发展之路。

（三）经济理性的观念转变

在一定社会环境下，核心价值观反映了人类对事物的看法，亦是人类自我实现的动力及方向所指。工业文明背景下，以经济理性为核心的资本主义主流价值观，催生了不正义的社会结构，资本在搭建人与人之间的关系中起着决定性的作用，以资本追求为自我实现的价值目标促使人们在不平等的资本漩涡中极力竞争，以求攀登社会上游，实现新的不平等状态，并通过资本的占有和消费水平进行自我证明，这对人实现自我的方式产生了严重的误导。亚里士多德（Aristotle）在谈节制时对放纵的人做出了这样的评价：“他们爱着不适当的对象，或以不适当的方式来爱适当的对象，爱到超过大多数人的程度，所以，在快乐方面过度是自我放纵，是应受谴责的。”[①] 在资本的社会中信奉“增长主义”，以高消费、高挥霍为生活追求何尝不是一种放纵，并与相应的生产理念形成恶性循环，导致人类的自我迷失及自然资源的高速消耗。以上资本主义工业文明历史环境中的观念，使经济理性主导人与人的关系，工具理性主导人与自然的关系，使财富增长、消费成为人们追求幸福的主要目标，忽视真实需求与精神追求。

① ［古希腊］亚里士多德：《尼各马可伦理学》，廖申白译，商务印书馆2016版，第99页。

“而无论是物质财富还是精神财富的价值，仅仅取决于我们有多么看重他们。”① 这说明价值在一定程度上取决于价值观念。历史证明，以经济理性为核心的价值观念是不利于甚至羁绊着人类长远发展的，并由此导致了自然系统的失衡、社会发展的组织、人类本质的迷失。因此，必须将观念转向正义与可持续，以生态理性为价值观作为引导，重新权衡自然与人的关系，重新审视人的本质，才能使人类社会改变以物质消费为核心的价值评价传统，使人类形成生态自觉，以简朴的物质生活和充实的精神追求超越奢靡享乐，实现人类社会与自然良性长远的发展。

六　结语

随着全球经济一体化、科技革命方兴未艾、战争国际化、国际政治组织不断涌现，以及世界多元文化的交融互鉴，我们正处于全球性发展的阶段。实现生态正义旨在构建人与自然和谐共适的关系，实现自然主义与人道主义的辩证统一，实现整体的可持续发展，反映着人类社会对自身系统及整个自然系统治理中的权力、责任与义务。生态正义不仅需要不断地理论探索，更需要付诸实践，当代人必须做生态行动的一代。

---

① 熊逸：《我们为什么离正义越来越远》，湖南文艺出版社2012年版，第211—212页。

历史唯物主义维度下的生态文明建设的社会动力

余佳樱*

生态学马克思主义为历史唯物主义生态维度的构建提供了可能。① 历史唯物主义是以人类实践为基础的辩证自然观和历史观的统一，可以也应当成为当代社会主义生态文明建设的理论基础，并且作为分析和解决生态问题的科学理论工具。在中国特色社会主义生态文明建设的新时代，要立足于时代条件的变化，丰富和发展历史唯物主义，挖掘生态文明建设的社会动力。生态学马克思主义者佩珀（David Pepper）强调："偶尔用来标记马克思主义历史哲学的粗俗经济主义并不是与它的历史唯物主义中心内在一致的。因为，历史唯物主义有着一个辩证的要素，它包含了许多内容。"② 因此，构成生态文明建设的社会动力应该也是辩证的、多方面的内容。

一　现实的人的需要是生态文明建设的潜在动力

马克思认为，在生产力的组成要素中，劳动者是生产力的主体，因为在生产过程中，劳动者始终是生产工具的掌握者和使用者，劳动者素质的高低，即其价值观念、思维方式和科学知识水平，既是衡量生产力水平的标志，更是促进社会生产力变革的动力。在社会发展中，无论是生产力的决定作用，还是生产关系的反作用，只有通过人才能实现，因此，人是社

---

* 余佳樱：三明学院马克思主义学院讲师。

① 王雨辰：《以历史唯物主义为基础的生态文明理论何以可能？——从生态学马克思主义的视角看》，《哲学研究》2010 第 12 期。

② ［英］戴维·佩珀：《生态社会主义：从深生态学到社会正义》，刘颖等译，山东大学出版社 2005 年版，第 108 页。

会发展的动力。生态文明建设应该以现实的人的需要为首要的潜在动力因素，不断满足人民群众日益增长的与自然和谐共生的需求。

历史唯物主义坚持人与自然的辩证统一，强调人的生存和发展都离不开自然，人类的实践行为要受到自然生态规律的制约。如果违背了自然规律，就必然会受到自然规律的惩罚。同时，历史唯物主义还强调自然的社会历史性，“只有在社会中，自然界对人来说才是存在的；因为只有在社会中，自然界对人来说才是人与人联系的纽带，才是他为别人为他的存在，只有在社会中，自然界才是人自己存在的基础，才是人的现实的生活要素”①。人类社会与自然存在着相互影响、相互作用的辩证关系。而在《德意志意识形态》中，马克思、恩格斯早就阐述了人类需要这个源泉动力，认为需要的三个层次应该包含生存需要、享受需要和发展需要。马克思说：“人们奋斗所争取的一切，都同他们的利益有关。”② 利益是人们一切活动的出发点和归宿点，利益驱动下的现实的人的需要在社会发展的动力系统中处于最深层次。

在早期，人类社会追逐局部利益和短期利益的过程中，将人类整体利益的概念抽象成一个空洞的、仅仅是分解为各个具体的社会共同体的简单算术之和。在当代，经济和生态环境全球化已经将人类的命运紧密地联系起来。但是，不同的个体、群体、地区、民族和国家仍然有其各自独立的利益。而在历史唯物主义视域下的生态文明建设，强调的则是人类生存和发展的联系性、系统性以及历史发展性，强调生存与发展机会的代间平等和代际平等。“当前生态危机的展现虽然是人与自然关系的危机，但是本质上反映的是人与人在生态利益上的矛盾冲突和危机，因此不能脱离调整人和人的关系来抽象地谈论人和自然的关系。”③

在资本主义社会，人们为了满足自己的需要大肆消费，在消费过程中必然会造成大量废弃物。一旦过度消费，超越了自然环境所能承载的最大限度，就会造成严重的环境污染。如何实现商品的稳定增长是现代西方国家主要关注的问题，他们对废弃物缺乏有效的管理。甚至部分跨国公司采用转嫁污染的方法，把工业生产转移到缺乏严格环境管理制度的国家。这些情况实际上都会对生态环境造成严重的损害。威廉·莱斯（William

① 《马克思恩格斯全集》第3卷，人民出版社2002年版，第301页。

② 《马克思恩格斯全集》第1卷，人民出版社1956年版，第82页。

③ 王雨辰：《生态学马克思主义与生态文明研究》，人民出版社2015年版，第17页。

Leiss）在《满足的极限》中指出，应当建立一种新的需要理论，揭示出需要的本质及人类的真正需要，只有用这种理论来摧毁现代西方社会把需要的满足等同于商品的占有和消费的消费主义文化价值观，批判建立在消费主义价值观基础之上的异化消费，理清需要、商品和消费之间的关系，才能真正找到克服异化消费和生态危机的良方。

关于未来社会，马克思认为应该实现了按需分配，马克思在自身学说当中强调的“需要”更多的是人类真正需要，建立于人类生存的基础上，在排除“需要”的基础上，人类表现出的更多是欲望，它不同于人的真实需要。在《1844年经济学哲学手稿》中，马克思把创造性的自由自觉的生产活动看作人的本质，只有创造性的生产活动才能真正让人类实现自我，也正是由于这个原因，人类需要与动物需要有了区分。在马克思的世界中，动物从出生的那刻开始，其需要只是为了满足自身生存。人类却不一样，人类还涉及精神需要。但是，在资本主义制度下，工人的需要被降低成为一种维系身体机能生存的需要，这意味着人的需要异化为动物的需要。

马克思认为实现自我的方式只能是生产活动。实现自我不仅标志着人类可以行使其独有的创造力，同样也可以让世界变得更好，是为了全人类的共同发展。正因如此，人类需求的实质就是实现自我，既体现了人的本质，也包含着人与人之间的关系。马克思强调，人离不开自然，人类是自然存在物，人作为自然存在的一部分，要受到外部的制约。人类力量的觉醒从工业革命开始，人类实现发展的重要前提和基础是自然生态。随着人类社会的不断发展，人类可以逐渐利用相对较少的物质去生产出更多人类需要的物品，马克思所强调的自我实现能将生态文明建设发展得更好。因此，处理好人和人之间在占有和使用生态资源的利益关系，是科学的生态文明理论得以成立的关键，也是生态文明建设实践得以成功的关键。[①]

二 生产力发展是生态文明建设的基本动力

历史唯物主义重视生产力发展在人类社会发展中的作用，生产力的发展能够显示人类创造力的应用和增强，能够体现人类的创造本性和社会的繁荣，能够使人们以更少的劳动获得更丰富的生活资料，还能够为资本主

① 王雨辰：《略论我国生态文明理论研究范式的转换》，《哲学研究》2009年第12期。

义的崩溃和共产主义的实现奠定物质基础。生产力发展是生态文明建设的基本动力。

在人类的生产过程中生产力从始至终占据着重要的作用。从形态上来看，一方面通过社会生产力表现出来；另一方面通过自然生产力表现出来。在对资本生产进行解析时，马克思已经对其进行了非常明确的阐释，“如果资本不把它所用劳动的生产力当作它自有的生产力来占有，劳动的这种已经提高的生产力，就根本不会转化为剩余价值”[①]。在这里，马克思将生产力划分成自然和社会两种类型。他所强调的关于自然的生产力，就是今天提出的生态生产力。人类已经改造过的生态环境也被马克思当成一种生产力，即自然生产力。人类通过自身劳动和创造逐渐形成的自然资源，如湿地和森林等，就是一种自然形态的生产力。生产力一方面表现为人类日常生活需要的劳动产品；另一方面表现为湿地和森林等自然物。生产力的表现形式不是单一的，而是具有多样性的。马克思所追求的生产力发展与人的全面发展应当保持一致的思想，内在地包含了应当保护人类生存和发展的必要条件，即外部自然界。

传统生产力理论过分夸大了人的力量，认为社会生产力就是征服自然的能力，是人类向大自然索取财富的能力。这种生产力模式“对技术的片面使用引发了人类的生存困境，片面追求经济增长引发了人类的发展困境，自然资源的无限论引发了人类的生态困境”[②]。应该看到，实际上历史唯物主义认为，“技术（或者更明确一点，生产技术）只是生产力的一部分，生产力还包括劳动者的体能、原料和自然给予的生产资料”[③]。人类生产具有社会历史性的特点，不能简单地把生产力归结为“生产技术”，应该还包括社会和人的因素。马克思高度肯定资本主义社会生产力发展，其根本原因在于生产力发展、人们之间的物质利益关系和围绕物质利益关系展开的斗争对历史发展具有决定性作用。但是，正因为资本主义以错误的方式、错误的目的去发展和使用生产力，导致了生产力应用的“桎梏”。即在资本主义私有制下，生产力对大多数人来说，只获得了片面的发展，成了破坏的力量。因此，我们有理由去推翻生产力受到桎梏的资本主义，

---

① 《马克思恩格斯选集》第3卷，人民出版社2012年版，第522—525页。

② 王鲁娜：《生态生产力：一种先进的生产力形态》，《学术论坛》2008年第9期。

③ ［英］乔纳森·休斯：《生态与历史唯物主义》，张晓琼等译，江苏人民出版社2011年版，第182页。

通过社会制度的变革解放生产力。

生产力的发展是满足人类需要的必要条件。马克思在他早期著作中，把人的自我实现需要理解为人的本质力量的发挥，而人的本质力量的发挥离不开自由的或非异化的生产活动，这种生产活动是自由自觉的，人的本质力量得以充分体现，人的自我实现需要得以满足。在他的后期著作中，马克思对由资本主义生产力发展推动的需要的增长进行了高度的赞扬，同时把这种需要的增长和资本主义的历史进步性紧密联系起来。他坚信，不论是在生产过程之中不是生产过程之外，资源消耗的扩大及随之而来的生态问题的恶化并不成为这种需要的满足的必然条件。相反，自我实现的完成将取决于这些问题的最小化，甚至可能是通过旨在带来那种最小化的活动来完成的。

资本主义条件下，资本主义社会把需要的满足及人生的幸福和意义简单地等同于对商品的无止境的占有和消费，其结果是需要的异化和生态危机的产生。为了生产满足异化消费需要的商品，必须依赖于科学技术的创新和广泛使用，但是对于科学技术的运用所带来的不确定性和风险，以及可能会对人类和生态环境造成的危害，人们缺乏清晰的认识，其结果可能会导致危害未来的人类和其他非人类存在物。在资本主义条件下，由于对物质欲望的无止境追求，导致对技术的非理性运用以满足对增长的无限追求，同样也会带来日益严重的生态危机。

生产力发展之所以在资本主义制度和生产方式下造成严重的生态问题，是因为生产力发展不是建立在“以人为本”的基础上，而是建立在资本追逐利润的基础上，我们发展生产力的根本目的应该定位于满足人民群众的基本生存需要和自由全面发展的基础上，“民生建设”应该是我们生态文明建设的核心和着眼点，只有这样才能避免那些为了生存而破坏生态环境的行为。①

三　社会基本矛盾是生态文明建设的根本动力

历史唯物主义强调人类社会发展的基本矛盾是社会历史发展的根本动力，即生产关系与生产力、经济基础与上层建筑的矛盾。马克思唯物主义

---

① 王雨辰等：《生态学马克思主义对历史唯物主义生产力发展观的重构》，《哲学动态》2014年第3期。

哲学并不是决定论的，这种特质决定了马克思的社会历史观应该是辩证的。在社会历史发展进程中，处在基础地位的生产力决定着生产关系，而生产关系又决定意识形态上层建筑。社会基本矛盾是生态文明建设的根本动力。

马克思在《〈政治经济学批判〉序言》中指出："社会的物质生产力发展到一定阶段，便同它们一直在其中运动的现存生产关系或财产关系……发生矛盾。于是这些关系便由生产力的发展形式变成生产力的桎梏。那时社会革命的时代就到来了。随着经济基础的变更，全部庞大的上层建筑也或快或慢地发生变革。"① 随着社会基本矛盾在社会革命的推动下得到解决，人类历史便从一个较低的社会形态发展成为一个较高的社会形态。

历史唯物主义理论坚持从生产方式入手，而不是从抽象的生态价值观入手来探究生态问题的根源及解决的途径。历史唯物主义强调生态问题的根源在于全球和地区生态资源占有的不公平，并把破除资本主义制度及其全球权力关系作为真正开展生态文明建设的前提。② 要建设生态文明，首先一个重要的前提是，必须打破资本的全球权力关系，只有在同时实现生产方式变革的基础上变革生态价值观，才能对解决当代生态文明的危机真正发挥作用。其次，要注重对是生产方式怎样影响人和自然直接的物质及能量的交换关系进行分析。社会生产方式决定了社会物质财富的分配以及人与人之间的物质利益关系，同时也对社会生产目的和如何正确处理人与自然的关系具有决定性作用。

从生态危机的本质来看，生态危机体现了人与自然关系的危机。从其本质上看，是人与人之间在占有、分配及使用自然资源方面存在的矛盾利益关系冲突带来的危机。如果要从根本上解决生态危机，必须要协调好在生态资源方面人与人的矛盾利益关系。因此，我们需要注重社会建设层面，形成合理的社会关系，来解决生态危机。

生态文明建设的制度维度的健全是生态文明建设落到实处的根本体现和保障。人与人之间的物质利益关系不仅决定了社会物质财富的生产与分配，还决定了社会生产的目的及人们如何处理人与自然的关系。正是由于

① 《马克思恩格斯选集》第2卷，人民出版社1995年版，第32—33页。

② 王雨辰：《生态学马克思主义与生态文明研究》，人民出版社2015年版，第281页。

人与人之间的物质利益关系的不公正，导致了人们不公平地占有和使用自然资源，由此决定了社会生产不是以满足人的基本需要、满足“以人为本”的原则为基础，而是为了实现特殊利益集团的需求。这样最终必然导致滥用资源，贫困地区和国家以破坏自然的方式追求生产和发展。要建设生态法律制度和法律法规，以其作为强制性的底线来制约人们的行为，来规范人与人之间的利益关系，达到“环境正义”的目的。要将生态道德教育作为生态文明建设的重要内容，指导人们作为实践行为的道德境界，使生态文明观内化为自觉，不断提升人们的生态道德境界。

四 科学技术是生态文明建设的核心动力

科学技术是第一生产力，在经济社会与环境资源矛盾日益紧张的当代，科技创新作为经济增长和社会发展的内驱力和源泉，同时肩负着提供协调人与自然关系的物质技术手段的历史使命。生态文明需要以科技创新为导向，奠定人与自然之间平衡的物质技术基础。科学技术是生态文明建设的核心动力。

恩格斯曾充分肯定科学技术对于协调人类与大自然关系的重要作用，他指出：“人类通过学习自然界的法则并正确运用他们可以避免大自然的报复，特别是，本世纪的自然科学有了强有力的进步，我们比以往能够更好地认识这些法则，从而更好地控制至少我们的日常生产活动会带来的更加长远的自然后果。”①

生态马克思主义认为，科学技术本身无所谓价值属性，其社会效应取决于我们如何处理科学技术运用于社会制度的关系，但科学技术的运用一旦与资本相结合，就必然会带来相应的负面效应。因为追逐利润是资本的本性，与之相适应的则是物欲至上的价值观，这就决定了在资本主义制度和生产方式下，科学技术运用必然会沦为控制自然，进而控制人的工具。因此，对于生态问题应该责备的“不仅仅是个性的‘贪婪’的垄断者或消费者，而是这种生产方式本身：处在生产力金字塔之上的构成资本主义生产关系”②。

历史唯物主义始终坚持自然观与历史观的统一，强调生态文明并非回

---

① 《马克思恩格斯全集》第42卷，人民出版社1979年版，第178页。

② ［英］戴维·佩珀：《生态社会主义：从深生态学到社会正义》，刘颖等译，山东大学出版社2005年版，第133页。

到穷乡僻壤的自然状态，也不认为这种自然状态就真正解决了人类和自然的关系。因此，历史唯物主义视域中的生态文明是超越工业文明的新型文明形态，生态文明不仅不反对生产力增长和技术进步与运用，而且反过来认为经济增长、技术进步和运用是建设生态文明的前提和基础，只有通过变革现存的资本主义制度和生产方式，重新配置资源和改变社会政策，充分利用现代工业文明的积极成果和技术成果，为人民实现自由选择适合于自己的生活方式提供更加丰富多彩的生活环境，这种变革资本主义制度和生产方式后建立的社会，是“较易于生存的社会”，即生态社会主义社会，在这样的意义上，真正的生态文明建设才有可能实现。

其一，把人置于科技的核心，建立“关于人”和“关于自然”统一的科学。马克思指出，近代科学只是站在自然之外，以纯粹直观的方式研究自然，而人的问题、人与自然互动关系的问题却被科学长期忽略。基于辩证唯物主义和历史唯物主义的视角，马克思指出人与自然、人类史与自然史，既相互联系，又相互制约。一方面，在实践的中介下，人化自然的范围不断扩大，人成为影响自然最为重要的力量。因此自然科学研究的主要对象不是天然自然，而是人化自然。另一方面，自然史是人类史的一个部分，关于人的研究也必须包含关于自然的研究。基于此，马克思试图打破自然科学与人文科学长期对立的状态，提出：“自然界的社会的现实和人的自然科学或关于人的自然科学，是同一个说法。”[①] 马克思敏锐地指出未来科学发展的趋势：“自然科学往后将包括关于人的科学，正像关于人的科学包括自然科学一样：这将是一门科学。”[②]

其二，转变科学范式，变革科学认识论。马克思、恩格斯用辩证思维变革近代科学的自然观和方法论。近代科学的自然观基础是机械自然观，这一自然观将自然科学导向还原论的思维，使近代科学缺乏对整体自然和自然复杂性的认识，因而不利于环境保护。恩格斯指出，必须用辩证思维改造近代科学，使科学变成“关于过程、关于这些事物的发生和发展以及关于联系———把这些自然过程结合为一个大的整体的科学”[③]。辩证思维与现代生态思维是相通的，两者都强调自然的整体性。现代生态思维结合现代系统科学、协同学、自组织理论等横断科学，发展了系统思维、动态

① 《马克思恩格斯文集》第1卷，人民出版社2009年版，第194页。
② 《马克思恩格斯文集》第1卷，人民出版社2009年版，第194页。
③ 《马克思恩格斯选集》第4卷，人民出版社2012年版，第300页。

平衡的思维和非线性思维，这些思维都是辩证思维的延伸。20 世纪量子力学、相对论的发展彻底打破了近代科学的研究范式，也标志着人对自然的认识更进了一步。现代科学打破了以往人对自然的简单性认识，使自然重新反魅，也使辩证思维和生态思维融入科学思维。两种思维的融合，科学范式的转变使科技生态价值的复归成为可能。

其三，重建科技伦理，处理好“科技与人性”关系问题，重构科学技术观。当前，生态资源短缺和科学技术运用负面效应已经日益凸显。我们应当如何重构历史唯物主义的科学技术观。在商品社会里，固然应该保护科技工作者在科技创新成果中取得最大利益，但是，他们也应该遵守这样的道德准则：在追求自己的利益的同时，不能忽视或者损害公众的利益。“资本主义则高度重视谋利及与此相随的效率、物欲、经济增长等价值观，并进而激发技术服务于这些价值观，甚至不惜毁损地球。”① 摆脱私利追求的科学将为协调人与自然的关系，提高人类的福利水平奠定了坚实的基础。虽然科学技术属于生产力的重要组成部分，但科学技术观念和理论显然是属于社会意识，这就决定了不能完全否定科学技术的价值属性。马克思、恩格斯集中论述过科学技术运用的社会制度和生产方式的前提，也曾考虑过生态前提，“如果说人靠科学和创造性天才征服自然力，那么自然力也对人进行报复，按人利用自然力的程度使人服从一种真正的专制，而不管社会组织怎样”②。但他们所处的时代生态制约与自然资源短缺还不是突出的问题，因此他们总是把科学技术当作一种革命性力量看待。

---

① ［美］丹尼尔·A. 科尔曼：《生态政治：建设一个绿色社会》，上海译文出版社 2002 年版，第 32 页。

② 《马克思恩格斯全集》第 20 卷，人民出版社 1971 年版，第 519 页。

“杰文斯悖论”的时代回响及启示

卢斌典*

19世纪中期，英国经济学家杰文斯（William Stanley Jevons）以煤炭问题为切入点深入分析技术进步与资源节约之间的矛盾，他指出技术的进步虽然使煤炭的使用率提高了，但与人们普遍认为的相反，技术进步非但没有减少而且增加了煤炭的消费量。人类不禁反思：用技术来解决环境问题真的可行吗？人类世界增长的极限在何方？

一 “杰文斯悖论”的出场与原初语境

在受到工业革命的洗礼及殖民扩张的血腥积累后，19世纪的英国经济发展迅速，与此同时，对主要的化石燃料——煤炭的需求也大大增加。然而煤炭不可再生，那么就出现了这样的问题：技术的进步到底能不能减少资源的损耗？英国工业的发展会不会因为煤炭资源的枯竭而受到威胁？

威廉姆·斯坦利·杰文斯进行了深入的反思和科学的调研，他于1865年发表了《煤炭问题：关乎国家发展和煤矿可能耗尽的调查》（*The Coal Question*），揭示了英国煤炭资源逐渐枯竭的困境，受到广泛的关注。他认为起码在煤炭行业，技术的进步并非如人们所想的那样会减少煤炭的消费总量。他指出：“认为燃料的节约使用会带来消费的减少，这完全是一个令人困惑的论断。与此相反，这会导致消费的增加，则是符合实际的。”这被称为“杰文斯悖论”（Jevons Paradox），这是一个令人困惑的谜团，也是对技术进步与资源消费内在张力的一次揭秘。具体说来，“如果现在用于高炉的煤炭数量与产出相比，在逐渐减少（即资源使用率提升了），那么，这一行业的利润将会增加，新的资本会被吸引过来，生铁的价格将下

* 卢斌典：中南财经政法大学哲学院博士生。

降。但是，对煤炭的需求在增长，最终更多数量的炉子所增加的煤炭消耗将超过它们（资源使用效率提升）所减少的煤炭消耗”[①]。我们可以进一步用关系链的方法来说明这一点。技术进步，则煤炭使用率提高，煤炭使用率的提高导致煤炭的相对损耗减少，这使得煤炭的价格降低，于是需求大大增加，生产规模进一步扩大，煤炭消耗总量不断提升。解密“杰文斯悖论”的关键就在于经济学，就在于杰文斯的效用和消费理论。

一方面，杰文斯认为：“物所以能为吾人服务而自称为一种商品的抽象性质。凡是引起快乐或避免痛苦的东西，都可以有效用。”[②] 效用的理论类似于马克思所说的“价值”，是一种有用或满足。与此同时，杰文斯是这样描述边际效用递减的：效用随商品量的增减而变化，商品量增加，效用减小；反之，商品量减少，效用增加。这种正反比的关系恰恰对我们把握煤炭使用率和煤炭消费量的关系。另一方面，与马克思不同，杰文斯在《政治经济学理论》中批判了约翰·穆勒轻视消费的观点。杰文斯认为消费是生产的目的，消费的种类和数量决定产品的数量，正确的经济理论必须从正确的消费理论出发。我们可以看出杰文斯对消费的积极作用的重视，但他这种消费决定生产的观点是倒置的和片面的。

与此同时，杰文斯还从工业革命的历史中找寻证据，指出蒸汽机的每一次改进和效率的提高，结果是用一种新的方式加速煤炭的耗费。也就是说，动力能源的发展史既是生产力的提高史，也是自然资源的破坏史。动力改革乃至经济发展方式的转变在一定程度上是对增长极限的拷问。总而言之，杰文斯抛砖引玉，通过对英国煤炭问题的分析，揭示出技术进步与资源节约的二律背反。杰文斯的分析是基础性和关键性的，对我们反思当下技术进步与资源节约乃至环境保护之间的关系具有重要意义。

二 “反弹效应”——杰文斯悖论的再出场

随着工业革命的进一步发展，石油成了工业发展的催化剂和兴奋剂。然而无论是煤炭还是石油，它们都面临着枯竭的危险及其对环境污染的加剧。新的时代背景下技术的进步与资源节约及环境保护之间的关系是怎样

---

① William Stanley Jevons, *The Coal Question: An Inquiry Concerning Progress of the Nation and the probable Exhaustion of Our coalmines*, London, 1866.

② ［英］威廉姆·斯坦利·杰文斯：《政治经济学理论》，郭大力译，商务印书馆2009年版，第51—62页。

的呢？随着"浅绿""绿绿"和"红绿"与"人类中心主义"和"非人类中心主义"的探讨及1973—1974石油危机的出现，反弹效应、增长的极限和环境正义等的探讨成为热门话题。

20世纪30—70年代的"八大公害"事件引起人们的高度重视，1962年卡逊（Rachel Carson）出版的《寂静的春天》拉开了资本主义国际的绿色生态运动的序幕。20世纪70年代，罗马俱乐部发表的《增长的极限》引起了世界范围内的热议："在生物圈有一些容忍的极限；发达国家的工业生产系统现在正在检测那些极限；我们并不知道这些极限；继续沿着我们现存的道路直到我们达到或超过这些极限是不明智的，因为到那时，它不可能减轻有害的结果或这样做仅仅是以灾难性的社会混乱为代价。"① 这是对工业文明的增长观和技术乐观主义的批评，理性的人应该知道经济的增长不可能是无限发展的，它有很多制约因素。

从国际大环境来说，众多国家特别是发达国家开始意识到资源的有限性和环境保护的必要性。1967年联合国环境与发展委员会拟定了《我们共同的未来》申明可持续发展的必要性。1997年的《京都议定书》也意图限制各国二氧化碳等温室气体的排放，它把提高能源利用率作为摆脱环境问题的主要途径。哥本哈根气候大会涉及发达国家和发展中国家责任分配机制。就具体国家来说，美国、英国、法国等国不断提高自己的能源利用率，积极倡导绿色能源的使用。中国等发展中国家在开采资源、发展经济的同时，也照顾到自身的环境保护。

福斯特（Foster）指出："到目前为止，杰文斯悖论仍然适用，那就是，由于技术本身（在现行生产方式的条件下）无助于我们摆脱环境的两难境况，并且这种境况随着经济规模的扩大而日趋严重。"② 杰文斯悖论之所以有深远而持久的影响原因在于它关注到"达摩克利斯之剑"和"阿喀琉斯之踵"。达摩克利斯之剑不是指正义，而是一种危机状态，如坐针毡，我们面临的就是资源枯竭问题和生态危机问题。阿喀琉斯之踵指的是死穴或软肋，在经济发展中拖后腿的恰恰就是资源的短缺和技术创新的不足。

在新的时代背景下，杰文斯悖论被重释为"反弹效应"或"回弹效应"。什么是反弹效应（Rebound effect）？一般说来，假设原料的市场价格

---

① Willian Leiss, *The Limit to Satisfaction*, Mcgill, University Press, 1988, p. 112.

② ［美］福斯特：《生态危机与资本主义》，耿建新等译，上海译文出版社2006年版，第96页。

稳定，原料利用率提升会导致原料的价格降低。然而当它的价格降低时，它的需求量会明显增加，这就是反弹效应或回弹效应。这种效应与杰文斯悖论具有同质性。这时候的经济学家擅长用一些理论模型来阐释反弹效应的本质。抛开那些理论模型的构建，我们看一下生活中的实例（汽车、冰箱、自动售货机和节能灯等）就一清二楚了。改进的汽车的油耗虽然不断降低，但这无法抵消私家车购买的狂涨，最终结果依然是石油的需求激增。冰箱的耗电量不断减少，各种先进的技术被投入研发中，电的成本也降低，冰箱越来越多地走进寻常百姓家，因此并没有从总体上减少电能的消耗。人们想利用自动售货机节省人力和物力，交易的利润在增加，商品的价格在下降。人们对该商品的需求在增加，最终更多的自动售货机会出现，这远远多于自动售货机本身减少的消耗。旨在节约电能的灯泡，它的能效提升了，它的价格也降低了，本来不需要用节能灯的地方也安装了。这样就形成一种反效果，这与市场机制和消费心理相关，总的来说钳制了资源的节约。

三 “杰文斯悖论”的三种解决方案及评介

杰文斯悖论和反弹效应揭示的难题引起了世界范围内的关注和思索，2009 年由美、英、日等国的专家学者们联合出版了《杰文斯悖论：技术进步能解决资源难题吗》。[①] 生态问题真切地摆在人们眼前，而问题的关键在于如何解决生态问题。限于科技发展水平、教育水平和环境保护意识，不同的国家或流派相应地采取不同的解决方案。

第一种是绿色思潮和生态运动的解决方案。他们大多局限于抽象的生态价值观，忽视人类与自然界间的物质能量交换，忽视生产方式和社会制度。

深绿思潮强调自然价值和自然权利，“当一个事物有助于保护生物共同体的和谐、稳定和美丽的时候，它就是正确的，当它走向反面时，就是错误的”[②]。他们认为技术是当代生态危机的罪魁祸首，他们把技术进步、经济发展和环境保护看作矛盾的关系，他们主张解决生态危机的关键在于

---

① ［美］约翰·M. 波利梅尼等：《杰文斯悖论：技术进步能解决资源难题吗》，许洁译，上海科学技术出版社 2014 年版，第 1—8 页。

② ［美］奥尔多·利奥波德：《沙乡年鉴》，侯文蕙译，吉林出版社 2000 年版，第 192—193 页。

回到前技术时代，限制科学技术的应用，并实现一种零增长或稳定增长。然而他们由"是"推出"应该"，导致一种反科学主义或神秘主义，忽视了技术背后的经济基础和意识形态。这就限制了社会的整体发展，陷入德治主义的死循环。浅绿思潮则认为只有依托技术的进步才能解决生态问题。"如果的确是技术让我们深陷困境，则毫无疑问，出路在于开发更好的技术。"[①] 浅绿思潮为人类中心主义辩护，提出"开明的人类中心主义"和"弱式人类中心主义"，规范人们的理性偏好。这其实是为资本主义生产方式辩护和开脱罪行，他们追求的不过是资本主义经济的持续发展。生态学马克思主义和有机马克思主义的解决方案都反对资本主义的生态学，而主张一种生态正义和环境伦理。生态学马克思主义的根基在于始终坚持历史唯物主义，有机马克思主义的出发点则是哲学和科学上的有机性。本·阿格尔（Ben Agger）阐释了生态马克思主义的基本立场和理论主题的转换。他说："我们的中心论点是，历史的变化已使原本马克思主义关于只属于工业资本主义生产领域的危机理论失去效用。今天，危机的趋势已转移到消费领域，即生态危机取代了经济危机。资本主义由于不能为了向人们提供缓解其异化所需要的无穷无尽的商品而维持其现存工业增长速度，因而将触发这一危机。"[②] 作为生态马克思主义的代表，奥康纳（O'connor）也有同样的论述："日益社会化的生产、分配、交换和消费体制的发展，意味着分配性正义将越来越不可能获得合理的测定和实施。这就意味着，对于平等来讲，我们所说的'生产性正义'（从生态学的角度看，应该是'生态社会主义'而不是'生态性的社会民主'）不仅变得越来越可能，而且也越来越必要了。"[③] 生态学马克思主义者们强调现实生活中的异化消费，主张用环保技术代替大规模技术，具体论证了变革资本主义制度及其全球权力关系，并主张建立生态政治社会。有机马克思主义则是用怀特海的过程哲学和有机哲学来补充马克思主义，这是一种接近马克思主义的生态文明理论。他们论证了自由市场不自由、资本主义正义的不正义和穷人

---

① ［美］丹尼尔·A. 科尔曼：《生态政治：建设一个绿色社会》，梅俊杰译，上海译文出版社2002年版，第21页。

② ［加］本·阿格尔：《西方马克思主义概论》，慎之等译，中国人民大学出版社1991年版，第486页。

③ ［美］詹姆斯·奥康纳：《自然的理由：生态学马克思主义研究》，唐正东等译，南京大学出版社2003年版，第537页。

更难等逻辑，主张以有机教育、地方生态自治和市场社会主义为主体的生态治理模式。有机马克思主义者注重文化价值因素在生态问题解决中的地位，但很少关注社会制度和生产方式的变革。

第二种是资本主义的“用技术创新来解决技术问题的方案”。这是一种最直接的方案，也是资本主义国家惯用的手段，这种解决方案的逻辑基础是技术理性，核心是技术与资本的联姻。技术理性是技术与理性文化价值的结合，它既指科学方法和技术工艺等的静态形态，也指社会的运行机制。在资本主义国家中，“经济—技术—环境”的关系演变成“资本—技术—资源”，这是异化了的社会关系，也是片面地理解社会的和谐机制。这存在着一种逻辑断环，原本技术仅仅是一种工具或手段，现在却成了目的，它像新的上帝一样统摄着社会。于是，资本主义社会的环境保护仅仅是环境污染的工业延伸。然而，解决生态的关键不在于技术，而在于社会制度本身。福斯特认为：“资本主义对生态问题的终极解决方案——因其制度本身的根本变化是有限的——也只能表现在技术性意义上。”① 福斯特还指出：“尽管可以通过技术手段减缓环境恶化的趋势，但经济增长所产生的灾难性环境后果是无法避免的。”② 如果按照当今世界经济发展速度算，那么接下来的世界的经济总量将超出自然资源的极限。也就是说，资本主义国家扬汤止沸的应付策略无法超越杰文斯悖论。技术手段只是我们解决资源问题和污染问题的辅助手段，而不应该是终极手段。因此莱斯认为：“作为历史舞台上的一个角色，我们在经历了这一命运概念后，就应该及时拒斥这前一个时代遗留下来的以技术掌控自然的观念。只有这样做了，我们才能够明确我们的紧迫任务。”③

第三种是马克思主义的解决方案。近代机械唯物主义把自然看作一架机器，而不是一个有机体，马克思批判了这种自然观，将自然看作人类获取资源的空间是盲目的和不可持续的，马克思把自然理解为一种人化自然，把环境的改变和人类活动的统一理解为革命性的实践，并凸显劳动对人与自然间的物质变换的重要作用。马克思认为煤炭、金属、木材等资源

---

① John Bellamy Foster, “A failed system: The World Crisis of Capitalist Globalization and Its Impact On China”, *Monthly Review*, Vol. 60, No. 10, 2009, p. 16.

② ［美］福斯特：《生态危机与资本主义》，耿建新等译，上海译文出版社 2006 年版，第 74 页。

③ ［美］威廉·莱斯：《自然的控制》，徐崇温译，重庆出版社 2007 年版，第 14 页。

会随着生产的发展变得廉价，然而当矿源枯竭的时候，它们的开采也将变得困难。"劳动生产率也是和自然条件联系在一起的，这些自然条件的丰饶度往往随着社会条件所决定的生产率的提高而相应地减低……我们只要想一想决定大部分原料产量的季节的影响，森林、煤炭、铁矿的枯竭等等，就明白了。"① 其实，马克思早已洞察到杰文斯悖论的实质。资本主义积累和扩大再生产必然会导致生态问题，这主要体现在《资本论》中。因为如果资本主义经济不断增长，那么对原料的需求就会不断增加，原料在商品的价值中所占的比重就会越大，资本就会加大对开采自然资源的投资，这就意味着生产成本和积累的增加、利润率的下降。反之，如果资本通过更有效地使用原材料进行生产，导致原材料价格下降，从而使成本下降和平均利润率上升。但是由于原材料价格相对便宜又会带来对资源需求的加快和积累的增加，并导致资源地快速耗费。② 于是，资本的逻辑变成一种损害自然的逻辑。关于杰文斯悖论的解决，马克思主义的解决方案是一种总体性方案：既要看到资本主义生产方式的不正义，又要重视科学技术的发展，还要重视自然规律和环境保护。马克思在《资本论》中深刻揭露了资本主义的剥削本质和资本主义必然灭亡的命运。恩格斯也认为："要实行这种调节，仅仅有认识还是不够的，为此需要对我们的直到目前为止的生产方式，以及同这种生产方式一起对我们的现今的整个社会制度实行完全的变革。"③ 马克思认为科学技术是推动社会进步的革命力量。这尤其体现在《共产党宣言》对资产阶级百年来贡献的回顾中。同时，在《资本论》中也能窥见马克思对科学技术的关注："现在资本不要工人用手工工具去做，而要工人用一个会自行操纵工具的机器去做。因此，大工业把巨大的自然力和自然科学并入生产过程，必然大大提高劳动生产率。这一点是一目了然的。"④ 关于尊重自然规律，掌握自然的辩证法，恩格斯告诫我们："我们每走一步都要记住：我们决不能像征服者统治异族那样支配自然界，决不像站在自然界之外的人似的去支配自然界——相反，我们连同我们的肉、血和头脑都是属于自然界和存在于自然界之中的：我们对于自然界的整个支配作用，就在于我们比其他一切生物强，能够认识和正

① 《马克思恩格斯文集》第7卷，人民出版社2009年版，第289页。
② 王雨辰等编：《西方马克思主义哲学概论》，湖北科学技术出版社2013年版，第187页。
③ 《马克思恩格斯文集》第9卷，人民出版社2009年版，第561页。
④ 《马克思恩格斯文集》第5卷，人民出版社2009年版，第443—444页。

确运用自然规律。”[1] 人与自然应该和谐相处，人类必须尊重自然、保护自然。同时，只有正确认识和运用自然规律，才能有效地指导人类的实践活动。

综上所述，这三种解决方案都在一定程度上看到了环境污染的危害性和环境保护的必要性，但是绿色思潮的方案是一种乌托邦主义；资本主义国家的路线与其说是应付，不如说是消极回避；只有马克思主义正视了经济发展、技术进步与环境保护的内在张力，并为杰文斯悖论的解决提出一种根本性的方案——共产主义方案。“这种共产主义，作为完成了的自然主义，等于人道主义，而作为完成了的人道主义等于自然主义，它是人和自然界之间、人和人之间的矛盾的真正解决，是存在和本质、对象化和自我确证、自由和必然、个体和类之间的斗争的真正解决。它是历史之谜的解答，而且知道自己就是这种解答。”[2] 坚持人与自然的和谐相处既是马克思主义的基本方案，也是中国特色社会主义生态文明建设的基本原则。

① 《马克思恩格斯文集》第9卷，人民出版社2009年版，第560页。

② 《马克思恩格斯文集》第1卷，人民出版社2009年版，第185—186页。

人与自然关系的再解读
——基于公德和私德的伦理学视角

殷全正*

随着科学技术的进步和社会生产力水平的提高，工业文明引发的一系列的生态问题引起了人们的广泛关注。如土地沙漠化面积扩大，水资源污染严重，物种多样性遭到破坏等生态环境问题的突出，生态文明建设迫在眉睫。其中，处理好人与自然的关系问题是不可回避而又最为紧张的问题，从公德与私德的伦理学视角来解读人与自然的关系，一方面是通过私德即人的内在修养来提高思想认识，树立正确的价值观念；另一方面是通过公德来营造公平正义的社会环境。梁启超说："人人独善其身者谓之私德，人人相善其群者谓之公德，二者皆人生所不可缺之具也。"[①] 在生态文明建设中，反对把人与自然割裂开来，在人与自然关系的处理中，又反对把公德和私德割裂开来，人与自然、公德与私德相辅相成。

一　私德是处理人与自然关系的基础

私德是中国传统文化思想的重要组成部分，尤其是在中国的封建社会时期，由于社会的形态主要是以家庭血缘关系或者宗族关系为主要特征，因此，私德之风占据了社会道德的主要层面，修身养性成了个人成长过程中的重要追求，强调"修身齐家治国平天下"。而今天社会的发展同样离不开私德。

私德的界定。关于私德，不同的专家学者对于它的定义不同，也就形成了广义的私德和狭义的私德。广义的私德像廖申白所总结的既有着一个

---

* 殷全正：中南财经政法大学哲学院博士生。

① 梁启超：《新民说》，辽宁人民出版社 1994 年版，第 176 页。

人内心的东西，又包括了私人同其他私人交往的规范；狭义的私德主要指独立自主和修身养性的品德，其重点在个人身上。[①] 梁启超说："欲铸国民，必以培养个人之私德为第一义；欲从事以铸国民者，必以自培养其个人私德为第一义。"[②] 在处理人与自然的关系上，我们主要从私德的狭义概念出发来解读，也就是从个人的层面来探讨人与自然的关系。

人与自然的关系取决于人对于自然的态度。从敬畏自然、依赖自然到征服自然、改造自然；从战胜自然、主宰自然到尊重自然、保护自然。在不同的历史时期，人所表现出来的对于自然的不同的态度，归根结底是人的德性问题。私德也是一种德性，而这种德性是体现在每个人自己身上的，在人与自然方面，我们可以把自身所拥有的对自然的尊重、对自然的爱护、对自然的理解等德性作为私德。为什么处理人与自然的关系需要培养私德呢，因为只有每个人发自内心地把自然当作朋友，人与自然的关系才能够真正实现和解。工业文明以来，自然环境之所以会出现一系列的问题，其主要原因在于人自身，在于私德的不规范。人类没有把自然当作朋友，为了自己的利益，控制不住自己的欲望，对自然无休止、无节制的开发、利用，最终引发了自然的勃然大怒，地震、海啸、泥石流、风沙暴雪等自然灾害频繁发生，全球气候变暖，海平面升高。因此，培养私德是从人们的价值观层面，是从人与自然关系的根本处入手通过培养人在与自然相处方面的德性来实现人与自然的和谐相处。私德的培养既受到家庭环境的影响，也受社会环境的影响，但是在今天私德受教育的影响越来越大。所以说加强思想道德教育，对于培养私德也有着重要的作用，对于处理人与自然的关系也是一种有效的解决方式。

人对于自然的态度是私德的重要体现。传统的伦理学关注的是我们应该做什么样，而元伦理学关注的则是我们是什么样的人。在元伦理学中主张是什么样的人就会产生什么样的行为，那么，人对待自然的态度就取决于人自身所拥有的德性。元伦理学认为一个善良的人对待自然的态度一定是善良的；一个正义的人，其对待自然的行为一定是正义的。所以，人对于自然的态度取决于我们自身是一个什么样的人，拥有什么样的德性，而自身所拥有的德性在这里被我们称为私德。私德是个人所具有的品德，那

---

① 廖申白：《论公民伦理》，《中国人民大学学报》2005 年第 3 期。

② 梁启超：《新民说》，辽宁人民出版社 1994 年版，第 163 页。

么在人与自然的关系上，个人需要具有什么样的私德才能够处理好与自然的关系呢？首先是友善，也就是尊重自然，真正把自然作为人类的朋友，中国传统文化中的“天人合一”思想就体现了这一点。其次是中庸，《论语》中说：“中庸之为德也，其至矣乎，民鲜久矣。”具备中庸这种德性，人们才不会过度地开发和利用自然，才能够把握住度。最后是节制，孟子曰：“不违农时，谷不可胜食也，数罟不入洿池，鱼鳖不可胜食也；斧斤以时入山林，材木不可胜用也。谷与鱼鳖不可胜食，材木不可胜用，是使民养生丧死无憾也。”[①] 节制的是人的欲望，是人对于大自然索取的欲望，只有培养节制的德性，人类才能控制住自己的行为，才能够从物质利益、眼前利益的诱惑下摆脱出来。

私德作为处理人与自然关系的基础是从个体到整体的角度来分析的。我们把自然看作一个整体，而我们每个人又是整体中的个体，而要想保证整体的良好生长，首先应该保证个体的良好成长。这并不是把人和自然对立起来，而是应该把个人与自然融为一体，始终保持人是自然的一分子的思想认识，牢牢把握人与自然相处的方向，通过自身私德的完善来促进整个自然的和谐。有时候人们很难把握人与自然关系的一个重要原因就是割裂了人与自然的统一性，把两者作为独立的个体来对待，甚至把二者对立起来。处理人与自然的关系问题也就是必须充分发挥私德的基础性作用，逐步完善人在关于自然问题上的深刻认识。关于私德作为人与自然关系的基础，还有一种解读就是私德的发展推动了社会公德的进步，而这种推动是通过由内而外的方式，对于优化人与自然的关系也有关键性的作用。这一方面主要是从公德与私德的关系角度来思考的，我们不可否认私德对于个人成长的重要作用，但是我们也不能忽视公德的培养对于处理人与自然的关系的巨大效力。只注重私德而不培养公德，最终只会导致私德之风日盛，而公德之心日减的局面，人与自然的和解还是无法实现。

二　公德是实现人与自然和谐的关键

近年来，有学者呼吁应重视公民私德的培养，有学者主张和谐社会呼唤公德。在不同的历史时期，人们对于公德与私德的认识应该也是不同的，当今社会，人与自然关系紧张，环境问题突出，生态建设困难重重，

---

① 钱逊：《孟子》读本，中华书局2010年版，第55页。

而此时完善社会公德建设，提高人民参与公共生活的热情，对于处理好人与自然的关系也许会有较大帮助。

公德的界定。梁启超在《论公德》中说："人人相善其群者谓之公德。"强调公德就是利群，就是团体中的公共德性，即"一团体中人公共之德性也"，是"个人对于团体公共观念所发之德性也"。魏英敏先生说：公德又称群体道德，是指人们一种社会性的行为准则。一般来说，"公德"就是指与集体、社会、民族或国家利益有关的公共领域的道德。当然，学界也有很多学者认为公德是私德的延伸，在这里不作讨论。

不同历史时期、不同社会形态下的公德。公德在整个社会的发展过程中起着关键的作用，当然在不同的历史时期这个作用也不相同，但是没有任何一个历史时期能够离开公德而单纯地依靠私德。在中国封建社会时期，由于其基本形态是家庭血缘制或者宗族制，因此，其更加注重修身养性的私德观的培育；而在封建社会之前的原始社会时期，则由于其集体劳作、集体生活的行为方式，人类更注重发展公德，更加注重分配的问题。人类社会按照文明程度划分，大致可以分为渔猎文明时代、农业文明时代、工业文明时代，以及将要到来的生态文明时代。在不同文明的形态下，又表现出来不同的人与自然的关系。渔猎文明时代又叫原始文明时代，人类对于自然主要是敬畏和崇拜；农业文明时代，人类对于自然的依赖程度还比较高，主要是天命论和自然决定论思想，人们还是怀着敬畏之心来与自然相处，受科学技术水平的限制，那时的人们还不具备改造自然的能力；而到了工业文明时代，随着科学技术的进步和生产力水平的提高，人类对于自然的态度发生了重大的转变，人类的观念开始由敬畏自然转换到战胜自然，最终导致人与自然的关系恶化，招致大自然一次又一次的报复。以利益为主导的市场经济体制，影响人们做出理性的判断，渐渐地弱化了公德与私德在人与自然关系上的作用，而以发展的量和速度作为衡量社会进步的标准，忽视了其破坏生态平衡而引发的严重后果。生态文明时代就是人与自然和谐相处的时代。

公德在处理人与自然关系问题上的作用。公德我们通常理解为公共领域、公共生活中的道德，那么，何为公共领域，公共生活呢？我们要把它们与家庭关系区别开来，定义为在除家庭范围以外的部分生活。作为一个完整的、民事行为能力不受限制的个人，总是在一定程度上参与着社会生活，总是与公共领域、公共生活有着这样或者那样的联系。学校、医院、商场、车站等公共场所都在人们参与公共生活的范围之内，同时也是德性品质在公共场所的应用，也就是公德。如在学校不乱扔垃圾，在医院不随地吐痰，在商场不盗窃商品，在车站不损坏公共财物等，这些都是我们应该具备的最基本、最一般的社会公德。公德有两种表现形式，一是我们不应该做什么，就像前文中的事例，我们把它叫作公德的消极内涵；另外一种形式就是在公共场合我们应该做什么，我们把它叫作公德的积极内涵，像我们应该爱护花草，我们应该退耕还林，我们应该使用清洁能源等，通过积极地引导帮助我们树立正确的公共领域道德观念。公德对于处理人与自然关系的作用主要就是通过这样的两种形式来形成具体的道德规范，进而对人们的行为起到一定的约束作用。与法律相比较，道德规范的强制性可能较弱，但是这并不代表其效果弱，而且法律所规定的基本上都是禁止的行为，在积极引导和潜移默化的影响方面，法律的效果不如道德规范。同时法律规定的内容是道德的最低限度，而对于真正培养人的道德品质，规范要胜于法律。在人与自然的关系中也是这样，关于环境的法律条文是近年来才相继出现的，而对于保护环境的道德规范或者是生活习惯则是古来有之，只是人们的重视程度不同而已。

公德作为实现人与自然和谐的关键因素，是从整体到局部的角度来探讨的。南开大学哲学系教授阎孟伟在《道德与文明》上发表的《和谐社会呼唤公德》中说："只有形成一个民主的、开放的、法制的、尊重和维护公民的自由和平等权利的公民社会，才能培养出真正的公德观念来。"[①] 从这句话中我们可以清晰地认识到公德的培养所需要的土壤，那么，反过来思考，我们就会发现人们公德心的缺失、公德意识的淡薄及公德行为的弱化，在很大的程度上反映了社会存在的种种问题。而这些问题的解决将会为公德心的培育净化环境、提供养料。公德的对象是公共生活、是人们生活的公共领域、是我们每个人共同参与的团体，按照马克思主义哲学原理来说，整体的功能变化发展也会影响到局部。也就是说人与自然在公德方面的建设既会影响个人私德的发展，也会影响人与自然关系的整个走向。从另外一个角度来说，公德在整个社会的生态文明建设中是把握着大的方向的，一旦这个方向跑偏了，那么人类的发展就会出现严重的问题。因此，可以说公德是促进人与自然关系和谐相处的关键，是人与自然共生共

① 阎孟伟:《和谐社会呼唤公德》,《道德与文明》2011 年第 3 期。

存共荣的关键。

我们通过公德与私德的角度来探讨人与自然的关系，同时也通过这一关系来反映社会现实，人与自然的关系只是整个生态文明建设的一环，其他还有生态政治建设、生态经济建设、生态文化建设和生态社会建设，而每一种关系与其他关系必然有着千丝万缕的联系。在这里把公德与私德作为突破口，进而引发人们对于其他关系的同步思考，以此来推动生态文明建设的进程。

三　公德与私德相互促进，推动人与自然生命共同体的构建

当公德与私德相互促进、相互协调时，就会产生一种平衡，这种平衡的状态正是人与自然关系保持的最佳状态，而这一平衡点就是人与自然生命共同体理念。党的十九大报告提出："人与自然是生命共同体，人类必须尊重自然、顺应自然、保护自然。"① 这是习近平生态文明思想的核心概念和重要组成部分。习近平总书记还强调："建设生态文明是中华民族永续发展的千年大计。必须树立和践行绿水青山就是金山银山的理念，坚持节约资源和保护环境的基本国策，像对待生命一样对待生态环境，统筹山水林田湖草系统治理，实行最严格的生态环境保护制度，形成绿色发展方式和生活方式，坚定走生产发展、生活富裕、生态良好的文明发展道路，建设美丽中国，为人民创造良好生产生活环境，为全球生态安全作出贡献。"②

人与自然生命共同体理念就是人与自然的共生共存。西方有人类中心主义和生态中心主义的主张，前者是主张以人类为中心，人凌驾于自然之上，自然对于人来说只是人类实现目标的工具或者手段；而后者强调自然界的绝对优先性，反对任何形式的改造和破坏自然，企图通过人性和道德的完善来实现人与自然之间的和谐。而人与自然的生命共同体理念在一定程度上弥补了二者的不足，一方面人们通过私德提高自身对于自然的认识，尊重自然规律，把自然放在了与人平等的位置上去对待；另一方面通过公德呼吁全社会人民团结起来共同维护我们赖以生存的家园，当然这里面包括人们实行的切实有效的对自然的保护措施，比如：退耕还林还草、

① 《党的十九大文件汇编》，党建读物出版社2017年版，第39页。
② 《党的十九大文件汇编》，党建读物出版社2017年版，第16页。

发展绿色经济、使用清洁能源等。人与自然生命共同体理念是人类对于人与自然关系的深刻认识，是站在了整个世界共生共存的新的高度。引用庄子在《齐物论》里说的："天地与我并生，万物与我为一。"[①] 人与自然的关系是统一的关系，任何试图割裂两者关系的行为方式都不能够真正解决人与自然的关系问题。

新时代中国社会的主要矛盾已经转换为人民日益增长的美好生活需要和不平衡不充分的发展之间的矛盾。其中"人民对于美好生活的向往"要成为我们工作的方向和努力的目标。人与自然的关系是美好生活中不可缺少的一个环节，美好的生活也包括了人与自然的和谐相处，也体现了人与自然的和谐共生。公德对于整个社会大环境的美化及私德对于个人心灵的塑造为人们实现美好生活提供了可能，使人们能够自觉认识到生态危机的严重性，自觉承担起生态责任，自觉维护生态正义。社会主要矛盾的转换也为人们对于社会的认识把握了方向，社会的发展不能够再以牺牲环境为代价，不能够再以损害后代人的利益为代价，美好生活的建设需要我们共同去创造，美好生活的成果也由我们共享。坚持公德与私德相辅相成、内外兼修的生态治理方式，改善人与自然的紧张关系，还自然以青山绿水，实现人与自然和谐共生。

总之，公德与私德的相互促进，对于推动人与自然生命共同体的构建、实现人民群众对于美好生活的向往这一需求起到了重要作用。人们的行为是会受到价值观念的影响的，而且价值观念是人们行为方式产生的主要依据，因此，处理人与自然的关系，实现美好生活，首要的任务就是尽快完善公德的成长与私德的规范这样一对关系。而这样的一对关系也正符合习近平新时代生态文明建设思想，也符合习近平总书记关于人与自然生命共同体理念的构建。王雨辰教授在谈到习近平生态文明思想的三个维度（社会政治、经济、哲学文化）时指出：哲学文化维度处于基础性和决定性的地位，不仅决定了习近平生态文明思想的经济维度和社会政治维度，而且也使习近平生态文明思想与西方"深绿"和"浅绿"思潮的生态文明理论区别开来，彰显其理论的独特性和现实意义。[②]

从公德与私德的伦理学视角来解读人与自然的关系绝不仅仅只是站在

---

① 王博：《庄子哲学》，北京大学出版社 2004 年版，第 84 页。

② 王雨辰：《习近平生态文明思想的三个维度及其当代价值》，《马克思主义与现实》2019 年第 2 期。

文化或者生态价值观的角度来探讨二者的关系，同样包含了对于社会制度和生产方式的分析，包含了对生态治理、生态正义及生态责任等问题的思考。公德与私德在处理人与自然的关系方面能够作为价值观，也能够作为道德规范，能够体现伦理准则，也能够产生方法论，我们需要正确处理人与自然的关系上需要用到的具体的指导方式。从公德与私德的伦理学视角对于人与自然关系的再解读既希望能够使人们对于生态文明建设的关注焦点再次回归到人与自然的关系上来，同时也是期望能够通过公德与私德的伦理学视角进一步地解读人与自然是一种什么样的关系以及如何发展这种关系。人与自然的关系归根结底是通过人的能动性作用来实现的，其最终要回归到人本身上来，因此，从公德与私德的伦理学视角入手或许能够真正帮助人们在处理人与自然关系的问题上应该如何去做。

2019年我国生态文明（建设）思想研究综述

刘　英*

近年来，国内学术界对中国生态文明（建设）思想的研究取得了诸多进展，成绩斐然。仅2019年在中国知网中以“生态文明”为主题词进行检索的结果就有3164篇，其中许多是报纸文章、研究生学位论文（包括硕士论文）。在所发表的3164篇论文中，有180篇是研究生学位论文，455篇是报纸文章。而如果严格限定在“生态文明（建设）思想研究”这一主题内容，2019年发表的论文为84篇。本文拟从“习近平生态文明思想研究”“绿色发展理念与生态伦理研究”“生态文明体制改革与环境治理经验研究”“资本逻辑批判与社会主义生态文明”四个方面，对过去一年该领域的研究成果进行梳理和回顾，揭示研究现状与发展态势，以便更好地推进后续相关研究。

一　习近平生态文明思想研究

中国学术界对习近平生态文明思想研究主要集中在发展历程梳理、哲学理论意涵概括、与传统文化关系分析、制度体系与重大战略举措归纳等方面的议题上。2019年国内学界对习近平生态文明思想的研究，出现了从对其动态发展过程本身的叙述和讲话文本内容的诠释，到系统而深入的专题性理论问题研究的趋势，其内容主要包括如下几个方面。

（一）对习近平“生命共同体”重要论述的研究

中共中央党校孙要良教授和东北林业大学刘经纬、郝佳婧分别探讨了习近平人与自然生命共同体理念的生态哲学意蕴和生态文明意蕴。孙要良教授指出，习近平人与自然生命共同体理念具有深厚的生态哲学意蕴，包

* 刘英：合肥师范学院马克思主义学院副教授。

括自然共同体、生活共同体、经济共同体和文明共同体四重内涵[①]。刘经纬、郝佳婧提出，习近平“人类命运共同体”理论蕴含深刻而丰富的生态文明意蕴，为生态文明确立发展的阶段性目标、价值性目标和根本性目标[②]。东北大学朱春艳、齐承水从历史唯物主义的向度探讨习近平生态共同体理念，指出其是习近平生态文明思想的核心理念，是建立在历史唯物主义基础上对人与自然关系的创新理解[③]。中国人民大学张云飞教授从本体论角度探讨，认为“生命共同体”是习近平新时代中国特色社会主义思想的原创性概念，奠定了社会主义生态文明的哲学本体论基础[④]。中山大学的阮玉春则从马克思的自然观视阈中探析生命共同体思想，他指出，习近平提出构建人类生命共同体，倡导建立人与自然和谐共生的现代化，其思想根源于马克思的自然观，体现了对马克思主义理论的薪传[⑤]。北京大学郇庆治教授和江苏大学的付清松、李丽都探讨了生态文明和人类命运共同体的关系。前者突出强调，深刻内嵌于当代中国社会国内背景与话语语境的中国生态文明及其建设，不仅有着十分丰富的理论革新与实践变革意涵，而且对于人类命运共同体理念及其战略的贯彻落实具有重要的示范引领、交流对话和公共平台搭建意义[⑥]。后者强调，生态文明和人类命运共同体在今天的“新文明”时代相遇，两者都打破了现代性的二元对立和简单同一性法则，把对立统一、和合共生作为共同的逻辑起点，这一起点进一步促成了两者在整体思维、共同体意识和责任意识等方面的思想共性。逻辑上的同源性和思想上的亲缘性为两者的交互式建构提供了可能[⑦]。

---

① 孙要良：《唯物史观视野下习近平人与自然生命共同体理念解读》，《当代世界与社会主义》2019 年第 4 期。

② 刘经纬等：《习近平“人类命运共同体”理论的生态文明意蕴》，《继续教育研究》2019 年第 3 期。

③ 朱春艳等：《论习近平生命共同体理念的历史唯物主义向度》，《广西社会科学》2019 年第 7 期。

④ 张云飞：《“生命共同体”：社会主义生态文明的本体论奠基》，《马克思主义与现实》2019 年第 2 期。

⑤ 阮玉春：《马克思自然观视域中生命共同体思想探析》，《海南大学学报》（人文社会科学版）2019 年第 2 期。

⑥ 郇庆治：《生态文明建设与人类命运共同体构建》，《中央社会主义学院学报》2019 年第 4 期。

⑦ 付清松等：《生态文明和人类命运共同体的时代相遇与交互式建构》，《探索》2019 年第 4 期。

（二）对习近平生态文明思想理论特质的研究

中南财经政法大学王雨辰教授对习近平生态文明思想的理论特质进行了深入探讨。他认为，与西方“深绿”和“浅绿”生态思潮相比，由于理论基础和价值归宿不同，习近平生态文明思想具有“环境正义”的价值追求、环境民生论的价值归宿和价值目的、合理解决生态文明建设与经济发展之间矛盾的生态生产力观，以及德法兼备的社会主义生态治理观等理论特质①。苏州大学方世南教授则认为习近平生态文明思想彰显出意蕴深邃的以人民为中心、为人民谋福祉、为世界谋大同的人文情怀。习近平生态文明思想闪烁着生态政治智慧，它的生态智慧突出地表现为将生态问题看作关系党的使命宗旨的重大政治问题和关系民生的重大社会问题，是一种从生态政治高度认识生态问题的生态政治智慧；将建设生态文明当作各级领导干部肩负的重大政治责任，是一种从生态政治高度治理生态问题的生态政治智慧；积极参与全球环境治理，将国内生态政治与国际生态政治结合起来，是一种从生态政治高度积极参与全球生态治理的生态政治智慧②。北京大学郇庆治教授强调，习近平生态文明思想中包含着非常丰富的传统文化元素，传统文化元素润饰与丰富了习近平生态文明及其建设阐述的话语语境或言说风格，但很难说构成一个独立的思想体系维度③。广西师范大学卢俞成老师从伦理基础、伦理诉求、伦理原则和伦理实现四个方面剖析了习近平生态文明思想的伦理意蕴④。华中师范大学王建国、包安探析了习近平生态文明思想的人民性意蕴，指出人民立场是贯穿于习近平生态文明思想的根本价值遵循⑤。

（三）对习近平生态文明思想蕴含的理论问题研究

苏州大学方世南教授对习近平生态文明思想的永续发展观、生态安全观、生态扶贫观、生态文明制度建设观展开了深入而系统的研究。他指

---

① 王雨辰：《论习近平生态文明思想的理论特质及其当代价值》，《福建师范大学学报》（哲学社会科学版）2019年第6期。

② 方世南：《习近平生态文明思想的人文情怀》，《东吴学术》2019年第4期；《习近平生态文明思想的生态政治智慧》，《北华大学学报》（社会科学版）2019年第1期。

③ 郇庆治：《习近平生态文明思想中的传统文化元素》，《福建师范大学学报》（哲学社会科学版）2019年第6期。

④ 卢俞成：《习近平生态文明思想的四大伦理意蕴》，《太原理工大学学报》（社会科学版）2019年第5期。

⑤ 王建国、包安：《习近平生态文明思想的人民性意蕴探析》，《中国矿业大学学报》（社会科学版）2019年第6期。

出，习近平生态文明思想中的永续发展观是新时代发展观的重大理论创新成果，是对马克思主义社会发展理论的继承和发展[①]。在此基础上，他提出了永续发展实现路径的战略构想，即在坚持以人民为中心的发展思想切实维护生态权益和生态公正确保人类世世代代幸福安康中实现永续发展；在贯彻新发展理念促进经济增长与环境优美同步行进中实现永续发展；在将生态文明制度建设融入中国特色社会主义制度体系之中促进永续发展；在推动包括生态治理体系、生态治理能力现代化在内的国家治理体系和治理能力现代化中达到生态文明高质量发展中实现永续发展；在构建人类命运共同体促进全球生态合作共治中实现永续发展[②]。习近平生态安全观是运用马克思主义生态安全理论对严峻生态危机予以理性反思的认识成果，具有丰富的价值意蕴和多元价值诉求，也是习近平总体国家安全观中的一个极其重要的组成部分[③]。习近平生态文明思想中的生态扶贫观本质上是一种以人民为中心的绿色发展观，它既是习近平生态文明思想中的一个重大观点，也是指导坚决打赢脱贫攻坚战的一个重要方略[④]。习近平生态文明制度建设观是关于生态文明制度建设的本质、价值功能，以及与中国特色社会主义制度体系的关系等方面的基本观点，它是习近平生态文明思想的重要内容和有机组成部分[⑤]。中南财经政法大学王雨辰教授着重阐发习近平生态文明思想的生态文化观。他指出，习近平的生态文化观是继承和发展以往生态哲学文化的结果，其核心是提出了“和”的文化价值观。这种“和”的文化价值观体现在他的以“生命共同体”为基础的生态本体论、生态方法论、生态价值论和生态治理论中[⑥]。山西财经大学郭永园教授则认为，现代国家生态治理观是习近平生态文明思想的重要内容，主旨是通过生态环境监管、经济政策、法治体系、能力保障和社会行动体系的现代化建设，构建起系统性和完整性的国家生态环境治理体系，进

① 方世南：《习近平生态文明思想的永续发展观研究》，《马克思主义与现实》2019 年第 2 期。

② 方世南等：《习近平生态文明思想的永续发展实现路径研究》，《苏州大学学报》（哲学社会科学版）2019 年第 3 期。

③ 方世南：《习近平生态文明思想的生态安全观研究》，《河南师范大学学报》（哲学社会科学版）2019 年第 4 期。

④ 方世南：《习近平生态文明思想中的生态扶贫观研究》，《学术论坛》2019 年第 10 期。

⑤ 方世南：《习近平生态文明制度建设观研究》，《唯实》2019 年第 3 期。

⑥ 王雨辰：《论习近平的生态文化观及其当代价值》，《南海学刊》2019 年第 2 期。

而提升党的战略顶层设计能力、政府制度创设和实施能力、市场绿色创新和绿色生产能力以及社会的参与决策能力[①]。这些理论问题的研究无疑是对“习近平生态文明思想”做出的更加体系化与合乎逻辑的概括阐释。

二 绿色发展理念与生态伦理研究

绿色发展理念是习近平生态文明思想的重要组成部分，贯穿于整个生态文明建设实践。国内学者围绕习近平绿色发展理念的结构体系与核心、绿色发展与生态文明建设、生态伦理与生态文明建设这几个问题展开研究。

（一）习近平绿色发展理念的结构体系与核心研究

中国学术界对习近平绿色发展理念的总体研究，主要集中在这一思想的理论渊源、主要观点、基本逻辑和基本特征及实践路径等方面的议题上。云南师范大学龙丽波探析了习近平绿色发展理念的渊源，指出马克思主义生态思想中“人与自然的辩证统一”“人与自然的和解”“自然、社会和人协调发展”是习近平绿色发展理念的理论基础；中国传统文化中蕴含的“天人合一”“仁者爱物”“生生不息”思想是习近平绿色发展理念的文化根基；当前中国传统发展方式难以为继，经济新常态要求社会发展方式转向绿色化，绿色发展成为国际大趋势是习近平绿色发展理念形成的迫切现实需求[②]。长沙理工大学刘保国详细阐述了习近平绿色发展观的主要内容，即绿色发展观创新了马克思主义，顺应了时代主流，彰显了发展主题，坚持了习近平保护自然的一贯主张，坚持了人民主体地位，贯穿着制度建设主线，抓住了当今世界现代化的主脉，坚守着美丽中国主旨，其实施有赖于政府主导[③]。沈阳师范大学周军、刘冲从理论逻辑、历史逻辑、现实逻辑三个方面，论述了绿色发展理念的基本逻辑[④]。南京林业大学曹

---

① 郭永园：《习近平生态文明思想中的现代国家生态治理观》，《湖湘论坛》2019 年第 4 期。

② 龙丽波：《习近平绿色发展理念渊源探析》，《中南林业科技大学学报》（社会科学版）2019 年第 1 期。

③ 刘保国：《习近平绿色发展观九论》，《西华大学学报》（哲学社会科学版）2019 年第 1 期。

④ 周军等：《新时代中国共产党绿色发展理念的基本逻辑及实践价值》，《理论探讨》2019 年第 5 期。

顺仙和周以杰[1]、中国矿业大学陈勇[2]、华中师范大学龙静云和吴涛[3]分别从生态哲学、伦理学角度诠释了习近平绿色发展理念，彰显了绿色发展理念的人本特质。天津理工大学王培培从宏观层面提出了多元主体共治的绿色发展理念践行路径，即政府、企业与公众等多元主体共同参与、协同治理[4]。华中师范大学段新、戴胜利从微观层面考察了地方政府落实绿色发展理念的途径。他们指出，为使地方政府真正将绿色发展理念贯彻落实到实处，需要采取多重措施，如对地方政府官员进行相关培训和增加对地方政府官员观察落实绿色发展理念的考核压力；采取多种手段，如对地方民众进行宣传教育提高其对绿色发展理念的相关认识，以畅通政府路径、社会路径与企业路径，减轻政府贯彻落实绿色发展理念的意愿在扩散过程中遇到的阻力，着力打造政府、企业和社会的协同落实绿色发展理念的格局[5]。

（二）绿色发展与生态文明建设研究

关于绿色发展与生态文明建设的关系研究，中国学术界在绿色发展理念对生态文明建设的价值引领作用、推动绿色发展方式和生活方式以促进生态文明建设等方面已达成共识。其中魏胜强、邵娜娜和张红霞的论文值得关注。魏胜强在《论绿色发展理念对生态文明建设的价值引导——以公众参与制度为例的剖析》一文中，选择生态文明建设中的公众参与制度作为切入点来探讨绿色发展理念的价值引导作用。他把公众参与制度置于绿色发展理念视域下进行审视和把握，更加清晰地看到这些法律制度的不足，理性地分析其存在的问题，进而有效地予以解决，彰显绿色发展理念对生态文明建设的价值引导作用[6]。邵娜娜和张红霞在《以包容性绿色发展推动构建人类命运共同体》一文中，提出以兼顾空间维度的包容性和时

---

① 曹顺仙等：《习近平绿色发展思想的生态哲学诠释》，《南京林业大学学报》（人文社会科学版）2019 年第 3 期。

② 陈勇：《新时代绿色发展理念的伦理价值及其实现路径》，《伦理学研究》2019 年第 5 期。

③ 龙静云等：《绿色发展的人本特质与绿色伦理之创生》，《湖北大学学报》（哲学社会科学版）2019 年第 2 期。

④ 王培培等：《绿色发展理念的内在逻辑及其践行路径》，《思想理论教育导刊》2019 年第 5 期。

⑤ 段新等：《地方政府绿色发展理念落实效果的影响因素提取及模型建构》，《广西社会科学》2019 年第 11 期。

⑥ 魏胜强：《论绿色发展理念对生态文明建设的价值引导——以公众参与制度为例的剖析》，《西北政法大学学报》2019 年第 2 期。

间维度的绿色化即包容性绿色发展，推动构建人类命运共同体的经济互济、政治协商、文化互融、安全互惠和生态共建。①

（三）生态伦理与生态文明建设研究

关于生态伦理与生态文明建设的关系研究，国内学者从四个方面展开，即从生态伦理视角看我国的生态文明建设，中国生态文明理论的伦理意蕴，西方生态伦理对我国生态文明建设的启示及意义，生态伦理与生态文明的契合。河北经贸大学杨蕾从生态伦理角度阐述了生态文明建设的时代性、哲学性、伦理性，正确看待人类的活动对大自然的影响，正确处理人与自然的关系②。海南师范大学董前程探析了中国特色社会主义生态文明理论的伦理意蕴，即追求生态平等和谐的伦理价值目标；坚持生态理性发展的伦理实践手段；做出以生态良知为核心的生态责任的伦理道德选择；需要以生态自由为核心的生态公正作为伦理保障③。东南大学陈爱华教授提出，“绿色发展方式和生活方式”是对已有绿色发展理念的创新，其中蕴含了丰富的生态伦理辩证法：体现了一种全新的生态伦理发展观，是发展方式与生活方式的辩证统一；体现了生态伦理本体观的变革，是人与自然之间伦理关系的辩证统一；体现了新的生态伦理时空观，是时间（纵向）与空间（横向）发展的辩证统一；体现了生态伦理认识论的变革，是革故鼎新的辩证统一和知与行的辩证统一；体现了生态伦理方法论的变革，是多重生态治理机制的辩证统一；体现了生态伦理价值观的变革，是“金山银山”与“绿水青山”之间生态伦理价值关系的辩证统一④。对外经贸大学的王波通过对西方生态主义伦理理论、基本观点、历史背景、发展历程的辨析，提出西方生态伦理理论在西方社会实践的经验和教训对中国的生态文明建设和可持续发展具有借鉴意义⑤。淮阴工学院的仇桂且指出，儒家传统生态伦理思想为生态文明建设提供了理论基础，生态文明是

① 邵娜娜等：《以包容性绿色发展推动构建人类命运共同体》，《广西社会科学》2019年第12期。

② 杨蕾：《从生态伦理视角看当期我国生态文明建设》，《河北农机》2019年第11期。

③ 董前程：《中国特色社会主义生态文明理论的伦理意蕴》，《南京师大学报》（社会科学版）2019年第6期。

④ 陈爱华：《论绿色发展方式和生活方式理念蕴含的生态伦理辩证法》，《思想理论教育》2019年第2期。

⑤ 王波等：《西方生态伦理理论：辨析及启示》，《教学与研究》2019年第9期。

儒家传统生态伦理思想与现代化接轨的催化剂[①]。

三 生态文明体制改革与环境治理经验研究

对中国生态文明理论的阐释，离不开对当前生态文明体制改革实践的总结和对环境治理经验的提炼，国内学术界围绕生态文明体制改革、生态文明制度建设、环境治理经验等方面展开研究。

（一）生态文明体制改革研究

国内学术界对生态文明体制改革的研究主要从中国生态文明体制改革的演进历程、成就、出现的问题及未来取向等几个方面展开。四川省社会科学院的陈映全面回顾了中国生态文明体制改革的演进历程，即生态文明体制改革起步和探索时期（1978—1999 年）、生态文明体制改革发展和深化时期（2000—2011 年）、生态文明体制改革走向成熟的时期（2012 年至今）[②]。天津财经大学潘晓滨、宋奇总结了我国生态文明体制改革四十年来的成就与经验[③]。贵州民族大学邢溦从政治社会学视角探析中国生态文明体制改革中存在生态文明制度建设不尽完善，生态文明建设的组织体系不健全等问题[④]。中国农业大学张明皓分析了生态文明体制改革的未来走向。他提出，新时代生态文明体制改革应进行三重逻辑的变革，即在外围逻辑中促进生态与社会子系统的深度耦合，在中层逻辑中实现生态文明制度间的衔接整合，在深层逻辑中定位满足人民优美生态环境需要的价值内核，与之相对应，生态文明体制改革的推进路径表现为生态与社会子系统的关系改革、生态文明制度结构的综合改革，以及生态文明体制目标的民生化改革[⑤]。

（二）生态文明制度建设研究

国内学术界普遍认为，坚持和完善生态文明制度体系是党中央在总结历史、立足现实和面向未来的基础上形成的重大战略部署，在推进国家治

---

① 仇桂且：《儒家传统生态伦理思想与生态文明：耦合逻辑与策略选择》，《黑龙江生态工程职业学院学报》2019 年第 3 期。

② 陈映：《中国生态文明体制改革历程回顾与未来取向》，《经济体制改革》2019 年第 6 期。

③ 潘晓滨等：《我国生态文明体制改革四十年来的成就与经验》，《求知》2019 年第 1 期。

④ 邢溦：《从政治社会学视角探析我国生态文明体制改革的问题》，《人文与科技》（第二辑）2019 年 2 月。

⑤ 张明皓：《新时代生态文明体制改革的逻辑理路与推进路径》，《社会主义研究》2019 年第 3 期。

理体系和治理能力现代化中具有重要意义。国内学者从宏观层面和微观层面对中国生态文明制度建设展开系统研究。在宏观层面，北京师范大学李娟回顾了中国生态文明制度建设40年，她认为中国生态文明制度建设分别经历了初步建构环境保护制度体系框架的起步阶段、可持续发展战略“三个结合”的发展阶段、“两型”社会中多元治理体制的深化阶段及生态文明体制改革顶层设计的成熟阶段①。深圳大学陈硕阐述了中国生态文明制度体系的理论内涵、思想原则与实现路径②。在微观层面，中央江苏省委党校的陈娟、盛华根以江苏为例，提出优化体制机制以推进生态文明建设③；烟台大学司芳在其硕士论文中提到要完善生态补偿制度④；武汉大学黄成、吴传清提出完善主体功能区制度以促进西部地区生态文明建设⑤；河海大学田鸣指出，（湖）长制是推进水生态文明建设的重要抓手⑥；中国政法大学李小东强调检察机关在生态文明司法保障中发挥重要的作用⑦；中国社会科学院的林潇潇认为，实现生态环境损害治理制度化是推动中国生态文明建设的重要举措⑧；东北师范大学孙雪、刘晓莉论述了草原生态补偿法律制度是草原生态补偿的法制保障，是国家治理现代化在生态环境保护领域中的具体体现⑨。

国内学者认为，中国在环境治理经验方面，有其自身的特点，体现了“中国智慧”，为全球生态治理提供“中国方案”。中国人民大学张云飞教授充分肯定了“中国之治”的五大特征，即政治性、人民性、整体性，创新性和系统性五大特征。山西财经大学郭永园教授认为，生态法治建设是西方国家生态问题“善治”实现的核心，与社会生产力的发展水平高度相

---

① 李娟：《中国生态文明制度建设40年的回顾与思考》，《中国高校社会科学》2019年第2期。

② 陈硕：《生态文明制度体系：理论内涵、思想原则与实现路径》，《新疆师范大学学报》（哲学社会科学版）2019年第6期。

③ 陈娟等：《优化体制机制推进生态文明建设》，《群众》2019年第9期。

④ 司芳：《我国生态补偿制度的完善研究》，硕士学位论文，烟台大学，2019年。

⑤ 黄成等：《主体功能区制度与西部地区生态文明建设研究》，《中国软科学》2019年第11期。

⑥ 田鸣：《河（湖）长制推进水生态文明建设的战略路径研究》，《中国环境管理》2019年第6期。

⑦ 李小东：《论检察机关对生态文明的司法保障》，《广东社会科学》2019年第6期。

⑧ 林潇潇：《论生态环境损害治理的法律制度选择》，《当代法家》2019年第3期。

⑨ 孙雪等：《我国草原生态补偿法制建设的时代意义》，《贵州民族研究》2019年第11期。

关，在体系模式选取、治理范围界定、社会资本动员和理论实践互动等方面成效卓著。在生态法治建设方面，我们可以参照借鉴西方国家的经验，在此基础上构建中国特色的社会主义生态法治体系，为美丽中国的建成提供坚实的制度保障①。北京大学郇庆治教授从三个方面分析了中国政府应对全球气候变化的政策举措：高度重视应对气候变化国家战略的制定与实施、大力推动节能减排与碳减排工作的协同推进、积极推进应对全球气候变化的国家能力建设②。黑龙江大学王雪梅倡导柔性合作治理模式，它是一种强调第三部门的“本体论承诺”，加强企业管理伦理建设，构建以第三部门为主导的生态文明建设模式③。福建师范大学蔡华杰教授通过学术调研指出，政府主导能更好地保障环境正义④。广东财经大学颜运秋提出要建立企业环境责任与政府环境责任协同机制，这有利于加强两者之间的双向互动关系，促进中国特色社会主义生态文明建设⑤。

四　资本逻辑批判与社会主义生态文明研究

中国的生态文明建设是社会主义生态文明建设，彰显的是社会主义的属性。以此为前提，探讨生态环境问题产生的根源，离不开对资本主义制度性因素尤其是资本逻辑的生态批判。

（一）资本逻辑批判研究

国内学术界详细论述了马克思主义、生态学马克思主义、有机马克思主义、西方绿色思潮对资本逻辑的批判，揭示了资本逻辑与资本主义生态危机之间的内在联系。其一，关于马克思主义对资本逻辑批判的研究。铁道警察学院的赵志强、杨建飞指出，资本逻辑是资本追求价值无限增殖的逻辑，资本的逐利本性是资本逻辑最为深刻的体现。马克思通过对资本本性、资本主义生产逻辑和消费逻辑进行激烈的生态批判，深刻揭示了资本逻辑与资本主义生态危机之间的内在关系，这对加快推进中国特色社会主

---

① 郭永园等：《参照与超越：生态法治建设的国外经验与中国构建》，《环境保护》2019年第1期。

② 郇庆治：《中国应对全球气候变化政策》，《绿色中国》2019年第8期。

③ 王雪梅：《新时代生态文明建设柔性合作治理模式探讨》，《领导科学》2019年第18期。

④ 蔡华杰：《政府主导，能更好保障环境正义》，《中国生态文明》2019年第6期。

⑤ 颜运秋：《企业环境责任与政府环境责任协同机制研究》，《首都师范大学学报》（社会科学版）2019年第5期。

义生态文明建设具有重要镜鉴的作用①。其二，关于生态学马克思主义对资本逻辑批判的研究。学术界通过分析资本主义制度和生产方式的特点、资本逻辑和技术的资本主义使用等方面，系统论述了生态学马克思主义对资本主义制度的生态批判，揭示了资本逻辑与生态危机的内在联系。中南财经政法大学王雨辰教授系统梳理了中国学术界对生态学马克思主义研究的历程和主要理论问题，在此基础上探讨其理论效应②。其三，关于有机马克思主义对资本逻辑批判的研究。上海交通大学张涛、高福进指出，与传统绿色思潮诉诸伦理规制、思维方式和资本主义制度的批判进路不同，有机马克思主义在批判资本逻辑的基础上，从人类中心主义、个人主义和经济主义三重维度深刻揭示了资本主义现代性价值体系的反生态本质，为生态危机根源批判提供了一种新的理论阐释。但是，囿于怀特海过程哲学性质特点的影响和局限，有机马克思主义暴露出了“价值立场游弋”和“过于强调精神文化价值”的缺陷，使其颠倒了资本逻辑与现代性二者的关系及其在生态危机产生过程中的地位与作用③。其四，关于西方绿色思潮对资本逻辑的批判。北京邮电大学李全喜对西方的绿色资本主义思潮进行了批判性分析。他指出，绿色资本主义思潮是西方学者提出的一种应对生态环境问题方案。该方案提出后，引起了学界的关注和反思，出现了对绿色资本主义思潮的批判性研究成果。当前学界对绿色资本主义思潮的批判性研究，主要集中于对绿色资本主义思潮缘起背景、本质内涵、假设前提、发展困境、未来超越等方面。他认为绿色资本主义从根本上既无法解决全球生态环境问题，也挽救不了资本主义未来命运④。

（二）中国生态文明话语体系研究

东华理工大学华启和教授阐述了中国生态文明建设话语体系的历史演进，从谋求生存时代的“跟着讲”到谋求发展时代的“接着讲”再到谋求现代化的“领着讲”，逐步形成了具有中国特色的社会主义生态文明建设

---

① 赵志强等：《生态视域下的马克思资本逻辑批判与当代中国镜鉴》，《当代经济研究》2019年第4期。

② 王雨辰：《论我国学术界对生态学马克思主义研究的历程及其效应》，《江汉论坛》2019年第10期。

③ 张涛等：《从资本逻辑到现代性：有机马克思主义对生态危机根源的批判进路研究》，《海南大学学报》（人文社会科学版）2019年第1期。

④ 李全喜：《绿色资本主义思潮的批判性研究：一个文献综述》，《思想教育研究》2019年第8期。

话语体系[①]。中国人民大学张云飞教授认为习近平生态文明建设话语体系是人类生态文明建设话语体系的最新成果[②]。中南财经政法大学王雨辰教授探析了构建中国生态文明理论话语体系的价值立场和基本原则。他指出构建中国生态文明理论话语必须坚持历史唯物主义研究范式，秉承“环境正义”的价值取向，维护中国的发展权和环境权，既作为一种发展观指导中国的生态文明发展道路，又作为一种境界论以促进全球生态治理[③]。南京森林警察学院的丁卫华论述了生态文明国际话语权的建构，他提出生态文明国际话语权的建构应突破传统“传播向度”的单一路径依赖，转向“实践向度”与“传播向度”的辩证统一。生态文明国际话语权的构建，应努力推动生态文明建设向纵深发展，夯实国际话语权的实力基础；坚持以习近平生态文明思想为核心话语资源，打造生态文明国际话语体系；增强中国生态文明话语的国际阐释力和吸引力，促进生态文明国际话语认同；丰富生态文明话语的国际传播方式并拓展其传播路径，提升中国生态文明国际话语的影响力[④]。山东大学李昕蕾则指出，习近平生态文明思想的国际传播是应对全球生态环境治理格局中中国话语缺失的迫切需要，更是我们把握中国国际话语权建构战略机遇期的必然选择。基于人民主体的灵活多样的民间外交可以作为官方外交的有益补充，以一种“润物细无声”的亲民方式推进生态文明话语的国际扩散并提升国外民众的广泛接纳度[⑤]。

（三）社会主义生态文明研究

国内学术界对社会主义生态文明的研究，主要围绕其理论体系的逻辑生成、理论渊源、理论本质、传统根基等理论问题，多视角（政治学视角、伦理学视角）、多维度（时间维度、空间维度）地展开。其中，中南财经政法大学王雨辰教授对生态文明理论和建设实践中的“环境正义”问题的探讨，北京大学郇庆治教授对“社会主义生态文明”本质的探究，哈尔滨工业大学解保军教授对生态文明建设的目的和归宿的探析具有代表

---

① 华启和等：《中国生态文明建设话语体系的历史演进》，《河南社会科学》2019 年第 6 期。

② 张云飞：《习近平生态文明思想话语体系初探》，《探索》2019 年第 4 期。

③ 王雨辰：《构建中国生态文明理论话语体系的价值立场与基本原则》，《求是学刊》2019 年第 5 期。

④ 丁卫华：《中国生态文明的国际话语权建构》，《江苏社会科学》2019 年第 5 期。

⑤ 李昕蕾：《习近平生态文明思想的国际化意蕴与民间外交传播路径》，《福建师范大学学报》（哲学社会科学版）2019 年第 6 期。

性。王雨辰教授认为，西方“深绿”和“浅绿”的生态文明理论由于撇开社会制度和生产方式探讨生态危机的根源与解决途径，其理论缺乏环境正义的维度，其价值归宿或者是为了维护中产阶级的既得利益，或者是为了维护资本的利益。习近平生态文明思想把生态制度建设看成是协调人们之间生态利益矛盾的关键，包含了环境正义的价值追求。对此，习近平在论及国内生态治理问题的时候，反复强调建立公正公平的生态制度的重要性和必要性，提出应当建立生态补偿制度，使环境权利受损人得到必要的补偿；在论及全球环境治理问题时，反复强调应当树立“人类命运共同体”理念，根据造成环境问题的历史责任和现实发展程度，发达国家和发展中国家应当遵循“共同但有差别”的原则，通过实现环境正义，把全球环境治理、发展中国家消除贫困和实现全球共同发展有机结合起来①。郇庆治教授提出，“社会主义生态文明”话语与政治，相较于各种形态的“生态中心主义”或“生态资本主义”，更能够代表当代中国生态文明及其建设的本质或目标追求，而欧美“绿色左翼”学界所倡导与推动的“社会生态转型”理论以及其他各种激进转型理论，未必能够最终导致当代资本主义社会的“大转型”甚或“社会主义转向”，但确实给当代中国的社会主义生态文明及其建设提供了方法论（话语）与政治层面上的某些启迪②。解保军教授指出，环境就是民生的理念是习近平生态文明思想的重要内容，它表达了我国生态文明建设的目的和归宿。多年快速发展积累的生态环境问题已经十分突出，老百姓意见大、怨言多，生态环境破坏和污染不仅影响经济社会可持续发展，而且对人民群众健康的影响已经成为一个突出的民生问题。因此，生态文明建设和解决环境问题对于改善民生和增加人民群众幸福感具有极其重要的意义。只有把生态文明建设好，才能给人民创造良好的生产和生活环境，才能满足人民群众对美好生活的向往和需要③。

综上所述，2019 年国内学术界关于生态文明（建设）思想的相关研究取得了较为丰硕的成果，为进一步深入理解和研究新时代中国特色社会主

① 王雨辰：《习近平生态文明思想中的环境正义论与环境民生论及其价值》，《探索》2019 年第 4 期。

② 郇庆治：《作为一种转型政治的“社会主义生态文明”》，《马克思主义与现实》2019 年第 2 期。

③ 解保军：《“环境就是民生”：习近平生态文明思想的理论创新》，《南海学刊》2019 年第 1 期。

义生态文明理论与实践奠定了理论基础。然而，中国生态文明理论与实践不断与时俱进，本身处于发展完善中，使得当前学术界的研究总体上呈现出以下几个方面的特点。其一，从研究学科看，主要集中在哲学、政治学、社会学、环境学等规律性宏观性学科，多为单一学科，尚未形成多学科、跨学科和交叉学科的全方位研究氛围，缺少理论研究广度。其二，从研究内容看，研究内容多为浅层性观点介绍，观点阐述较多，对理论精髓提炼、基本特征概括等方面研究较少，缺少理论研究深度。其三，理论研究离不开实践。中国学术界对生态文明体制改革与环境治理经验的总结研究明显不够，分块零散研究较多，不够全面系统。因此，在合理汲取和科学借鉴现有研究成果基础上，使中国生态文明（建设）思想研究取得突破性进展的基本路径有三点。其一是生态文明及其建设理论研究的学科化或学理化，必须更多考虑与相关社会科学学科的内在渗透与融合，比如习近平生态文明思想的经济意蕴与政治经济学和生态经济学之间的关系，并在此基础上逐渐形成一个有着明确的学术规范的话语体系。其二是中国生态文明理论研究的深化与拓展，需要我们在哲学层面上做出更多的努力，比如基于当代自然科学（生态学）的最新进展和人类现代文明所面临的严峻挑战，对历史观、自然观、价值观等基础性议题的时代重构和阐释。其三是生态文明及其建设理论研究应该有更为强烈的问题意识，需要特别关注中国生态文明建设过程中取得突出成效实例的理论分析及其经验总结，需要更自觉地用社会主义生态文明建设实践的鲜活实例来不断丰富中国特色社会主义生态文明思想的理论意涵。

下编

生态治理理论与区域生态治理研究

生态文明建设区域模式的学理性阐释

郇庆治*

在笔者看来，党的十九大之后的生态文明及其建设研究，理应同时在理论深化与实践概括两个维度上有实质性进展或突破。前者突出表现在学界无论对于学术前沿性的习近平生态文明思想体系的阐发，还是更为基础性的生态文明及其建设基础范畴的辨析，都还需要做大量的环境人文社会科学理论与学科层面上的研究工作①；后者则集中表现在学界对于鲜活生动却又呈现为高度异质性或多样性的生态文明建设地方践行实践，既缺乏足够细致深入的实地考察了解，也很少能够提出富有理论洞察力和政策反思性的分析建议，因而整体上尚未真正形成一种生态文明话语理论与践行实践之间的建设性互动。基于此，笔者将结合2018年暑期应邀参与的三次生态文明建设区域典型案例考察，着重讨论一下如何规范化或提升对中国生态文明建设区域模式的学理性阐释。

一　生态文明建设的区域模式及其研究：方法论层面

笔者对这一议题的探讨，始于2015年和2016年连续两次对浙江安吉这一生态文明建设全国明星县的学术考察，即尝试分析她究竟在何种意义上构成了一个独立的生态文明建设区域模式。② 在理论层面上，笔者特别强调的是，任何现实性区域模式都必须是一个五位一体意义上的整体，也

---

* 郇庆治：北京大学马克思主义学院教授。

① 郇庆治：《改革开放四十年中国共产党绿色现代化话语的嬗变》，《云梦学刊》2019年第1期；《强化对习近平生态文明思想体系的研究》，《城市与环境研究》2018年第2期；《生态文明及其建设理论的十大基础范畴》，《中国特色社会主义研究》2018年第4期。

② 郇庆治：《生态文明建设的区域模式：以浙江安吉县为例》，《贵州省党校学报》2016年第4期。

就是必须同时呈现为生态文明的经济、社会、制度、文化与生态环境治理及其彼此间契合一致，单纯的良好生态环境质量本身（尤其是自然天成意义上）并不能界定为或等同于生态文明；在实践层面上，笔者所强调的是，安吉县的践行实践及其成果必须置于整个浙江乃至全国的从生态示范建设到大力推进生态文明建设的宏观背景和语境之下。其基本看法是，安吉县确实同时具备了包括自然生态禀赋、地理区位优势和经济转型大背景在内的机会结构条件，再加上当地政府及其领导下的基层民众的创造性努力，从而取得了至少如下四个方面的生态文明建设成效：雏形初具的生态经济、保持优良的生态环境、品质大大提升或优化的生态人居、得到初步挖掘与开发的生态文化。也正是在上述意义上，笔者认为，浙江安吉的实践探索构成了一个实实在在的区域性模式，尽管对这一模式的普适性与特殊性意蕴还需要做更明确具体的限定①。

从更一般意义上说，笔者认为，生态文明建设区域模式的学理性研究，首先需要对如下三个问题做出明确的方法论界定或阐释：行政辖区抑或地域为主、目标结果抑或重点突破侧重、绿色发展抑或生态现代化取向。第一个问题所关涉的是，我们对某一区域案例的考察是基于通常所指的行政区划还是更充分考虑生态系统的完整性及其要素，也就是辖区还是地域考量为主的问题②。应该说，二者之间的视角差异是明显的和重要的。一方面，现实中的行政分区虽然在许多情况下已经将自然生态系统的完整性及其要素考虑其中，但相反的例子也并不罕见——比如中国现行省市自治区层级中的河北省、甘肃省和内蒙古自治区，而且，至少在某种程度上说，相对于整个国家和地球的生态系统完整性，任何级别上的行政划分都难免是一种人为的切割或阻断——比如相对于中国的长江和黄河流域水生态系统而言。所以，我们经常听到的一句话就是，大自然并不知道（承认）行政边界。但另一方面，至少就现实可操作性来说，行政区划又是我

---

① 需要做订正性说明的是，笔者在该文中提到了“安吉模式”在某种程度上是欧美国家中生态现代化理念与战略一个中国版本或验证，尽管做了“某种程度”这一限定并在后文中给出了具体性的阐释，但仍会很容易解读为，安吉模式是一个“生态现代化”模式，而这与笔者后来所概括的两个区域性模式或进路分类中的“生态现代化”是明显意涵不同的（即安吉模式属于“绿色发展”而不是“生态现代化”类型）。

② 更准确的科学表述也许是类似“地域社会系统”（territorial social system）这样的概念，参见 Lidia Mierzejewska，“Sustainable development of a city：Systemic approach”，*Problems of Sustainable Development*，Vol. 12，No. 1，2017，pp. 71 – 78.

们思考人类社会的经济社会与文化现状及其变革的最自然或便利的工具，在探讨象征着人与自然关系、社会与自然关系文明水平的生态文明时也不例外。因此，我们的确应该非常慎重地讨论基于某一行政区划对象的生态文明建设及其典型意义，而且必须始终将这种基于行政区划的分析内置于其所属的更为宽阔的生态环境整体或背景，而对此思路的一个重要方法论矫正就是尽可能在更高行政层级上审视生态文明建设的区域或地域模式，从而使得狭义上的行政区域模式同时呈现为一种生态地域模式。正是在这一意义上，笔者曾提出①，“省域”很可能是中国生态文明建设区域模式研究的最佳行政层级（相对于地市、县区和乡镇而言）。

第二个问题所关涉的是，我们对某一区域案例的考察是侧重于作为一种综合性追求或动态性进程的目标结果还是它所采取的优势或重点突破的战略性选择，也就是目标结果还是战略重点的问题。这首先关系到的是我们对于生态文明建设“五位一体”目标与战略意涵的基础性理解。的确，党的十八大报告更多强调了“五位一体”的战略路径意义，即要求把生态文明建设融入其他“四大建设”的各方面和全过程，但无论是对生态文明目标状态还是生态文明建设实践的认知考核，都必须将其视为一个同时包括经济、社会、政治、文化与生态环境治理等不同层面的整体。然而，现实中普遍存在、也颇为合理的是，某一区域会基于自己在某个维度上的特点优势（或明显的短板不足）选择重点突破，从而开启推进生态文明建设的现实进程，比如尤其是优良生态环境质量的保护与保持。而需要明确的是，虽然生态文明建设战略重点意义上的差异化选择也可以称之为广义的模式（之分），但它毕竟不同于基于生态文明完整内涵的区域模式——比如一个地区的环境污染治理和生态系统保持经验，并不足以声称构成了一个独立的生态文明建设区域模式。对此，一个适当的方法是，我们当然可以讨论不同区域开启和推进生态文明建设时的不同重点或战略选择，但在具体分析和模式概括时必须充分估量这种重点或优势突破的立体性效果。比如，一个地区的环境污染治理和生态系统保持努力，是否以及在何种程度上引发了其经济、社会、制度与文化层面上的连锁性（内在一致性）回应，反之也是如此。

第三个问题所关涉的是，某一区域的生态文明建设实践总体上所采取

---

① 郇庆治：《志存高远、创建生态文明先行示范省》，《福建理论学习》2015年第6期。

的是一种“绿色发展”还是“生态现代化”的新经济社会发展（现代化）取向，也就是使“绿水青山”成为“金山银山”还是用“金山银山”置换“绿水青山”的问题。笔者在其他文中曾对此做了具体讨论并将其大致划分两个类型[①]：绿色发展模式和生态现代化模式。前者以江西省、贵州省这样的中西部省份（部分意义上的福建省等）为代表，其主要特点是拥有相对较为优厚的生态环境禀赋条件，因而生态文明建设实践中的矛盾主要方面是如何在确保区域生态环境整体质量不受影响的前提下更加明智地开发利用辖区内的自然生态资源，从而实现经济较快发展与生态环境质量的兼得共赢，也就是人们经常说的使绿水青山真正（转化）成为金山银山。后者以江苏省、广东省、山东省这样的东部沿海省份（也包括像以武汉、西安和成都—重庆等为中心的中西部都市圈区域）为代表，其主要特点是拥有相对较为强大的经济财政实力和经济社会现代化水平，因而生态文明建设实践中的矛盾主要方面是如何通过大规模的经济财政投入和工艺技术管理革新来实现区域经济结构及其能源技术体系的生态化重构，从而在实质性解决现代化过程中累积起来的城乡工业污染与生态破坏问题的同时，满足广大市民群众不断提高的美好生活与生态公共产品需要。相对于复杂多样的现实状况而言，这当然只是一种大致性的区分，而它的主要方法论意义在于，自然生态资源（禀赋）的全面可持续开发利用和传统现代化（发展）体系构架的生态化重构，是当代中国语境下生态文明建设的两大绿色进路选择。

在笔者看来，上述三个维度或层面构成了中国生态文明建设实践区域模式探讨中必需的方法论考量，即生态空间维度（兼顾行政区划与生态系统整体性）、管理哲学维度（同时考虑“五位一体”的目标与战略意涵）和绿色进路选择维度（绿色发展或是生态现代化取向），而前两者更多具有分析前提性意义，后者则更多决定着具体模式的理论意涵。无疑，这些维度或层面作为一个整体性分析框架[②]，尚有许多需要进一步明晰与廓清

---

① 郇庆治：《生态文明创建的绿色发展路径：以江西为例》，《鄱阳湖学刊》2017 年第 1 期；《生态文明创建的生态现代化路径》，《阅江学刊》2016 年第 6 期。

② 比如，在一个生态文明建设示范区专题性研究中，笔者所概括使用的三维分析框架构成是“空间维度”“管理哲学维度”和“社会主义政治维度”。参见郇庆治《三维视野下的生态文明示范区建设：评估与展望》，《中国地质大学学报》（社科版）2017 年第 3 期；《三维理论视野下的生态文明建设示范区研究》，《北京行政学院学报》2016 年第 1 期。

之处。但无论如何，它是笔者接下来进行的案例比较的方法论基础或框架。

二 个例比较：江西北部、云南普洱市和内蒙古库布其

（一）江西北部

首先应该指出的是，第一，本文所指的“江西北部”区域，即南昌市、景德镇市和九江市，并不是一个严格意义上的自然地理或行政区划概念（通常来说“赣北”还应包括上饶市），而是因为由中央网信办、光明网等单位组织的“感受改革巨变、思考中国奇迹——改革开放看江西网络主题活动”，恰好安排在了这里。而笔者所关注与思考的，不只是这些年来这一区域经济社会与文化领域中所发生的沧桑巨变，也包括它在绿色发展主题或战略进路下的区域性生态文明建设实践进展及其经验。

第二，严格说来，绿色发展主题或战略进路也不是这个区域作为一个整体或其中某一个城市的独特性考量，而更多是一个全省或省域意义上的生态文明建设战略进路选择。① 可以说，正是在不断深化改革开放的进程中，江西省委、省政府逐渐认识到，必须将大力推进绿色发展和生态文明建设作为全省经济社会发展战略的核心性方面。尤其是党的十八大以来，以成功入选生态文明先行示范（省）区建设名单（2014）和国家生态文明试验（省）区建设名单（2017）为契机，江西省的绿色发展战略或绿色发展引领的生态文明建设路径渐趋成型。② 这一战略的深层意涵是，对于像江西这样的生态环境资源（禀赋）优厚、而传统工业化模式嵌入程度相对较浅的省域来说，生态文明建设这一最初由生态环境保护与治理引发的同时关涉经济、政治、社会与文化各个层面变革的系统性工程，或者说一场异常复杂与深刻的整体性社会生态转型，就会较自然地转换成为一种对其自然生态资源（禀赋）及其经济性利用的新型感知和实践。相应地，这种重新认识省域内自然生态资源保护价值及其合理利用途径的过程，也就是

---

① 比如，南昌市、景德镇市和九江市都没有整体参加生态环境部自1999年开始的生态省市县建设，到2015年初，江西省只建成获批了5个国家级生态县（区）（靖安县、婺源县、湾里区、铜鼓县、浮梁县）和自2008年开始的生态文明建设示范区创建。

② 张和平主编：《筑梦美丽中国、打造“江西样板”：江西生态文明建设实践与探索》，中国环境出版社2018年版；储小东：《江西省生态文明先行示范区环境现状与生态文明建设趋势分析》，《环境与发展》2019年第4期；华启和：《打造美丽中国“江西样板”是习近平总书记“两山论”在江西的生动实践》，《鄱阳湖学刊》2018年第4期。

江西省主动推进生态文明建设或实施绿色发展转型的实践历程。当然，这是就其整体性或主导性特征而言的，在现实中广义的“绿色发展”还包括另一个侧面，即以资源节约环境友好的方式（包括绿色产品、技术与管理）实现对现存工商业经济体系的生态化重构。因为，现代经济包括传统产业体系至少在一定区域经济规模意义上是必不可少的，问题只在于尽量使得这些产业的产品、工艺和管理尽快符合生态化的原则要求，而这对于省域内的经济现代化程度相对较高区域来说更是如此。

笔者一行这次对江西北部区域的参观考察，清晰地印证了“绿色发展”主题或战略进路的两个侧面。[①] 一方面，景德镇市以御窑博物馆和陶溪川陶瓷文化创业园为核心的国家文旅创意园区、城市国家森林公园，九江市武宁县的“林改第一村”长水村，以及部分意义上的南昌市的滕王阁游轮赣江夜游项目等，所关涉的都不仅是对自然历史文化资源的地方性开发利用，还包括如何传承保护这些具有重大生态系统功能与历史文化价值的共同性财富遗产。这其中，景德镇市文旅创意园区的修复打造，同时有着发挥地方政府的总体规划保障作用、国有企业的社会责任担当作用、历史文化遗产的经济价值转化与创新作用、龙头产业与企业的城市发展引领作用等多方面的考量或潜能，而它所采取的一系列向境内外人士开放并特别吸引鼓励青年才俊的举措（因而城区内有着达数万人之众的“景漂”），更是显现了这一千年世界瓷都的博大胸襟与进取精神；而地处闻名世界的庐山西侧的武宁县，本来就有着十分优越的生态环境资源，比如高达74%的森林覆盖率和差不多全年保持一级的大气质量与一类水的地表水质量，而敢为天下先的林权改革和林下经济发展举措（比如全面实施“林长制”），则使得这一县区成为全国绿色发展和生态文明建设实践的先驱。需要强调的是，对于这些生态环境禀赋优越的地区来说，如何保持它们现有的生态环境质量当然很重要，但从绿色发展和生态文明建设的角度而言，更为重要的则是，在这些地区是否正在形成一种符合自然生态系统规律及其要求的社会经济生产与生活方式，而这显然不是短时间内可以做到的。总之，绿色的发展和生态文明建设绝不等于单纯地延续保护生态或取消人类经济活动，而是在一种新型的经济社会制度框架下实现人与自然的和谐

---

① 这里所使用的相关数据主要来自调研期间（8月28—31日）由江西省委网信办及景德镇市、九江市市委宣传部、九江石化公司和武宁县委宣传部等提供的背景材料。

共生。

另一方面，南昌市的江中集团（“江中药谷”）与江铃汽车、景德镇市的“航空小镇”和九江市的“九江石化”等所凸显的，不仅是中国现代企业尤其是大规模国企的不断提高的经济盈利能力和国际竞争力，还包括它们所共同体现出的绿色低碳循环化发展转向——“践行绿色低碳、建设智能工厂”的标语口号随处可见。像“江中药谷”这样的现代高科技中医药制造基地，不仅选择了山清水秀的湾里风景名胜区，因而对于厂区范围内的一草一木都十分珍视（其中建设用地只开发了15%），2014年被评为“中国最美工厂”，而且从产品的生产工艺到包装营销都贯穿着“天人合一”和“道法自然”的人与自然和谐理念；而即便像“九江石化”这样传统类型的化工企业，也已不仅拥有与世界同步的高科技研发和管理水平，而且每年花巨资投入生产环保工艺改造，以及厂区内及其周边的生态环境保护，努力做到在向国家和地方经济做出较大贡献的同时，与周围社区居民和生态环境的和谐共存，比如，企业生产过程中的污染物排放已经实现了社区与环境风险大大降低的国家规定水平（每年排入长江的处理后尾水只有数百万吨，绝大部分实现了体系内循环使用）；至于江铃汽车和“航空小镇”中的“江直投”（2012年成立）和昌飞公司（1969年成立），由于本身就是行业高科技的代表或前沿，因而都把“智能制造”和“绿色化”作为企业追求与管理的生命。这些实例所彰显的是，高科技绿色现代化企业不仅已经成为南昌、景德镇和九江等地的重要经济与财政支柱，而且在有力促动着江西各地的工业（经济）生态化转型升级。长期以来，江西各界都习惯的一个谦称就是“中西部落后地区”，但这个说法只有部分意义上的正确性，即传统工业产业体系不够完备及GDP创造的相对比重较低，而由于绿色发展理念或模式的出现正在重构未来世界的经济体系及其经济效益评价标准，绿色低碳循环水平或程度将会成为最为重要的衡量指标，因而更合理的说法是，现行工业产业体系的绿色化（智能化）发展——与境域内丰富自然资源的生态化经济开发利用一起——提供了像江西这样省域实现弯道超车或跨越发展的重大历史机遇和现实可能性。

因此，尽管作为江西省境内的经济现代化发达地区，南昌、景德镇和九江这一区域性案例有着自身的特殊性——2017年南昌市和九江市的GDP分列全省的第一位和第三位，但它的确有助于我们更好地理解江西省生态文明建设实践及其绿色发展主题或战略进路选择的多重意涵与现实复杂性，尤其是不能简单化贬低或拒斥新型工业发展与传统工业经济生态化重构的绿色发展和生态文明建设促进作用。

（二）云南普洱市

按照前文所指出的两大类型的大致性区分，不难理解，云南省及其所辖的普洱等地市属于第一种类型，即生态文明建设的绿色发展取向或模式。[①] 而笔者一行应《人民论坛》杂志社邀约对普洱市澜沧、西盟和孟连等县以绿色发展为引领、推进区域生态文明建设的参观考察，大大丰富与深化了对中国生态文明建设地方实践的绿色发展模式的理解。

普洱市地处云南西南部，辖 9 县 1 区，国土面积为 4.5 万平方公里，是云南省国土面积最大的州市，总人口 262.7 万，有着十分优厚的自然生态气候条件（比如森林覆盖率高达 68.7% 并拥有 16 个县级以上自然保护区）、生物（水电）资源禀赋（比如分布着全国 1/3 的生物物种和拥有 1500 万千瓦的水能蕴藏量）、民族文化多样性（比如少数民族占总人口的 61%）和区域地理方位（比如有着长达 486 公里的国境线和两个国家级一类口岸），并因而被列为全国唯一的“国家绿色经济试验示范区”。2017 年，全市实现地区生产总值 624.59 亿元，地方公共财政预算收入 53.22 亿（支出 271.78 亿），城乡居民人均可支配收入分别为 26853 元和 9484 元，三大产业比例分别为：25.59%、35.68% 和 38.73%。可以看出，一方面，普洱市有着令人羡慕的生态环境条件和居民生活环境质量，冬无严寒、夏无酷暑，连中心城区也有着每立方厘米空气高达 8000—10000 的负氧离子含量，高出世界卫生组织规定的“清新空气”标准 12 倍之多，被称为最适宜人类居住、最适宜动植物生长、最适宜人与自然和谐发展的地区，至于澜沧、西盟和孟连三县的县城（尤其是西盟新县城），就只能用“窗明几净、眉清目秀”来形容。但另一方面，必须承认，按照现代经济的衡量测算方式，普洱市的经济实力仍是相对有限的，年人均 23776 元——比如列江西省 11 个地级市第十位的景德镇市 2017 年的 GDP 总量也有 900 亿元，而澜沧县则是云南省 27 个深度贫困县之一，贫困人口分别占县总人口的 24.1% 和全市贫困人口的 1/3，因而面临着十分艰巨的脱贫攻坚任务。也正是在上述意义上，普洱市及云南省的生态文明建设确有自身的明显特殊性。

---

① 徐红斌：《普洱市建设国家绿色经济试验示范区探索与实践》，《普洱学院学报》2017 年第 1 期；董菊芬：《普洱市发展绿色经济问题探究》，《中共云南省委党校学报》2012 年 3 期。

云南省普洱市绿色发展的经验性做法，可以概括为如下三个方面[①]。

第一，将绿色发展理念与战略贯穿于区域经济社会发展的各个方面和全过程。这突出表现在普洱市将自然生态价值的实现或转换理念引入了区域经济生产价值的核算，比如经过中科院课题组测算，该市全年森林生态服务功能价值约为2110亿元，地区绿色生产总值（GEP）约为6700亿。这两组数据的更准确统计与核算是可以讨论的，但它所表明的是，传统意义上以工业制造为核心的GDP统计与核算体系正在得到突破，而这对于绿色经济发展和生态文明建设具有前提性。其中特别值得关注的有两点：一是水电开发，二是生态扶贫。对于前者，笔者参观考察了位于云南省澜沧江中下游河段“二库八级”水电开发方案中处在第五梯级的糯扎渡水电站。水库设计总容量为237.03亿立方米，电站装机容量5850兆瓦，年发电量239.12亿千瓦时。需特别指出的是，它从2004年1月开始施工准备，2014年6月全部9台机组投产发电，历时十年之久，是澜沧江流域单体投资额最大的水电工程和基建工程项目（除了最近正在建设过程中的高速公路工程），直接促进了澜沧县8个乡镇28个村庄的摆脱贫困与经济发展，同时，这座只有不足300名员工的水电站也是迄今为止普洱市境域内的最大工业生产企业，贡献着1/4以上的地区生产总值。同样重要的是，水电是作为一种绿色能源、水电开发是作为绿色经济的一部分来理解与统计的。对于后者，笔者参观了西盟县的三江并流牛养殖公司的班母村养殖小区和中蜂养殖项目，政府大力扶持这些企业产业发展的重要考量，除了充分开发利用当地丰富的草地资源（人均8.8亩）和蜜源植物资源，就是把农业结构优化调整与脱贫攻坚战略有机结合起来。因为，在这些产业的发展过程中，贫困农民可以通过“龙头企业+平台+合作社+贫困户”的模式，参与一种产业与经济脱贫的健康性链条之中。对此，来自省政府的挂职县委副书记（兼任县驻村扶贫工作队总队长），还就这样一种新农村产业发展链条模式的持久脱贫意义做了阐释（13个云岭牛养殖小区全部建成后可以让1.2万名贫困人口人均增收2850元）。

第二，利用十分丰富的地域生物（生态）多样性资源，大力发展特色农林畜牧产业（品）。这方面最突出的当然是以古茶林、生态有机茶和高

---

① 这里所使用的相关数据主要来自调研期间（9月12—15日）由普洱市绿色经济办公室及澜沧、西盟和孟连三县政府提供的背景材料。

品质大众茶为代表的普洱茶产业发展。作为茶树原产地中心地带和普洱茶的故乡，普洱市尤其是澜沧县，境内有野生茶树11.8万亩，有全球迄今发现最古老的树龄达1700多年的过渡型大茶树——邦崴千年古茶树，有全世界迄今发现种植年代最久远、连片面积最大、保存最完好的人工栽培型古茶林——景迈山千年万亩古茶林。笔者一行在雨中参观考察了位于惠民镇东南部的景迈山千年古茶林，以及正在建设中的景迈山茶文化遗产景区和附近的翁基古寨。概括地说，古老的茶树与茶产业赋予了普洱的茶种植、生产加工与销售浓郁的文化气息和品味，而文化意涵又大大提升了茶产业的经济价值。当然，同样基于丰富的生态生物多样性资源的其他农林畜牧产品（业）也在迅速兴起与成长，比如西盟的蜜蜂养殖加工业和牛养殖加工业、孟连的牛油果产业和蔗糖综合加工业等。

第三，利用极其丰富的地域生态文化资源，大力发展生态文化旅游业。这方面除了更多的地方特色性的像澜沧县的酒井老达保（拉祜族古村寨和国家非物质文化遗产传承保护基地）和翁基古寨（布朗族古村寨）、西盟县的博航村佤族古寨和勐梭龙潭风景区、孟连县的龙血树自然保护区等生态人文景观外，最具有代表性的是景迈山世界文化遗产的打造与申报。按照规划，普洱景迈山古茶林将是一个达177平方公里的文化遗产风景区，其中包括遗产区72平方公里、缓冲区105平方公里，申报要素为三片人地关系最显著、分布最集中、保存最好的古茶林约1.84万亩和9个传统村落。至少从笔者的实地观察来看，尽管也许更大范围内和更宽阔视野的筹划更有助于景迈山申遗的最后成功，但这的确反映了普洱市上下努力打造一个世界级旅游景区的决心（普洱市境内设有两个支线机场就是明证），从而带动全市生态文化旅游业乃至整个产业结构的升级转型。

可以说，上述三方面突出体现了云南省普洱市以绿色发展引领区域生态文明建设的取向或进路特点，比如更多考虑脱贫攻坚战政策目标的实现和更自觉开发利用境域内丰富的生态生物与民族文化资源。甚至在某种程度上说，包括普洱市在内的云南省各地更接近于一种文化建设引领的区域生态文明建设模式或进路。① 当然，这些县区的生态文明建设鲜活实践也

① 周琼编：《转型与创新：生态文明建设与区域模式研究》，科学出版社2019年版；《探索与争鸣：建设美丽中国的西南实践》，科学出版社2018年版；《云南省绿色发展新理念确立初探》，《昆明学院学报》2018年第2期；《建议加强云南生态屏障和安全保障》，《中国环境报》2017年9月18日。

提出或彰显了一系列需要进一步观察与思考的问题，比如绿色经济、生态脱贫与水电开发之间复杂的理论和实践关系（简单拒斥水电开发自然是无济于事的，但如何使之更好地服务于当地绿色经济发展却是值得深入探究的），生态社会与文化资源开发中所面临的相对于生态农林业、生态旅游业和生态商业的显而易见的困难（需要从源头上防止新形式的“文化搭台、经济唱戏”），驻地扶贫干部感人事迹所进一步凸显的如何发挥绿色企业家和生态文明建设大众主体的作用及其培育机制，等等。

（三）内蒙古库布其

通常所指的库布其是内蒙古自治区境内的库布其沙漠，它是中国第七大沙漠，位于河套平原黄河“几”字湾里的黄河南岸和鄂尔多斯高原脊线的北部，因而有时又被称为河套沙漠，也是距首都北京最近的沙漠。“库布其”是蒙古语，意思是弓上的弦，因为它处在黄河下游像一根挂在黄河上的弦。库布其沙漠的总面积约 1.39 万平方公里，长 400 公里，宽 50 公里，在行政地理上横跨内蒙古的杭锦旗、达拉特旗和准格尔旗等三旗。2015 年 7 月，中国（内蒙古）亿利资源集团因为在库布其沙漠 1/3 面积获得有效治理这一突出成就中的杰出贡献获得了联合国防治沙漠化公约组织所颁发的年度土地生命奖，随后，内蒙古库布其成为中国沙漠治理及沙漠生态经济发展和区域生态文明建设的全国性样板。笔者参加由中共中央党校组织的对库布其科技治沙与发展沙漠生态经济的实地考察后的主要印象是，以中国亿利资源集团及其创业者王文彪为主体，通过长期持续科学治沙（尤其是借助技术创新与发展生态经济产业）实现了库布其沙漠地区的生态环境得到有效治理与恢复，住区居民生态安全与生活环境得到大幅度改善，企业自身实力也得到不断发展壮大，因而是一个区域生态安全保障、企业生态创业与地方生态文明建设相互促进、相得益彰的范本。[①]

而从生态文明及其建设理论研究的视角来看，内蒙古库布其案例或模式同时提出了两个层面上的问题：一是如何利用生态文明建设的话语理论体系来对库布其模式做出学理性阐释，也就是回答为什么的问题。二是如何概括归纳库布其模式作为一个生态文明建设区域模式的主要内容，也就是回答是什么的问题。

---

① 韩庆祥等：《库布其治沙模式：习近平生态文明思想的生动体现》，《经济日报》2018 年 9 月 6 日；尹卫国：《库布其治沙模式为全球提供了典范》，《中国绿色时报》2016 年 1 月 28 日。

对于第一个层面上的问题，在笔者看来，它又可以细化为如下四个具体性问题。一是科学语言问题。生态文明话语理论主要是一种环境人文社会科学话语体系，但它却是深刻植根于或依赖于生态（环境）自然科学和生态环境工程技术（科学）的。尤其是像沙漠治理及其生态环境修复这样的高度专业性问题，是离不开严肃与严谨的生态（环境）科学态度、科学知识和科学方法的。对于库布其模式而言，需要从科学上讲清楚，从流沙固定到沙地绿化，从土壤肥力改善到农业种植，这一步步的生态环境品质意义上的巨大跃迁究竟是如何发生的，又是如何成为可能的。也就是说，必须明确的是，库布其沙漠的有效治理并不等于需要（能够）完全消除这一沙漠本身，而库布其的成功做法也是有其特定的自然生态环境条件的（比如相对丰富的地下水资源）。二是生态文明及其建设话语问题。正如前文已经论及的，“五位一体”意义上的整体性生态文明建设，并不能简化为其中的某一个方面比如生态环境治理。就库布其的例子来说，生态治沙本身并不能等同于生态文明建设，而是必须将其置于从国家生态安全保障到区域绿色经济与社会文化协调发展的宏大背景和综合性目标体系之下。也就是说，沙漠治理不仅改善了整个区域的自然生态环境，还带来了当地社区与居民的绿色经济发展和生活品质提升，所以才是实实在在的生态文明建设。三是习近平生态文明思想，尤其是“两山论”的理解与应用问题。习近平生态文明思想尤其是“两山论”对于包括库布其在内的区域生态文明建设的一般性指导意义，是毋庸赘言的——它的一个十分醒目的口号就是“亿利人把绿色中国梦写在大漠上”，而且，总书记本人也对库布其沙漠治理经验做过多次重要批示①。但具体来说，库布其沙漠治理与其他地区“两山论”践行的理论意蕴是颇为不同的，它首先要解决的是当地社区或企业的自然生存条件问题，也就是，需要在不违背大自然客观规律的前提下创造出（重新找回）属于自己的生活家园或“绿水青山”，而且，日后的任何经济社会活动也绝不能以生活家园或“绿水青山”的得而复失为代价。因而，库布其案例所尤其彰显的是“两山论”中“绿水青山”侧面的生态安全屏障（保障）重要性，以及人们在创造“绿水青山”过程中所体现出的主动精神、坚毅精神和奉献精神。四是全球生态文明建设话语

① 2019 年 7 月 27 日，习近平总书记向第七届库布其国际沙漠论坛致贺信再次强调：中国高度重视生态文明建设，荒漠化防治取得显著成效。库布其沙漠治理为国际社会治理环境生态、落实 2030 年议程提供了中国经验。

及其实践问题。荒漠化治理当然是全球生态环境治理和生态文明建设的重要组成部分，而库布其的沙漠治理经验也的确具有一定的国际推广与借鉴价值。但必须明确，无论是沙漠治理还是全球气候变化应对，都只是意涵更为宽泛的全球生态环境治理和生态文明建设的一个侧面或局部，而且都有着自己更为具体和专业化的话语政策体系，不宜过于笼统或抽象地称为生态文明建设。更为重要的是，库布其模式在全球和国际舞台上的经验分享意义要远大于方案输出价值，我们对此必须始终有足够清醒的认识。

对于第二个层面上的问题，笔者认为，库布其模式可以大致概括为如下五个具体性意涵[①]。

一是以生态科技治沙为起点或切入点的国家（区域）生态安全屏障建设。毫无疑问，库布其沙漠地区生态文明建设的所有努力的基础，是从根本上扭转这一区域长期以来的沙漠化趋势并逐渐改善当地居民的生态安全状况和生存条件。因而，对于该地区来说，生态文明建设的起点或着力点，并不是我们通常所见的工业污染治理和生态环境保护，而是如何创造（重新找回）曾经构成人类社会有机组成部分的自然生态环境。而且，这种努力从一开始就不只是满足本地需要，而是有着跨区域、国家西北边疆甚或全球性的生态安全屏障意义——比如改善远在800公里之外的首都北京的沙尘暴频发现象。如今，经过30多年的努力，库布其地区的生态环境已经实现明显改善：30多年来，沙漠沙地面积减少了29%，沙丘高度整体下降了50%，半固定、固定沙丘面积显著增加；年降雨量从1988年的不足100毫米增加到2016年的456毫米，植被覆盖率从1988年的3%—5%增加到2016年的53%，生物种类从1988年的不足10种增加到2016年的530种，出现了天鹅、野兔、胡杨等100多种绝迹多年的野生动植物，2013年和2014年还先后迎来了70—80只灰鹤与成群的红顶鹤。

二是以生态产业（经济）发展为主要抓手或进路的区域绿色发展模式。无论从沙漠治理的长期成效还是沙漠治理的直接目标来说，大力发展本地生态产业与生态经济从而实现沙漠地区居民的小康生活和脱贫致富，都是一种必需性的战略选择。过去的经验一再表明，不解决当地居民的生产生活问题，不解决当地社区的可持续经济发展渠道与手段问题，局部性

① 这里所使用的相关数据主要来自调研期间（8月10—12日）由中国亿利资源集团提供的背景材料《亿利库布其治沙成果汇报》。

绿化的植被和暂时性改善的生态环境都是难以为继的。如今，除了国家相关部门政策扶持下的生态化产业，比如太阳能生产与有机农业生产，更多的是基于地方自主性的林下养殖产业、中草药种植加工业和沙漠旅游产业等也都逐渐发展起来，并且初步形成了一个沙漠生态产业（经济）链或体系。这些生态化产业不仅可以在很大程度上解决沙漠地区居民的物质收入来源问题，也可以为当地社区的社会与文化可持续发展提供强有力的财力支撑。比如，亿利资源集团自身已经从当初经营困难的国营盐厂，发展成为“生态修复、生态农牧业、生态健康、生态旅游、生态光伏、生态工业”的“六位一体”的沙漠生态产业体系，其中沙漠生态旅游已经达到30万人次的接待水平，年销售收入1.4亿元。

三是由生态企业（家）引领驱动的区域生态环境治理体系。毋庸置疑，一个健康的区域生态环境治理体系应该是由政府、企业、地方社区、社会公益组织和群众个体形成的多主体整体或合力。而同样重要的是，这一整体或合力之中的领头羊或“先驱者”是至关重要的，而且，可以想见，在库布其这样的曾经一度严重沙漠化地区，能够出现或遇到这样一个领头羊或“先驱者”是多么的关键和重要！十分幸运的是，以本地企业家王文彪为领导核心的亿利资源集团，毅然决然地选择了成为库布其沙漠的命运改变者，也使自己最终成了充满传奇色彩的生态创业者——他们在最困难的时刻选择了坚持而不是放弃，并恰好赶上了党的十八大以来大力推进生态文明建设的新时代。依据2018年6月公布的由中国林业科学院等单位完成的《亿利库布其三十年治沙成果报告》，亿利资源集团在库布其坚守治沙30年，共投入产业治沙资金300多亿元、公益治沙资金30多亿元，规模化治理沙漠910万亩，带动库布其及周边群众10.2万人脱贫致富。而亿利资源集团履行其社会与环境责任的最主要方式，除了直接资助当地的中小学教育和其他公益事业，还构建了让广大农牧民参与生态治沙和沙漠生态产业发展的市场化机制（平台）。结果是，当地农牧民在因此具有多重身份（沙地业主、产业股东、旅游小老板、民工联队长、产业工人、生态工人、新式农牧民）并获得了丰厚收入的同时，成了库布其治沙和生态文明建设事业的最坚定支持者、最广泛参与者和最大受益者。

四是致力于蒙藏汉多元社会与文化共同体的构建及其和谐共荣。应该说，地处河套地区的库布其沙漠区域，同时有着十分丰富的蒙藏民族文化、黄河文化和草原文化，而且历史上曾经有过颇为优越的自然生态环境。因而，库布其沙漠治理的中长期目标，应当是这一地区的生态可持续社会协调和谐的经济社会发展与文化繁荣。也就是说，“五位一体”意义上的生态文明建设，理应是沙漠生态治理已经卓有成效的这一地区的更自觉取向与追求。相应地，这些多样化的生态环境条件和多元化的民族文化资源，将会是库布其地区生态文明建设实践中十分宝贵的资产财富和重要路径。笔者一行对如今已经焕然一新的蒙汉新社区居住点及其家庭设施的考察（比如独贵塔拉镇的杭锦淖尔村和道图嘎查村）充分表明了这方面所取得的进展——绝大部分家庭都已经做到“居者有其屋”（包括水电暖气等配套设施）和摆脱了物质生活贫困，而从新型社会与文化共同体构建的角度来说则还有很大的提升与进步空间，比如如何使蒙汉居民成为地方社区和民族文化繁荣的更自觉与更主动的参与者、创造者，特别是借助于发展地方特色农林业和沙漠生态旅游业，而不是简单将工程建设与产业经营委托给外地或境外的资本国际化公司。

五是国际荒漠化治理经验分享的中国平台或贡献。作为全球唯一一个得到有效治理的较大规模沙漠地区，库布其的成功做法或经验本身就值得高度关注与广泛推广。但更为重要的是，通过举办两年一度的国际沙漠论坛（2007 年）、建设“一带一路”沙漠绿色经济创新中心（2017 年）、创办国家或西北地区的“世界沙漠种质资源体验园”与“沙漠种质资源库”等举措，库布其正在将自身打造成为一个国际荒漠化治理经验分享的中国平台，从而表明当代中国在国际沙漠治理与全球生态文明建设中的重要参与者、引领者和贡献者角色。因而，以亿利资源集团为核心的库布其治沙技术、种质和产业意义上的推广输出，包括在中国的西北地区和境外的“一带一路”地区，无疑是十分重要的和前景广阔的，但更值得关注的是，它作为中国参与全球生态环境治理与生态文明建设代表性或前沿性领域的象征性和重要性。可以说，正是像库布其这样的鲜活“绿色故事”在大幅度提升中国绿色“一带一路”政策倡议乃至全球生态文明建设话语的国际影响力与传播效果。

可以说，内蒙古库布其是一个颇具代表性的生态环境修复和绿色发展战略进路下的生态文明建设区域模式，类似的例子还有河北的塞罕坝林场、山西的右玉县和甘肃的八步沙林场等，所面对的都是如何修复长期以来遭到严重破坏，甚至已经不再适宜人类生存的“穷山恶水”，因而必须首先创造出一片属于自己的“绿水青山”。也正因为如此，它们提出或彰显了对其生态文明建设区域模式的学理性阐释中的一些新问题：一方面，不能简单说要原封不动地保护或保持周边的生态环境（“原生态”），而是要通过持久性艰巨努力以便实现生态环境的“人化”（适宜人居），因而简单套用欧美生态中心主义的理念和话语是无济于事的。另一方面，无论是生态环境的人为修复过程中还是生态环境初步治理后的经济社会与文化建设，都必须严格遵循自然生态的内在规律和客观要求，因而必须是以自然生态和社会可持续性为前提的。

三　简要评论

应该说，上述个例分析的最主要结论就是证实或凸显了中国生态文明建设实践的现实复杂性与多样性①，因而，任何视角下所做出的区域模式概括及其普遍性声称都应是非常谨慎的。这既是由于笔者一直坚持的对于生态文明及其建设这一伞形（元）概念的“五位一体”意义上的整体性理解，也是由于全国各地十分多样化的经济社会发展状况和自然生态与文化环境条件。在此基础上，我们可以围绕本文开篇所提出的方法论阐释，做一些更具体性的比较分析。

从生态空间维度上说，生态系统完整性与适当行政区划层级的结合当然很重要，但却只能是一个原则性或理想性追求。相对于云南普洱市，内蒙古库布其和江西北部两个实例似乎有着更大的优越性，因为它们涵盖了更大的行政区划范围（分别包括了三个旗和三个地级市）并且有着更为明确的生态地理图景，前者是库布其沙漠及其地域生态环境，后者则是鄱阳湖流域及其水生态环境。也就是说，这两个整体性地域生态环境对于我们思考生态文明建设的区域模式显然是十分重要的。然而，我们却不难发现，内蒙古库布其作为一个地域的区域主体意识其实是较薄弱的，反而像亿利资源集团这样的大型本土企业扮演着一个区域黏合剂角色，而江西北部却并不存在一种区域整体性的协同战略或合作机制，并且像鄱阳湖高效生态经济区这样的国家战略似乎也未能发挥类似的作

---

① 王立和：《当前国内外生态文明建设区域实践模式比较及政府主要推动对策研究》，《理论月刊》2016 年第 1 期；郇庆治：《多样性视角下的中国生态文明之路》，《学术前沿》2013 年第 1 期；王倩：《生态文明建设的区域路径与模式研究：以汶川地震灾区为例》，《四川师范大学学报》（哲社版）2012 年第 4 期。

用。至于云南普洱市，部分由于自然生态地理上的异质性，即便像景迈山世界遗产景区打造这样的全市性战略举措，也只对临近的西盟和孟连两县产生了有限的影响（比如普洱市的第二个机场也是修建在了澜沧县境内）。

从“五位一体”目标与战略的双重意涵维度上说，一方面，这三个案例都体现了多重目标追求意义上的主动与自觉，以及正确战略与重点选择的重要性，比如内蒙古库布其借助亿利资源集团的企业（理性）行为实现了沙漠治理与区域生态环境改善、生态产业（经济）发展和社会文化事业发展的协同进步，而云南普洱市也在全方位发展绿色经济的同时大力提升城乡居住生活环境和振兴弘扬地方性民族传统文化。但另一方面，也许是由于发展的阶段性，对于经济目标层面和经济手段战略的资源与精力投入明显处于一种绝对主导性的地位，生态文明建设的绿色经济（产业）目标或战略化的现象在上述三个案例中的许多地方都不同程度地存在。其主要表现是，许多绿色产业或项目的开发运营中并未充分考虑不同类别自然生态与历史文化资源的价值商业化路径的特殊性，也相对较少考虑地方社区或居民集体在绿色产业（经济）发展中的主体作用发挥（无论是景德镇的陶瓷产业转型还是普洱市和库布其亿利资源的生态扶贫过程中都存在类似的现象）。因而，如何进一步强化生态文明建设的“五位一体”目标认知和明确生态环境建设、经济建设、社会建设、制度建设与文化建设举措的内在一致性①，仍是一个需要逐渐解决的问题。

从绿色进路选择维度上说，这三个案例清晰地展示了绿色发展模式的多样化样态与潜能。如果说江西北部所凸显的是绿色发展取向或模式与生态现代化取向或模式之间的多种可能性，那么，云南普洱市和内蒙古库布其所彰显的就是狭义的绿色发展取向或进路之下的多种可能性，对丰厚自然生态资源禀赋的生态化开发利用和对相对不利生态环境条件的生态化改造，都是对习近平生态文明思想尤其是“两山论”的科学认知与生动践行，更取决于广大人民群众的生态文明建设实践创造。从较长的时间维度看，更为关键的仍是，自然生态资源禀赋丰厚地区的生态化开发利用，比

---

① 王立和：《基于不同主体功能区的生态文明建设实践路径比较研究》，《生态经济》2015年第10期。

如云南普洱市和成功实现了生态环境条件生态化初步改造的地区——内蒙古库布其，如何逐渐超越传统意义上的工业化与城市化理念和模式，真正走上一条建设生态文明的绿色发展（现代化）之路。比如，我们必须要追问的是，像云南普洱市这样的地域，又是否有必要和可能最终演变成为长江三角洲那样的现代化都市，而像内蒙古库布其这样的地域，是否有必要和可能最终发展出一大批巨无霸式的工业生产集团。对此，我们既要有足够的耐心和坚毅，也要有一种清醒的历史自觉。

群众路线：新中国70年的绿色运动和绿色治理之路*

张云飞**

生态文明建设是造福千百万人的伟大事业，必须形成广泛的社会动员和强大的社会行动，迫切需要广大人民群众的积极参与和热情投入。在西方，尽管可以将环境运动和公众参与看作是多元生态环境治理的重要内容和方式，但是，“出于历史和理论的原因，生态运动从属于社会主义大潮”①。在中国，1949年以来，中国共产党人将党的群众路线创造性地运用在生态文明建设中，注重通过群众性的生态文明建设活动推动生态文明建设，不仅形成了中国特色的生态环境运动（绿色运动），而且形成了中国特色的生态环境治理（绿色治理）。这样，就为中国社会主义生态文明建设提供了广泛、强大、持久的群众基础和动力源泉。

一　群众路线在生态文明建设中的创新发展

在长期的革命、建设、改革实践中，我们党将马克思主义认识论和马克思主义群众观有机地结合起来，将之创造性地运用在实际工作中，形成了党的群众路线。这是我们事业获得成功的重要法宝。根据群众观点，发动群众、组织群众，开展群众工作和群众运动，是党的群众路线的题中之意。中华人民共和国成立以来，我们党将群众路线运用在生态文明建设中，开展了群众性的生态文明建设活动，实现了群众路线的创

---

* 本文为国家社会科学基金重大项目专项课题“习近平社会主义生态文明观研究”（18VSJ006）阶段性成果。

** 张云飞：中国人民大学马克思主义学院教授。

① ［法］塞尔日·莫斯科维奇：《还自然之魅——对生态运动的思考》，庄晨燕等译，生活·读书·新知三联书店2005年版，第78页。

新发展。[1]

早在新民主主义革命时期，毛泽东同志就看到了植树造林的科学价值，号召发动人民群众大搞植树运动。1934 年 1 月，他在中央苏区提出："应当发起植树运动，号召农村中每人植树十株。"[2] 1942 年 12 月，他在延安边区提出，要"发动群众种柳树、沙柳、柠条"，这样，不仅可以解决饲料和燃料问题，还可以防止水土流失。因此，政府要做好"调剂树种""劝令种植"的工作。[3] 毛泽东的这些指示，不仅继承和发展了中华民族种树护树爱树的优良传统，而且具有开启红色的绿色运动和绿色治理历史征程的意义和价值。显然，中国共产党人在消灭旧世界的过程中始终坚持建设一个新世界。可持续性是这个新世界的重要维度。

中华人民共和国成立之后，以毛泽东为代表的中国共产党人进一步将群众路线运用在生态环境建设和生态环境治理中。面对中华人民共和国成立初期的一穷二白的经济状况和穷山恶水的生态状况，1952 年，周恩来提出，要发动群众搞好水土保持工作。1957 年，毛泽东提出，要开展好群众性的爱国卫生运动。1957 年，朱德提出，要发动广大群众大规模地植树造林。此外，水利部门在 50 年代初期就提出，要开展群众性的水利建设工作以治理水患。水土保持、环境卫生、植树造林、水利建设是生态文明建设的基础性工程，有助于维护自然的可持续性，有助于夯实可持续基础，因此，上述群众运动都是具有生态文明建设意义的群众运动。在此基础上，1972 年，中国代表团在联合国人类环境会议上提出，中国环境保护工作的方针是："全面规划，合理布局，综合利用，化害为利，依靠群众，大家动手，保护环境，造福人民。"这里，"依靠群众"表明了中国环境保护的依靠力量，"大家动手"表明了中国环境保护的组织机制，"造福人民"表

---

① 习近平总书记的《在纪念毛泽东同志诞辰一百二十周年座谈会上的讲话》一文，科学而系统地阐明了群众观点、群众路线、群众运动、群众工作和群众作风的有机统一。在此基础上，他深刻指出："群众路线是我们党的生命线和根本工作路线，是我们党永葆青春活力和战斗力的重要传家宝。不论过去、现在和将来，我们都要坚持一切为了群众，一切依靠群众，从群众中来，到群众中去，把党的正确主张变为群众的自觉行动，把群众路线贯彻到治国理政全部活动之中。"（《十八大以来重要文献选编》上，中央文献出版社 2014 年版，第 697 页）显然，群众运动是群众路线的内在要求，是中国共产党人治国理政的重要途径和方法。

② 《毛泽东论林业》（新编本），中央文献出版社 2003 年版，第 15 页。

③ 《毛泽东论林业》（新编本），中央文献出版社 2003 年版，第 17 页。

明了中国环境保护的价值取向。这是党的群众路线在环境保护工作中的创造性、完整性的运用和发展。1973年，全国第一次环境保护会议正式确认了这一工作方针。1979年，《中华人民共和国环境保护法（试行）》写入了这一工作方针。同时，在1972年的联合国人类环境会议上，中国代表团严厉批评了美帝国主义在越南和印度支那使用化学武器的生态帝国主义行为，坚决支持深受污染之苦的西方资本主义国家人民反对环境公害的环境运动。[①] 即，我们将西方环境运动看作反对资本主义生态危机的同盟军。这样，按照党的群众路线形成的群众运动，就成为中华人民共和国生态环境建设和生态环境治理的重要特色。

1978年党的十一届三中全会之后，在恢复和发展党的群众路线的基础上，以邓小平为代表的中国共产党人发起了全民义务植树运动。1979年2月23日，五届全国人大常委会第六次会议确定3月12日为中国植树节。1980年3月5日，中共中央、国务院发出《关于大力开展植树造林的指示》，要求发动城乡广大人民群众和各行各业，扎扎实实地植树造林。1981年3月8日，《中共中央、国务院关于保护森林发展林业若干问题的决定》提出，绿化祖国，人人有责。全国广大干部、职工、学生和人民解放军指战员，除老弱病残者外，每年都要参加几天义务植树造林劳动。农村社队都应因地制宜地每年安排适当的劳动日，进行造林育林的工作。在城市，要发动进行群众种树、种草、种花等活动。各级领导干部，每个共产党员、共青团员，更要带头植树造林。[②] 1981年12月13日，全国人大五届四次会议审议通过了《关于开展全民义务植树运动的决议》。该决议发出了“人人动手，每年植树，愚公移山，坚持不懈”的号召。在1982年的植树节，国务院发布了《关于开展全民义务植树运动的实施办法》。这样，就实现了群众性植树造林运动的建制化，全民义务植树活动这一群众性运动开启了新时期中国特色的绿色运动的历史进程，并有效促进了世界变绿的过程。

1992年联合国里约环境与发展大会确立可持续发展为人类面向21世纪的战略之后，为了履行对国际社会的庄重承诺，从中国人口多、人均资源占有量少的实际出发，以江泽民为代表的中国共产党人将可持续发展确

① 王之佳编：《中国环境外交》，中国环境科学出版社1999年版，第107—111页。

② 《三中全会以来重要文献选编》下，人民出版社1982年版，第735页。

立为中国社会主义现代化建设的重大战略，并开始采用“公众参与”来表述群众性的生态环境保护运动。1994 年，《中国 21 世纪议程》提出，公众、团体和组织的参与方式和参与程度，将决定可持续发展目标的实现进程，因此，贯彻和落实可持续发展战略必须依靠公众及社会团体的支持和参与。团体及公众既需要参与有关环境与发展的决策过程，特别是参与那些可能影响到其生活和工作的社区决策，也需要参与对决策执行过程的监督。1996 年 8 月 3 日，《国务院关于环境保护若干问题的决定》提出：“建立公众参与机制，发挥社会团体的作用，鼓励公众参与环境保护工作，检举和揭发各种违反环境保护法律法规的行为。”① 2002 年，第五次全国环境保护会议提出，广大群众和各类媒体，不仅要监督环境问题，而且要监督环保部门的工作。这样，公众参与就成为市场经济条件下将群众路线贯彻和落实在可持续发展中的新的尝试和重要方式。

在全面建设小康社会的征程中，2002 年之后，以胡锦涛为代表的中国共产党人创造性地提出了实现科学发展、构建和谐社会的战略设想。科学发展包括可持续发展，和谐社会同样是一个人与自然和谐共处的社会。按照以人为本的原则，科学发展观明确提出：“人口资源环境工作，都是涉及人民群众切身利益的工作，一定要把最广大人民的根本利益作为出发点和落脚点。要着眼于充分调动人民群众的积极性、主动性和创造性，着眼于满足人民群众的需要和促进人的全面发展，着眼于提高人民群众的生活质量和健康素质，切实为人民群众创造良好的生产生活环境，为中华民族的长远发展创造良好的条件。”② 这样，就实现了群众路线和以人为本的有机统一，为将党的群众路线贯彻和落实在可持续发展中指明了科学方向。2006 年，《环境影响评价公众参与暂行办法》颁布。在此基础上，2007 年 10 月 15 日，党的十七大创造性地提出了生态文明的理念、原则和目标。“建设生态文明，实质上就是要建设以资源环境承载力为基础、以自然规律为准则、以可持续发展为目标的资源节约型、环境友好型社会。”③ 党的十七大报告提出，我们要紧紧依靠人民，调动一切因素，构建社会主义和谐社会。2011 年 10 月 17 日，《国务院关于加强环境保护重点工作的意见》提出，要引导和支持公众及社会组织开展环保活动。这样，在生态文明建

① 《十四大以来重要文献选编》下，人民出版社 1999 年版，第 1995 页。

② 《十六大以来重要文献选编》上，中央文献出版社 2005 年版，第 852—853 页。

③ 《十七大以来重要文献选编》上，中央文献出版社 2009 年版，第 109 页。

设中，我们就实现了公众参与和群众路线的有效对接。

在中国成为世界第二大经济体、开始全面建成小康社会的背景下，2012年11月8日，党的十八大将生态文明建设纳入了中国特色社会主义总体布局中，要求加快形成党委领导、政府负责、社会协同、公众参与、法治保障的社会管理体制。党的十八大以来，以习近平同志为核心的党中央十分重视群众路线在生态文明建设中的作用。他在连续几年参加首都义务植树活动时都强调，必须引导广大人民群众积极参与义务植树，坚持全国动员、全民动手植树造林，努力把建设美丽中国转化为人民自觉行动。2015年4月25日，《中共中央国务院关于加快推进生态文明建设的意见》提出，要鼓励公众积极参与生态文明建设。2015年9月，中共中央、国务院印发的《生态文明体制改革总体方案》提出，要完善生态文明领域的公众参与制度。2017年10月18日，党的十九大报告提出，要构建政府为主导、企业为主体、社会组织和公众共同参与的环境治理体系。2018年5月18日，习近平总书记在全国生态环境保护大会上提出："生态文明是人民群众共同参与共同建设共同享有的事业，要把建设美丽中国转化为全体人民自觉行动。"[①] 随后，《中共中央国务院关于全面加强生态环境保护坚决打好污染防治攻坚战的意见》（2018年6月16日）和《全国人民代表大会常务委员会关于全面加强生态环境保护依法推动打好污染防治攻坚战的决议》（2018年7月10日）都强调了这一点，要求打一场生态文明建设的人民战争。这样，我们就进一步明确了群众路线在新时代生态文明建设中的重要地位和重大作用。

总之，中华人民共和国成立以来，中国共产党人进一步丰富和发展了马克思主义群众观点和党的群众路线，十分重视群众动员和群众工作，实现了群众观点、群众路线、群众运动、群众工作的有机统一，并将之创造性地运用在生态文明建设中，作为中国社会主义生态文明建设的重要原则和重要路径，开辟了中国特色的生态环境运动和生态环境治理之路。

二　群众路线在生态文明建设中的丰富实践

中华人民共和国成立以来，在党的领导下，翻身做主的人民群众焕发

---

① 习近平：《推动我国生态文明建设迈上新台阶》，《求是》2019年第3期。

出了社会主义建设的勃勃生机，充分发挥当家做主的社会历史主体作用，创造性地开展了许多具有中国特色的群众性的生态文明建设活动。

（一）计划生育运动

在人口资源环境三者中，人口是影响可持续发展的关键变量。罗马俱乐部的《增长的极限》运用系统动力学的方法，已经揭示出人口增长造成的生态环境压力和社会经济压力。从20世纪50年代开始，毛泽东就在不同场合多次讲到计划生育，提出由试点、推广到普及，实行政府和群众两手抓，波浪式地推行计划生育。所谓的错误批判马寅初“新人口论”的问题，有其复杂的原因和过程，不能按照历史虚无主义的方式将之简单地归咎为某一个人。1971年7月，国务院批转《关于做好计划生育工作的报告》，把控制人口增长的指标首次纳入国家经济发展计划中。1978年改革开放以后，邓小平多次提出，要倡导和实行计划生育。1980年9月25日，中共中央发表了《关于控制我国人口增长问题致全体共产党员、共青团员的公开信》，号召每对夫妇只生育一个孩子，提倡晚婚、晚育、少生、优生，有计划地控制人口。1982年，党的十二大明确提出，实行计划生育是我国的一项基本国策。自此，十几亿人民群众积极响应党和政府的号召，投入人口控制运动当中。由于人民群众自觉执行计划生育政策，甚至做出了个人牺牲，从而有效控制了中国人口的过快增长和盲目增长。这样，就极大降低了中国的资源能源和生态环境压力，促进了可持续发展。当然，人口政策必须随着人口动态趋势的变化做出适当的调整。

（二）节约资源运动

中国是一个人口众多、人均资源占有量较低的国家，能否节约资源直接制约着可持续发展。中华人民共和国成立初期，针对贪污、浪费、官僚主义等严重问题，党中央发出了开展“三反”运动的指示。毛泽东认为，贪污和浪费是最大的犯罪。因此，“三反”运动要“一样的发动广大群众包括民主党派及社会各界人士去进行”[①]。1952年1月4日，中共中央发出《关于立即限期发动群众开展“三反”斗争的指示》，要求各单位限期发动群众开展斗争。在此基础上，1957年6月3日，《国务院关于进一步开展增产节约运动的指示》提出，在经济建设中要依靠人民群众节约自然资

① 《毛泽东文集》第6卷，人民出版社1999年版，第191页。

源。1978 年之后，我国将节约资源作为了一项基本国策，明确地将建设资源节约型社会作为生态文明建设的重要内容和目标。党的十八大以后，针对存在的严重的形式主义、官僚主义、享乐主义、奢靡之风等“四风”问题，我们开展了党的群众路线教育实践活动，出台了八项规定。在这个过程中，广大干部和职工，积极投身建设节约型机关和节约型企业的活动中，推动了资源节约型社会的建设。广大人民群众进一步弘扬中华民族勤俭节约的传统美德，开展了“26 度空调节能倡导行动”“光盘行动”等一系列节约资源的活动。这样，不仅扭转了社会风气，而且节约了资源能源。

（三）环境卫生运动

围绕着保障人民群众身体健康的主题，中华人民共和国成立以来，中国开展了轰轰烈烈的爱国卫生运动。1952 年，美帝国主义发动细菌战，向朝鲜半岛北部和我国东北、华北地区撒布大量带病菌和病毒的老鼠、苍蝇、蚊子等害虫害兽，严重威胁人民群众身体健康和生命安全，充分暴露了其“生态帝国主义”的本性和本质。因此，毛泽东号召开展消灭“四害”（蚊子、苍蝇、老鼠和麻雀，后来用臭虫、蟑螂代替麻雀）的群众运动。1953 年，我们总结反对美帝国主义细菌战的胜利经验，提出“卫生工作与群众运动相结合”的方针，决定把以消灭“四害”为中心的爱国卫生运动纳入社会主义建设中。毛泽东指出：“除四害是一个大的清洁卫生运动，是一个破除迷信的运动……如果动员全体人民来搞，搞出一点成绩来，我看人们的心理状态是会变的，我们中华民族的精神就会为之一振。”[①] 经过努力，我们在消灭“四害”方面取得了阶段性胜利。在这个问题上，我们不能脱离当时的国际环境和历史条件对消灭“四害”运动做出否定性评价。同时，毛泽东发出了“一定要消灭血吸虫病”的号召。1951 年 3 月，他派血防人员到江西省余江县调查，首次确认其为血吸虫病流行县。1953 年 4 月，他又派医生驻该县开展重点实验研究。9 月 27 日，根据沈钧儒先生的调研报告，他提出了防治血吸虫病的任务，交付时任政务院秘书长的习仲勋负责处理。1956 年，毛泽东发出了“全党动员，全民动员，消灭血吸虫病”的号召。这年，他指示有关部门两次派专家考察组到该县考察血防工作。正是在毛泽东的亲自关注下，余江县人民掀起了一场

---

① 《毛泽东著作专题摘编》下，中央文献出版社 2003 年版，第 1657 页。

消灭血吸虫病的群众运动，于1958年全面消灭血吸虫病。为此，毛泽东特作七律《送瘟神》二首，用“六亿神州尽舜尧”的壮美诗句歌颂了人民群众的伟大创造作用。在这个过程中，毛泽东十分重视中国医药学的作用，积极倡导中西医结合。正是按照这一精神，在这期间，以屠呦呦为代表的中国科研人员从青蒿素中提炼出了治疗疟疾的医药，获得了2015年诺贝尔生理学和医学奖。继承上述光荣传统，1978年之后，中国将爱国卫生运动引入了正规和常规。2002年，正是在党的正确领导下，坚持走群众路线，我们才夺取了防治非典工作的胜利。这样，爱国卫生运动，有效净化了环境，切实保证了人民群众的身体健康，维护了中国的生态安全，增强了中国的可持续发展能力。

（四）环境保护运动

面对由于经验不足出现的环境污染问题，人民群众自发地发起了许多环境保护运动。其中，太原钢铁公司退休职工李双良就是这方面的典范。从1974年建厂开始，太钢逐渐形成一座体积达1000万立方米的渣场，不仅浪费了资源，而且对太原市的环境造成了污染，严重影响了工厂企业的正常生产和周围群众的正常生活。限于时间和资金，这一问题令工厂企业和专家学者束手无策。1983年退休后，李双良发扬工人阶级的主人翁精神，主动请缨，不要国家任何投入，带领渣场职工投身整治渣山的工作中。经过十多年的艰苦奋斗，他们累计回收废钢铁130.9万吨，促进了资源的循环利用；他们还自创设备，生产各种废渣延伸产品，创造经济价值3.3亿元。例如，他们建成了年生产30万吨高质量的钢渣水泥厂。在此基础上，他们在渣山四周建起了长2500米，底宽20米高13米的防尘护坡墙。在防护墙内，他们种树7万多株，建成了绿树成荫、环境优美、景色宜人的花园。在此基础上，形成了李双良精神。其中，相信群众、依靠群众，全心全意依靠工人阶级办企业的主人翁思想和精神，是李双良精神的基本内涵之一。1988年，李双良被联合国环境规划署列入《保护及改善环境卓越成果全球500佳名录》，获得“全球500佳”金质奖章。此外，按照环境保护的基本国策，许多群众积极行动，开展检举和反对环境污染的活动，开展环境治理活动，开展垃圾分类回收活动，有效地推动了中国的环境保护事业。其中，浙江省湖州市安吉县余村的老百姓创造的治理矿山污染和水泥厂污染的绿色转型经验，就是这方面的典范。根据这一群众绿色运动经验，习近平总书记提出了“绿水青山就是金山银山”的科学理念。

（五）水土保持运动

水土流失是影响人民群众生活和生产的严重问题。中华人民共和国成立以后，我们组织开展了大规模的群众性水土保持运动。1952 年 12 月 26 日，周恩来提出："水土保持是群众性、长期性和综合性的工作，必须结合生产的实际需要，发动群众组织起来长期进行，才能收到预期的功效。"[①] 1955 年 11 月，根据山西省离山县和阳高县水土保持工作的经验，毛泽东提出，要用心寻找当地群众中的先进经验，做好水土保持规划工作。1959 年，国务院水土保持委员会提出，要在依靠群众、将水土保持和发展生产相结合的基础上，搞好水土保持工作。在上述精神的指导下，群众性的水土保持运动轰轰烈烈地开展了起来，涌现出了许多先进事例。例如，福建省长汀县是中国南方红壤区水土流失最为严重的县份之一。从 1949 年 12 月成立"福建省长汀县河田水土保持试验区"开始到 1983 年，长汀县初步开展了水土流失治理。但是，问题依然严重。根据 1985 年遥感普查资料，全县水土流失面积达 146. 2 万亩，占全县面积近 1/3。1999 年和 2001 年，时任福建省省长的习近平同志先后两次专程到长汀县视察和指导水土流失治理工作。2011 年底和 2012 年初，习近平总书记连续两次对长汀县水土流失治理工作作出重要批示。截止到 2012 年底，该县累计治理水土流失面积 128. 19 万亩，治理度高达 87. 7%。其中，彻底治理面积达 101. 08 万亩，水土流失面积下降到 45. 12 万亩，治理成功率高达 69%。在这个过程中，长汀县人民群众发扬革命老区精神，让往日的不毛之地变成了今天的绿水青山。因此，坚持走水土流失治理的群众路线，调动群众治理水土流失的积极性和创造性，是"长汀经验"的重要内涵和宝贵财富之一。通过群众性的水土保持运动，改善了生态环境，维护了我国的生态安全，提升了我国可持续发展的能力。

（六）植树造林运动

中华人民共和国成立以后，为了绿化祖国，在党的号召和领导下，人民群众开展了声势浩大的植树造林运动。1953 年 9 月 30 日，政务院《关于发动群众开展造林育林护林工作的指示》提出，"只有群众性的林业建设事业被发动起来并不断地持续下去，才能从根本上改变我国森林面积过

① 《周恩来论林业》，中央文献出版社 1999 年版，第 43 页。

小的情况，从而逐渐减免天灾、增加农业生产、增加山区群众收入、增加木材资源，以配合国家有计划的经济建设”①。中华人民共和国成立70年来，不仅涌现出了靳月英、八步沙林场“六老汉”等植树造林的劳动模范人物，而且涌现出了右玉、塞罕坝、库布其等植树造林的英雄群体。例如，中华人民共和国成立前，山西省右玉县的森林面积不足0.3%，风沙肆虐，民不聊生。中华人民共和国成立后，在县委和县政府的领导下，右玉人民群众经过70年的艰苦奋斗，坚持战天斗地，坚持义务植树造林，已经将森林覆盖率提高到了54%，让穷山恶水变成了绿水青山。据不完全统计，70年来，全县农民群众义务投工投劳达2亿多个工日。习近平同志5次谈到了右玉精神。2012年9月28日，他做出批示：“右玉精神体现的是全心全意为人民服务，是迎难而上、艰苦奋斗，是久久为功、利在长远。”电视连续剧《右玉和她的县委书记们》已经将这一可歌可泣的英雄事迹生动地展现在世人面前。从全国来看，1978年以来，响应党和国家的号召，人民群众积极地投身植树造林运动中。截至2018年，全国适龄公民累计155亿人次参加植树运动，义务植树达705亿株（含折算株数）。尤其是，“三北”防护林建设创造了人间生态奇迹，极大地推动了全球变绿的过程。

（七）水利建设运动

在解放战争进行当中，我们党就发动人民群众在华东解放区开展了群众性的治淮工程。中华人民共和国成立后，面对洪水肆虐和干旱严重并存的问题，毛泽东把水利建设当作事关全体人民切身利益的大事，要求依靠群众、动员群众、组织群众搞好水利建设。1950年6—7月，淮河流域发生严重水灾，受灾面积4000余万亩，受灾人口1300余万，死亡人口489人。8月底，根据毛泽东指示，全国治淮会议在北京举行。会后，政务院发布《关于治理淮河的决定》。11月，治淮委员会成立。随后，沿淮流域数十万民工相继开赴治淮工地。1951年5月，毛泽东发出“一定要把淮河修好”的号召。人民群众用最简陋的工具，完全靠人工，到60年代初，共建成了10座大型水库、一大批中型水库和几百座小型水库，先后开建了4个蓄洪工程，开辟了18个行洪区。到70年代末，虽然发生过多次大水，但却再未酿成重大水患。1952年和1963年，毛泽东分别发出“一定要根治海河”和“要把黄河的事情办好”的号召。1958年，毛泽东等同志与

---

① 《周恩来论林业》，中央文献出版社1999年版，第55页。

人民群众一道参加了北京十三陵水库建设义务劳动。1949之前，中国只有大中型水库23座。1949年至1976年，全国共建成85000多座各型水库。在治理干旱方面，河南省林县“红旗渠”堪称典范。处于河南、山西、河北三省交界处的林县，一直严重干旱缺水。在几经努力但效果不理想的情况下，1959年，该县决定穿凿太行山把浊漳河的水引进来。该工程于1960年开始动工，到1969年全部竣工，共削平1250座山头，开凿悬崖绝壁50余处，斩断山崖264座，凿通隧洞211个，跨越沟涧274条，架设152座渡槽，动用土石方2229万立方米。全渠由总干渠及3条干渠、数百条支渠组成。总干渠长70.6公里，引水量20立方米/秒。支渠配套工程建砌石渠道595米，总长约1500公里。建成后灌溉面积扩大了60万亩。参与该工程的群众达7万多人，先后有81位干部和群众光荣地献出了自己宝贵的生命，年龄最大者63岁，年龄最小者只有17岁。在这个过程中，毛泽东等同志反复强调，水利建设过程要兼顾灌溉、防洪、水土保持等多项功能，必须遵循自然规律，切不可盲目行动。1978年之后，中国的水利建设主要以专业建设项目的方式加以推进，建成了一批水利工程。1978年至2017年，全国水库由75669座增加至98795座，水库总库容9963亿立方米，新增库容6393亿立方米。全国堤防总长由13.0万公里增加至30.6万公里，可绕地球7圈多。这样，极大地增强了防洪抗旱能力，提升了中国的可持续发展水平。2019年9月18日，习近平总书记提出，必须加强黄河流域生态保护，让黄河成为造福人民的幸福河。

（八）防灾减灾运动

中国灾害种类多，分布地域广，发生频率高，灾害损失重，是世界上灾害最为严重的国家之一。中华人民共和国成立以后，在党的领导下，人民群众开展了多种多样的防灾减灾运动。例如，在抗击水灾方面，1998年抗洪运动就是典范。1998年入汛后，由于气候异常，发生了长江和嫩江、松花江的全流域洪灾。为了战胜这场特大自然灾害，人民解放军和武警部队共投入36万多兵力，地方党委和政府组织调动了800多万干部群众，参与抢险。加上各种保障人员，直接参与者总数达上亿人，其他以不同方式关心、支持抗洪抢险的人员更是不计其数。在这个过程中，涌现出了一大批英雄模范。由于众志成城，最终取得了这次抗洪斗争的伟大胜利。在抗击地震灾害方面，2008年的汶川抗震救灾运动是典范。2008年5月12日，听闻四川省汶川县发生特大地震后，来自河北省唐山市的13位农民群众自觉自愿地组织起来，日夜兼程，千里迢迢，奔赴灾区，与人民解放军、当地干部群众和其他志愿者投入抗震救灾当中，救出了埋在废墟下的25名生还者，挖出60多具遇难者遗体。为了解决灾区孩子们面临的暂时失学问题，他们组织246名灾区学生，到唐山市玉田县银河中学上学。这些学生在唐山市学习和生活了一年后，回到了重建后的四川家乡。这13位农民群众有一些是1976年唐山地震的幸存者及其后代。这些行动不仅科学诠释和忠实践行了中华民族感恩图报的传统美德和“一方有难，八方支援”的时代精神，而且有助于灾区的恢复重建，有助于增强我国的可持续发展能力。因此，习近平总书记指出：“要坚持群众观点和群众路线，拓展人民群众参与公共安全治理的有效途径。”① 在这个意义上，群众性的防灾减灾运动也是中国特色的绿色运动。

总之，中华人民共和国成立70年来，围绕着优化影响可持续发展的基本自然物质变量的议题，围绕着提升我国可持续发展的基本能力，广大人民群众积极响应党和政府的号召，以“为有牺牲多壮志，敢教日月换新天”的大无畏气概，开展了丰富多彩、声势浩大的群众性的绿色运动和绿色治理，促使中国“换了人间”，形成了“喜看稻菽千重浪，遍地英雄下夕烟”的壮美景象。这是党的群众路线在新中国的创造性实践，丰富和拓展了党的群众路线，成为推动中国社会主义生态文明建设的强大群众基础和社会动力。

三　群众路线在生态文明建设中的宝贵经验

将党的群众路线贯彻和落实在生态文明建设的过程中，就是要在人民群众中形成广泛的社会动员，群策群力，群防群治，众志成城，打一场生态文明建设的人民战争，将生态文明建设领域的伟大斗争进行到底。在这个过程中，我们形成了中国特色绿色运动和中国特色绿色治理的宝贵经验。

（一）为了人民群众加强生态文明建设

尽管存在着穷人生态学、环境正义运动、生态女性主义运动、生态工

---

① 《习近平在中共中央政治局第二十三次集体学习时 强调牢固树立切实落实安全发展理念确保广大人民群众生命财产安全》，《人民日报》2015年5月31日第1版。

联主义运动、生态学社会主义等形式，但是，西方环境运动往往将生态中心主义作为其旗帜。“正是在这个语境中，某些马克思主义者回到了生态稀缺性和自然极限的论点”，这“看起来常常是向资本主义论点的悲哀投降。”[①] 至于西方生态治理，往往将更好地实现剩余价值作为其目标，根本无视工人阶级和劳动人民的需要和利益。与之截然不同，我们明确地将党的群众路线关于“一切为了群众”的要求作为中国生态文明建设的出发点和落脚点。正如习近平总书记指出的那样：“发展经济是为了民生，保护生态环境同样也是为了民生。既要创造更多的物质财富和精神财富以满足人民日益增长的美好生活需要，也要提供更多优质生态产品以满足人民日益增长的优美生态环境需要。要坚持生态惠民、生态利民、生态为民，重点解决损害群众健康的突出环境问题，加快改善生态环境质量，提供更多优质生态产品，努力实现社会公平正义，不断满足人民日益增长的优美生态环境需要。”[②] 例如，我们开展保卫蓝天的人民战争，就是要还给人民群众蓝天白云、繁星闪烁的天空；我们开展保卫碧水的人民战争，就是要还给人民群众清水绿岸、鱼翔浅底的景象；我们开展保卫净土的人民战争，就是要让人民群众吃得放心、住得安心；我们开展生态城市建设运动，就是要让人民群众看得见山、望得见水、记得住乡愁；我们开展美丽乡村建设运动，就是为人民群众留住鸟语花香的田园风光。可见，在生态文明建设中坚持一切为了群众，就是要把满足人民群众的生态环境需要尤其是优美生态环境需要作为生态文明建设的出发点和落脚点。这样，我们就超越了生态中心主义和人类中心主义的抽象争论，在生态文明领域坚持了马克思主义的政治立场和党的全心全意为人民服务的宗旨，突出了中国生态文明建设的社会主义属性。

（二）依靠人民群众加强生态文明建设

加强生态文明建设，固然需要顶层设计和坚持专业路径，但是，更为重要的是动员和组织人民群众。因此，按照党的群众路线的“一切依靠群众”的要求，我们始终坚持将人民群众作为生态文明建设的主要依靠力量，将人民群众的参与和支持作为生态文明建设取得成效的根本保障。正

---

① ［美］戴维·哈维：《正义、自然和差异地理学》，胡大平译，上海人民出版社2010年版，第166页。

② 习近平：《推动我国生态文明建设迈上新台阶》，《求是》2019年第3期。

如党中央和国务院指出的那样："坚持建设美丽中国全民行动。美丽中国是人民群众共同参与共同建设共同享有的事业。必须加强生态文明宣传教育，牢固树立生态文明价值观念和行为准则，把建设美丽中国化为全民自觉行动。"① 具体来说，在政府层面上，我们始终坚持问计于民，有效地实现了决策的科学化、民主化、法治化、生态化的统一，提升了国家可持续发展的能力和水平。例如，2007 年，福建省厦门市决定上马 PX（二甲苯）项目，但是，由于担心该项目对生态环境造成的负面影响及其对人体的危害，许多厦门市民群众以理性的方式表达了反对意见。对之，福建省和厦门市的党政部门从善如流，果断地终止了该项目，从而有效避免了不稳定问题，为生态议题上的民主决策提供了一个样板。在社会层面上，我们逐渐提升了对社会运动和社会团体在公共领域中作用的认识，将之看作人民群众在市场经济条件下发挥作用的重要平台。例如，2005 年，有关部门决定在圆明园湖底铺设防水渗漏薄膜。由于担心这一做法可能对圆明园的生态环境造成负面影响，一些社会团体提出了反对意见。国家环境行政部门通过组织听证会，吸收了人民群众的意见，使得该项目最终下马。这样，就提升了人民群众的责任意识和参与意识。这也表明，即使对待环境群体性事件，我们也要坚持按照党的群众路线进行稳妥处理。"所谓正确处理人民内部矛盾问题，就是我党从来经常说的走群众路线的问题。"② 只有这样，才能处理好维稳和维权的关系。反之，越维稳越不稳定。在企业层面上，我们坚持将爱岗敬业和环境保护统一起来，引导人民群众在本职工作岗位上履行好保护环境的义务，通过促进企业的绿色生产和绿色经营来推动国家的可持续发展。致力于治理炼钢废渣的太钢工人和治理于治理荒漠的塞罕坝林场职工就是这方面的楷模。在生活层面上，我们积极引导人民群众做绿色生活方式的倡导者和践行者，坚持通过促进生活方式的绿色化来推动国家的可持续发展。例如通过推广环境友好使者、少开一天车、空调 26 度、光盘行动、地球站等品牌群众性的环保公益活动，不仅有效提升了人民群众的生态文明意识，而且促进了生态文明建设。

---

① 《中共中央国务院关于全面加强生态环境保护坚决打好污染防治攻坚战的意见》，《人民日报》2018 年 6 月 25 日第 1 版。

② 《建国以来毛泽东文稿》第 6 册，中央文献出版社 1992 年版，第 547 页。

当然，我们也强调，在坚持党的领导的前提下，在发挥组织部门和人事部门主导作用的同时，生态文明建设成效也须由人民群众来评价。这样，才能形成倒逼生态文明制度建设的民意机制。

（三）生态文明建设成果由人民群众共享

在西方资本主义社会，作为污染制造者的资产阶级与作为污染受害者的无产阶级和劳动人民，在生态治理成果的享有上具有不平等的机会和权利。在这样的情况下，生态环境公平正义根本无从谈起。这充分暴露了绿色资本主义的局限性。与之不同，中华人民共和国成立以来，按照社会主义的本质规定，充分发挥社会主义的制度优势，我们将以人民为中心的发展思想、共享发展的科学理念、共同富裕的社会主义本质创造性地运用在生态文明建设领域，形成了生态共享的制度设计。正如习近平总书记指出的那样："共享发展就要共享国家经济、政治、文化、社会、生态各方面建设成果，全面保障人民在各方面的合法权益。"[①] 首先，生态共享以公有为基础和前提。中国宪法明确规定，一切自然资源和城市的土地都属于国家所有，即全民所有；由法律规定属于集体所有的自然资源、农村和城市郊区的土地以及宅基地和自留地、自留山属于集体所有。这样，就为保证生态共享提供了经济制度上的保证。其次，生态共享以共建和共治为手段。我们强调，在生态文明建设领域，每个人都是保护者、建设者、受益者，而不是旁观者、局外人、批评家，不能只说不做、置身事外，更不能"坐山观虎斗""邻避"、坐享其成。人民群众既是生态文明建设的主体，又是生态环境治理的主体。在这个问题上，必须引导人民群众将保护生态环境的义务和享有生态环境方面的权益统一起来。国家既要督查人民群众履行保护生态环境的义务，又要切实保障人民群众的生态环境权益。最后，生态共享以成果共享为目标。例如，在自然资源的开发利用上，《中华人民共和国国民经济和社会发展第十三个五年规划纲要》明确提出，对在贫困地区开发水电、矿产资源占用集体土地的，试行给原住居民集体股权方式进行补偿。国家要完善资源开发收益分享机制，使贫困地区得到更多分享开发收益。在生态环境治理上，我们推出了横向生态环境保护补偿的政策。这样，就为生态共享提供了政策上的依据和支持。在总体上，我

① 习近平：《深入理解新发展理念》，《求是》2019年第10期。

们明确将良好的生态环境作为最公平的公共产品，要求将之作为最普惠的民生福祉。

同时，在将党的群众路线贯彻和落实在生态文明建设中的同时，我们也必须将党的领导、人民当家做主、依法治国三者统一起来。这样，才能避免将群众路线蜕变为民粹主义和盲目的街头政治。

总之，中华人民共和国成立 70 年来，按照党的群众路线，我们形成了中国特色的生态环境运动和生态环境治理。群众路线是中华人民共和国 70 年生态文明建设的重要法宝。

绿色发展的中国方案：从理念到行动*

徐海红**

绿色发展的中国方案，又称中国绿色发展方案，指中国绿色发展的理念与行动，是中国关于社会主义生态文明建设、社会主义现代化建设规律性认识的最新成果。近年来，学界对中国绿色发展方案的研究偏重于理念层面，从行动层面加以研究的成果较少。学界从国家治理体系和治理能力现代化、应对中国经济发展与环境保护冲突难题、国外绿色运动和生态伦理对中国的影响等角度，对中国绿色发展理念展开深入研究，基于政治、经济、文化等不同维度来分析中国绿色发展理念提出的历史背景、基本内涵，对推进中国生态文明建设具有重要理论意义。中国生态文明建设成效显著，"成为全球生态文明建设的重要参与者、贡献者和引领者"①。中国绿色发展正在从理念走向行动，绿色发展的中国方案，是绿色发展理念与绿色发展行动的有机统一。20 世纪初，马克思·韦伯（Max Weber）首创社会行动理论，阐述处于某种特定情境中的行动者如何感知社会情境，鉴别行动目标、期望和价值，及采用何种达到目标的手段、方法，社会行动理论强调行动者的有意识的取向和有目的的行动，认为这是理解各种社会现象的起点。马克思·韦伯提出了四种行动类型：传统行动、情感行动、目标理性行动和价值理性行动。帕森斯（Parsons）认为"AGIL"（即适应、实现目标、整合与模式维持）范式适合于分析各种社会行动的结构②。

---

* 本文为国家社科基金专项课题"人与自然和谐共生的理论创新与中国行动方案"（18VSJ014）；教育部人文社会科学规划基金项目"中国绿色发展理念与国际认同研究"（16YJA710027）；国家社会科学基金项目"绿色发展的中国方案及其国际认同研究"（18BKS072）阶段性成果。

** 徐海红：南京信息工程大学马克思主义学院教授。

① 《中国共产党第十九次全国代表大会文件汇编》，人民出版社 2017 年版，第 6 页。

② 夏征农等编：《辞海》第 4 卷，上海辞书出版社 2009 年版，第 2564 页。

本文试从行动理论视角，对中国绿色发展由理念转向行动展开研究，探讨中国绿色发展方案的行动走向、行动理念和行动逻辑，刻画中国绿色发展方案的行动图景，为中国绿色发展方案赢得国际认同奠定行动基础。

一 中国绿色发展方案的行动走向

绿色发展理念是先导，但绿色发展行动才能最终改变中国和世界。中国绿色发展方案的行动走向，可从中国绿色发展方案的形成背景来展开考察，包括时代、国际和国内三个维度。中国绿色发展方案是人类迈向生态文明时代、国际社会积极推行绿色新政、中国面临现实环境难题的背景下提出的。中国绿色发展方案的行动走向，是实现人类文明全面转型、策应全球绿色新政和破解中国环境问题瓶颈的迫切需要。

（一）人类文明全面转型

从时代维度来说，中国绿色发展方案是在人类社会由工业文明向生态文明全面转型过程中提出的中国方案，其所要解决的是整个人类文明发展转型问题。考察人类文明发展序列，渔猎文明、农业文明、工业文明和生态文明前后相继，绵延发展。人类文明的更替和变迁，是人们对传统文明发展面临困境的一种反思和超越，是对新文明来临的选择和践行。每一个时代都有自己的发展难题，环境破坏就是现代工业文明的主要发展难题之一。应对这一难题，不仅需要以保护自然的绿色发展理念取代破坏自然的黑色发展理念，还需要将理念落实到行动中，以生态行动来解决环境问题。因此，中国绿色发展由理念转向行动，是回应时代发展难题，适应人类文明转型的现实要求。人类正在迈进生态文明时代，生态文明是一种崭新的文明形态，中国绿色发展方案是在人类从工业文明向生态文明的时代转型中形成的。从人类文明全面转型的战略高度来观照中国绿色发展方案的提出及发展走向，能够赋予中国绿色发展理念和行动以鲜明的时代特色。解决具体的环境难题，谋求经济发展与环境保护的共赢，这是绿色发展的题中应有之义，但如果仅仅把绿色发展理解为解决环境难题，不能从人类文明转型的高度来把握绿色发展，就是对生态文明的矮化和窄化。从人类文明转型的高度来把握中国绿色发展行动转向的必要性，把绿色发展看作中国为人类文明转向和国际绿色未来提供的中国方案，实现了时代价值、本土价值和国际价值的统一。人类文明转型的核心，在于人与自然的关系由工业文明时期的分裂对抗走向生态文明时代的和谐共生。为建设生态文明，中国政府提出的绿色发展理念及行动方案，对推进中国生态文明建设和赢得国际认同具有重要意义。实现人类文明转型，建设美丽中国，需要以绿色发展理念来指引中国生态行动，做到知与行的统一。

（二）策应全球绿色新政

从空间维度来看，中国绿色发展方案的行动走向，是在全球绿色新政背景下所采取的绿色发展行动理念和行动。2008 年，联合国秘书长潘基文提出“绿色新政”这一概念，引起国际社会普遍关注。绿色新政是“对环境友好型政策的统称，主要涉及环境保护、污染防治、节能减排、气候变化等与人和自然的可持续发展相关的重大问题”①。潘基文呼吁，为应对气候变化、修复生态系统，各国领导人要积极投资环境项目，促进绿色经济增长和就业。2009 年，联合国环境规划署在绿色新政政策简报中提出了经济的“绿色化”转型，并提出了一系列促进经济发展与环境保护共赢的举措。2011 年，联合国环境规划署在第 26 届理事会暨全球部长级环球论坛上发布《绿色经济报告》，揭示了发展绿色经济对经济、社会发展和环境保护的重要意义。这一倡议得到国际社会的普遍响应。美国、英国、法国、德国、日本、韩国等发达国家，结合本国自身的特色和优势，纷纷推行以新能源为中心的绿色经济、低碳经济的发展，把绿色经济作为摆脱金融危机、谋求新的经济增长和争夺国际绿色发展话语权的重要举措。美国积极调整环境和能源政策，力图通过科技进步提高能源利用效率，开发新能源，缓解经济危机带来的社会矛盾，在新一轮世界竞争中抢占先机。欧盟也投入大量资金发展绿色经济，低碳产业走在世界前列。全球绿色新政的推行，一方面，有助于发达国家实现从金融虚拟经济转向实体经济，并对传统的经济发展模式进行反思和超越，促进本国经济的复苏和自然环境的改善。另一方面，发达国家站在保护环境、实现环境正义的道德高地，挤压发展中国家和地区的发展空间，争夺国际话语霸权。中国绿色发展方案的提出，与国际社会大力推行绿色新政趋势相契合。在全球绿色新政的风暴中，中国绿色发展方案要赢得国际社会的尊重和认同，享有生态文明国际话语权，不仅需要我们具备领先于世界的绿色发展新理念，还需要卓有成效的绿色发展行动。在全球绿色新政背景下，中国绿色发展理念和行动，既符合世界绿色发展的潮流和趋势，又因其所具有的中国特色，能够

① 张来春：《西方国家绿色新政及对中国的启示》，《中国发展观察》2009 年第 12 期。

为世界，尤其是广大发展中国家的绿色发展带来新的理念和行动示范。

（三）破解中国环境难题

从国内层面来说，中国绿色发展方案是中国政府在全球性生态环境不断恶化过程中逐步提出的。环境保护部环境规划院吴舜泽在一次访谈中提出，中国绿色发展理念的提出主要基于两个原因："一是人们认识和实践的不断深化和总结。二是环境问题的倒逼。"① 人们认识和实践的深化是内因，环境问题的倒逼是外因，内外因交互作用催生了中国绿色发展方案。对人与自然关系的认识经历三个阶段：古代的"天人合一"、近现代的"天人相争"、生态文明时代的"天人和谐"。中国传统文化对天人关系非常重视，儒释道文化秉承"天人合一"理念，主张人们要敬畏天地，尊重自然。进入近代社会，随着西方资本主义工业文明的发展，人类把自己视为自然的主人，凌驾于自然之上，人对自然的态度是控制和掠夺。西方"天人相争"的思想传入中国，人与自然由统一走向对抗，最直接的后果就是自然环境遭受严重的破坏，出现水污染、土壤污染、大气污染。深受环境污染和严重破坏的人们开始反思和批判传统发展理念，提出生态文明建设和绿色发展要求，主张人与自然的关系要由分裂对抗走向和谐共生。从"天人合一""天人相争"到"天人和谐"，人类对人与自然关系的认识有发展，也有波折。原初的"天人合一"，是人们在生产力发展水平极为低下时期所持的一种观念，当时人们对自然更多的是敬畏，自然被神化。近代的"天人相争"，是在生产力水平有了较大提升基础上生发出来的理念，人们对自然有了更多的认识，把握了更多奥秘，自然被物化、被工具化，人类认为自己能够征服自然，做自然的主人。迈进生态文明时代，自然环境遭严重破坏，生产力由高数量发展向高质量发展转变，人类既要谋求经济发展，又要修复人与自然的关系，实现"天人和谐"，在这样的历史背景下，中国政府提出了绿色发展理念和行动要求。认识源于实践、高于实践，最终又必须回到实践并指导实践。近年来，中国及世界环境问题严峻，环境污染和破坏问题已经影响和威胁人们的生活。全面建成小康社会，要求建设人与自然和谐共生的现代化强国，不能让经济发展和环境保护的矛盾和对抗继续存在，不能让环境污染进一步恶化。坚持和践

① 吴舜泽等：《绿色发展理念的提出是我国发展理论的新突破》，《求是访谈》第75期，http://www.qstheory.cn/zhuanqu/qsft/2016-03/24/c_1118430469.htm。

行绿色发展，建立经济发展与环境保护的共赢机制迫在眉睫。中国绿色发展理念的提出，是人们认识层面的一大进步。有了绿色发展理念，人们还必须在生产和生活中积极践行这一发展理念，以行动来改变世界、走向绿色发未来。建设生态文明，是绿色发展理念和绿色发展行动的统一，只有将绿色发展理念与绿色发展行动相结合，才能破解中国环境难题，促进人与自然和谐共生。

二　中国绿色发展方案的行动理念

在人类文明全面转型、国际社会推行绿色新政和国内生态环境恶化、生态文明建设加快推进的复杂背景下，中国摈弃传统破坏自然、不可持续的黑色发展理念，创造性地提出保护自然、可持续的绿色发展理念，作为中国生态文明建设的行动指南。"人与自然是生命共同体"，这是对中国绿色发展行动方案的深层思考和本体论追问。绿色发展何以可能，经济发展与环境保护为什么能够实现共赢，从根本上来说，是因为人与自然是生命共同体。"像对待生命一样对待生态环境"，主要回答人类对自然所要采取的正确态度。要把大自然和人的生命放在同等重要的地位，人类怎样珍爱自己的生命，就应该怎样关爱生态环境。由此，尊重自然、顺应自然、保护自然成为人类对自然的基本态度。"绿水青山就是金山银山"，重在探讨经济发展与环境保护之间的内在悖论和共赢机制建构何以可能，为化解经济发展与环境保护的世纪难题提供理念指导。

（一）人与自然是生命共同体

人与自然是生命共同体，是绿色发展行动理念的本体论层面。党的十九大报告指出，"人与自然是生命共同体，人类必须尊重自然、顺应自然、保护自然"①。人类为什么要对自然讲道德，从根本上而言，是因为人与自然是生命共同体。回望生态伦理学的两大理论流派立场，人类中心主义主要从人的利益出发，为人类保护自然寻找根据。非人类中心主义则从自然权利和内在价值出发，为人类保护自然提供理由。人类善待自然，既不单纯是为了人类自身的利益，也不仅仅是为了大自然的利益，而是为了生命共同体的利益。把人与自然作为一个生命共同体，将人与自然构成的生命

① 习近平：《决胜全面建成小康社会，夺取新时代中国特色社会主义伟大胜利——在中国共产党第十九次全国代表大会上的报告》，人民出版社2017年版，第50页。

共同体作为人类保护自然的内在根据，这一理念整合和超越了人类中心主义和非人类中心主义的理论立场，解决了学术界长期以来的学术争论，为人类何以保护自然提供了令人信服的道德理由。中国的绿色发展行动要赢得人们的普遍支持和积极参与，从本质上来说就是因为人与自然是生命共同体，这一理念将在最大范围内凝聚人们的行动共识，为人类的绿色发展从理念走向行动提供理论基础。

生命共同体由“生命”和“共同体”构成。对于共同体，可以从社会学、政治学、哲学等不同意义上来理解和使用。社会学意义上的“共同体”，主要指人与人之间构成的“社群”“社区”。鲍曼（Zygmunt Bauman）在《共同体》中将“共同体”理解为“社会中存在的、基于主观上或客观上的共同特征（这些共同特征包括种族、观念、地位、遭遇、任务、身份等）（或相似性）而组成的各种层次的团体、组织，既包括小规模的社区自发组织，也可指更高层次上的政治组织，还可指国家和民族这一最高层次的总体，即民族共同体或国家共同体”。共同体是社会存在中的特殊组织，具有共同或相似的特征。在鲍曼看来，“共同体是一个‘温馨’的地方，一个温暖而又舒适的场所。它就像是一个家，在它的下面，可以遮风避雨；它又像是一个壁炉，在严寒的日子里，靠近它，可以暖和我们的手。在共同体中，我们能够互相依靠对方”①。政治学意义上的“共同体”，指人与人、国与国之间摈弃对立与对抗，共同构筑“人类命运共同体”。哲学意义上的共同体，指人与自然之间相互依存，本质统一。生命共同体，是人与自然基于共同的境遇而组成的特殊总体。利奥波德（Aldo Leopold）提出了大地共同体概念，认为人类生活在生态系统和地球生物圈中，人类与大地共同体一起构成生命共同体。在生命共同体中，人与自然共处一个地球，共享一片蓝天，和谐共生。在马克思看来，人与自然是本质统一的，人类是自然的组成部分，自然是人的“无机身体”。人与自然构成生命共同体，缺失了人或自然任何一个方面，这个共同体都是残缺不全的，其生命活力必受重创。坚持绿色发展，需要我们把本国的环境问题与整个人类命运联系起来，建构真正意义上的生命共同体。

人类对自然的过度掠夺，带来了严重的环境危机。人与自然构成的生

---

① ［英］齐格蒙特·鲍曼：《共同体》，欧阳景根译，江苏人民出版社2003年版，第1—3页。

命共同体受到破坏，活力受损。要维系生命共同体的生机活力，需要人们加快推进绿色发展，以生态行动实现自然界的复活，促进人与自然的和谐共生。

（二）绿水青山就是金山银山

绿水青山就是金山银山，是绿色发展行动理念的价值论层面。建设美丽中国，“必须树立和践行绿水青山就是金山银山的理念”[①]。作为一种直观性的表达，“绿水青山”意指“环境保护”，“金山银山”则指“经济发展”。绿水青山就是金山银山，所要回答的是如何处理好经济发展与环境保护的关系，实现二者的共赢。

长期以来，无论是西方还是中国，在加快经济发展的道路上，都或多或少地存在着以牺牲“绿水青山”为代价获得“金山银山”的错误。“以我们今天的产业结构和经济增长模式，发展与环保必然是冲突的。你既然追求 GDP 增长，就必然使用更多的能源和资源，从而导致更多的排放”，在当前复杂的国际国内背景下，“发展与绿色之间的矛盾，将会是一对长期存在的矛盾”[②]。在人们饱尝环境破坏带来的苦果后，痛定思痛，又出现了否定经济发展或者要求停止发展，甚至回到前现代社会的观点。这就走向了两个极端，要么发展经济、要么保护环境，二者不可兼得。绿色发展的主要目的和中心任务，就是改变这种单向思维，破解经济发展与环境保护的冲突悖论，改变传统经济发展中以牺牲环境为代价发展经济，或者以保护环境为名开经济倒车的状况，在环境保护中发展经济，在经济发展中保护环境，致力于经济发展与环境保护的统一。实现这一价值目标，需要我们以“绿水青山就是金山银山”为行动理念，积极探索经济发展与环境保护的共赢机制，为人们带来优美的生态环境，促进经济发展目标的实现。

坚持“绿水青山就是金山银山”的行动理念，要求我们以一种整体性的视角，一种长远性、全局性的眼光来重估经济发展与环境保护的关系，综合考虑中国与世界、现在与未来、当代人与后代人的利益冲突，把握好国内利益与国际利益、整体利益与局部利益、当前利益与长远利益的内在

---

① 习近平：《决胜全面建成小康社会，夺取新时代中国特色社会主义伟大胜利——在中国共产党第十九次全国代表大会上的报告》，人民出版社 2017 年版，第 23 页。

② 卢风：《绿色发展与生态文明建设的关键和根本》，《中国地质大学学报》（社会科学版）2017 年第 1 期。

关联。采取绿色发展的中国战略与中国行动，将这一行动理念落到行动实践，促进经济、社会和生态的可持续发展，实现绿水青山与金山银山的统一。要实现这样的价值目标，我们还面临很多挑战，也有许多瓶颈需要突破。政府、企业、社会组织、公民要群策群力，在绿色发展的理念、制度、技术、行动等层面进行创新。对于生态环境已经遭到破坏的，要采取行动进行生态修复，重现绿水青山。对于生态优势明显、经济发展比较落后的地区，要开展绿色创新，为人们提供优质生态产品的同时，通过绿色发展、低碳发展、循环发展等方式，来化解经济发展与环境保护的冲突瓶颈，使绿水青山与金山银山的共赢成为可能。

（三）像对待生命一样对待生态环境

在讨论了中国绿色发展方案行动理念的本体论、价值论层面的基础上，还有规范论层面。所谓规范论，就是我们应该如何对待生态环境，或者说，我们应该采取什么态度来对待生态环境？中国提出“像对待生命一样对待生态环境”的理念，构成了绿色发展行动理念的规范论层面，对我们应以何种态度，遵循何种行为规范来推进绿色发展做出了清晰的回答。人与自然是生命共同体，人的生命和自然的生命共同构成一个整体，缺失了其中任何一个方面，这个生命共同体都是不完整的。没有人，自然的状况对人类来说就是无；没有自然，人就失去了自己的“无机身体”，因此，人类要像对待自己的生命一样对待生态环境，人类怎样珍爱自己的生命，就应该怎样珍爱生态环境，要跨越人与自然之间伦理鸿沟，把生态环境纳入人类道德关怀的视野。

树立尊重自然的伦理意识。人与自然是生命共同体，人类不仅要尊重和关心人类自身，还要尊重和关心自然，这是我们对待大自然应该持有的正确态度。利奥波德指出，在生命共同体中，我们要遵循“土地伦理”，“把人类在共同体中以征服者的面目出现的角色，变成这个共同体中的平等的一员和公民。它暗含着对每个成员的尊敬，也包括对这个共同体本身的尊敬”①。根据土地伦理要求，人与自然之间不再是主奴关系，而是平等关系。人不是主人，自然也不是奴隶，人与自然要从征服与被征服、改造与被改造的主奴关系转变为平等关系。树立尊重自然的伦理意识，人类应

① ［美］奥尔多·利奥波德：《沙乡年鉴》，侯文蕙译，吉林人民出版社1997年版，第194页。

重新检视人与自然的关系，确立人与自然和谐共生理念，对共同体内的每个成员充满敬意。人类不仅要看到自然的工具价值，还有要看到自然的内在价值，承认自然与人类处于平等的地位，自然本身也有其存在的价值和理由，值得人类尊重。遵循顺应自然的伦理法则。中国要推进绿色发展，不能仅仅停留在尊重自然的层面，还需要谋求高质量发展。在大自然所能承载的范围内发展生产，维系自己的生存和发展，需要顺应自然法则，遵循大自然的规律行事。马克思说过，“动物只是按照它所属的那个种的尺度和需要来构造，而人却懂得按照任何一个种的尺度来进行生产，并且懂得处处都把固有的尺度运用于对象；因此，人也按照美的规律来构造”①。人和动物不同，动物按照自己的本能进行活动，人是有意识的类存在物，人能够了解和把握“任何一个种的尺度”，按照万物的尺度来进行生产。所谓“任何一个种的尺度”，就是人类要顺应自然的伦理法则，遵循自然规律，按客观规律办事，按美的规律创造世界，这是人类通过自己的实践改变对象世界的基本前提。人类历史的发展已经证明，人类的活动一旦违背自然规律，必将受到大自然的报复和惩罚。因此，遵循顺应自然的伦理法则，是人类善待自然的必然要求。采取保护自然的伦理行动。像对待生命一样对待生态环境，不仅需要我们尊重自然、顺应自然，还需要我们保护自然，要将保护自然落实到行动。仅有口头的承诺、心底的敬意，千疮百孔的自然环境是无法好转的，只有采取积极的生态行动，才能够将保护自然落到实处，人类的自然环境也才有可能得到修复和改善。当前，人们的生态意识已有明显的提升，但如何将生态意识外化为自觉的生态行动，还有很长的路要走。当前，社会各界高度重视垃圾分类，浙江等地已经展开试点，上海已经全面推行，人们对垃圾分类的密切关注和自觉实践，是人类采取保护自然伦理行动的初步尝试，人们在垃圾分类工作中积累的经验、存在的问题和可能解决路径的探讨，对人类应对气候变化、资源短缺或和枯竭、生物多样性减少等环境危机的生态行动具有启示意义。尊重自然的伦理意识、顺应自然的伦理法则和保护自然的伦理行动是一个整体。割裂了其中的任何一个方面，经济发展与环境保护的冲突都很难得到弥合，保护自然只能是美好的理想，难以成为现实。只有实现三者统一，绿色发展才有可能，经济发展与环境保护才能真正实现共赢。

---

① 《马克思恩格斯文集》第1卷，人民出版社2009年版，第163页。

中国绿色发展方案的行动理念结构严谨，环环相扣，从“是什么”“为什么”“怎么做”三个层面，对生态行动的道德理由，生态行动的价值指向，生态行动的实践要求进行探讨，为中国绿色发展从理念转向行动提供意识指引。

三 中国绿色发展方案的行动逻辑

中国绿色发展方案的关键是行动，只有通过行动才能将绿色发展理念落到实处，取得良好的效果和达成社会主义目标。因此，制定中国绿色发展行动方案，就成为中国引领全球生态文明建设和提供行动示范的关键。当代中国只有通过绿色发展的实际行动，达成中国特色社会主义建设目标，取得良好的生态效益、经济效益和社会效益，成为先进生产力和先进生产方式的典范，才能推进美丽中国建设，获得国际社会的认同和支持。

（一）中国绿色发展方案的行动目标

建设美丽中国，满足人民群众的生态需要，是中国绿色发展方案的行动目标。党的十九大报告指出，“我们要建设的现代化是人与自然和谐共生的现代化，既要创造更多物质财富和精神财富以满足人民群众日益增长的美好生活需要，也要提供更多优质生态产品以满足人民日益增长的优美生态环境需要”①。现代化是近代以来中国和西方国家共同的价值追求，与西方以破坏环境为代价的传统现代化道路相比，中国要建设的现代化以保护环境为基础，以实现人与自然和谐共生为限度，所走的是一条经济发展与环境保护共赢的绿色发展道路。实现“人与自然和谐共生的现代化”，就是要创造丰富的“物质财富”“精神财富”和“优质生态产品”来满足人们的美好生活需要和生态环境需要。中国绿色发展方案里，超越传统不可持续的现代化发展道路之处在于，中国走绿色发展道路，要满足人民群众的需要，不仅包括物质需要、精神需要，还有对优美生态环境的需要，即生态需要。满足人民群众的生态需要，成为中国绿色发展方案最为核心的目标所在，成为当代中国绿色发展道路的最大亮点和特色，中国社会主要矛盾的变迁也源于此。中国绿色发展方案以建设美丽中国、满足人民群众的生态需要为目标，通过绿色发展行动，创造优美生态环境，保证人民

---

① 习近平：《决胜全面建成小康社会，夺取新时代中国特色社会主义伟大胜利》，人民出版社 2017 年版，第 50 页。

群众享有充分的生存权、发展权，让人民群众在良好环境中获得美的享受。

生态需要，是人们对创设优美生态环境，建设美丽中国的追求，包括生存、发展和审美三个层次。人类是自然界的一部分，人类离不开自然环境。在马克思看来，“无论是在人那里还是在动物那里，类生活从肉体方面来说就在于人（和动物一样）靠无机界生活，而人和动物相比越有普遍性，人赖以生活的无机界的范围就越广阔”[①]。无机界，指的是大自然，“在实践上，人的普遍性正是表现为这样的普遍性，它把整个自然界——首先作为人的直接的生活资料，其次作为人的生命活动的对象（材料）和工具——变成人的无机的身体。自然界，就它自身不是人的身体而言，是人的无机的身体”[②]。这里，马克思对人与自然关系进行了形象而深刻的阐述。人与自然本质上是一个整体，人靠自然界生活，自然界是人的“无机的身体”。没有自然界，人就失去了身体的一部分，无法独自生存于世。人类对自然环境的需要是人类生存和发展的基本需要，没有良好的自然环境，人类的生存和发展难以得到保障。伤害自然就是伤害人类自身，终结自然就是终结人类自己。自然不仅是人类生存和发展的基础，也是人类审美的对象。人类要从生存、发展上升到审美的境界，即需要有良好的生态环境，也需要优美的生态环境，“从理论领域来说，植物、动物、石头、空气、光等等，一方面作为自然科学的对象，一方面作为艺术的对象，都是人的意识的一部分，是人的精神的无机界，是人必须事先进行加工以便享用和消化的精神食粮”[③]。自然界是人的“无机的身体”，既是物质的，也是精神的。物质层面的“无机身体”，为人类提供衣食住行等物质需要；精神层面的“无机身体”，是美的来源、美的显现，为人类的审美提供精神食粮；优美的生态环境，不仅能让人们的生存和发展需要得到满足，还能满足人们的审美需要。建设美丽中国是人的生存需要、审美需要和发展需要的统一。

实现中国绿色发展方案的行动目标，满足人民群众的生态需要，既要着眼当代，又要心系未来。要坚持执政为民理念，把损害群众健康的突出环境问题作为工作的重中之重。当前，损害群众健康的突出问题包括大气

---

① 《马克思恩格斯文集》第1卷，人民出版社2009年版，第161页。

② 《马克思恩格斯文集》第1卷，人民出版社2009年版，第161页。

③ 《马克思恩格斯文集》第1卷，人民出版社2009年版，第161页。

污染、水污染、土壤污染、故土废弃物和垃圾污染等。中央下大力气着力解决突出环境问题，提出“坚持全民共治、源头防治、持续实施大气污染防治行动，打赢蓝天保卫战”“加快水污染防治”“强化土壤污染管控和修复”“加强固体废弃物和垃圾处置”[①] 等举措，切实改善环境质量，努力为人民营造优美生态环境，满足人民群众的生态需要。由于后代人不在场，当代人肩负着为子孙后代生态投资的重任。一代一代的“种树”，让今天的“绿水青山”成为未来的“金山银山”，保障子孙后代在未来受益，这是中国共产党对人民长远利益的道德关怀，彰显了中国共产党以人民为中心的执政担当和民生情怀。

（二）中国绿色发展方案的行动动力

工业文明作为以掠夺和破坏自然促进经济增长的文明，已经走到了时代的尽头，生态文明以人与自然和谐共生为基本方略，必将取代工业文明而引领经济的发展。中国绿色发展落实到生产方式上，必将带来生产方式的哥白尼革命，彻底颠覆工业文明的黑色经济发展模式，以绿水青山作为生产发展的基本动力，推进生态文明建设进程。

中国绿色发展方案的行动动力在于生产力的质的提升。社会主义的根本任务是解放和发展生产力，而解放和发展生产力，必须践行“人与自然是生命共同体”“绿水青山就是金山银山”“像对待生命一样对待生态环境”的绿色发展理念，将生产力绿色化，实现生产力本身的质变。在马克思看来，“任何生产力都是一种既得的力量，是以往的活动的产物”[②]。这种既得的力量在劳动中形成，“生产力当然始终是有用的具体的劳动的生产力，它事实上只决定有目的的生产活动在一定时间内的效率”[③]。而劳动是人与自然之间的物质变换，是人与自然之间相互交换物质、信息、能量的过程，因此，生产力可以被理解为“人类在劳动活动中所蕴含的推动社会进步的力量，是劳动者与自然进行物质、信息、能量变换中促进经济发展与环境保护共赢的力量”[④]。生产力包含质和量两个维度。从量的维度来

---

① 习近平：《决胜全面建成小康社会，夺取新时代中国特色社会主义伟大胜利——在中国共产党第十九次全国代表大会上的报告》，人民出版社 2017 年版，第 51 页。

② 《马克思恩格斯文集》第 10 卷，人民出版社 2009 年版，第 143 页。

③ 《马克思恩格斯文集》第 5 卷，人民出版社 2009 年版，第 59 页。

④ 徐海红：《马克思生产力概念的辩证诠释及生态价值》，《中国地质大学学报》（社会科学版）2018 年第 1 期。

看，生产力是人类从大自然获得物质财富的过程，人类在劳动中从大自然获得物质财富的数量越多，生产力水平越高。从质的维度来看，生产力是人类促进经济发展与环境保护共赢的力量，是人类实现绿水青山与金山银山统一的力量，人类实现经济发展与环境保护共赢的能力越强，生产力发展的水平越高。发展生产力不仅要加强量的积累，更要注重质的提升。人类究竟通过什么样的发展方式来增加物质财富至关重要，如果是以牺牲环境为代价来促进物质财富的增长，由于发展方式的不可持续性，可能会带来生产力发展速度越快，对自然环境的破坏能力越强的实践困境。生产力的质与量是辩证统一的，既不能把生产力的提升仅仅理解为物质财富的量的增长，也不能把生产力的发展仅仅理解为保护环境。真正意义的生产力，是人类能够正确处理经济发展与环境保护的关系，在生产中既满足人类的物质需要和精神需要，也满足人类对优美生态环境需要的力量。生产力的高质量发展，意味着人们既能享有丰裕的物质生活和充实的精神生活，也能享有优美的生态环境。在生产力的质与量的辩证法中，生产力的质是矛盾的主要方面，决定生产力的发展水平和走向。生产力的量是矛盾的次要方面，为生产力的质所规定。只有生产力的质得到提升，生产力的量的发展才更有保障。生产力本身成为正向的生产力，成为一种善的生产力，值得人们追求。在这一意义上，生产力的质的提升成为绿色发展的内在动力。社会主义要创造比资本主义更为先进的生产力，就是通过生产力的质的提升来促进自然的和谐、宁静与美丽，满足人民群众对物质财富、精神财富和生态财富的需求，有力推动中国的绿色发展。

中国绿色发展的行动理念向我们表明，在发展生产力的过程中，不仅要带来金山银山，还要带来绿水青山。能够带来绿水青山的生产力才是绿色生产力，而绿色生产力就是先进生产力。用绿色生产力带来金山银山，构成了先进的生产方式、先进的经济增长模式。坚持绿色发展就是要进行一场生产方式的革命，用先进的绿色生产力代替落后的黑色生产力，用先进的绿色生产方式代替落后的黑色生产方式。

（三）中国绿色发展方案的行动特色

中国绿色发展方案的制度基础是社会主义，这是中国生态文明建设的最大优势与特色。先进的生产力和先进的生产方式，推动了中国的绿色发展。社会主义的本质就是先进生产力和先进生产方式的统一。中国绿色发展方案的制度基础和最大特色是社会主义，进一步说，就是先进生产力和先进生产方式的统一，表现为人与人平等共享、人与自然和谐共生、国与国合作共赢的统一。进而言之，中国特色社会主义在坚持人与自然关系平等正义的同时，也坚持人与人之间、国与国之间的平等正义，走人民共同富裕、共享发展的道路。

西方工业文明的制度基础是资本主义。受资本逻辑的影响，西方工业文明的发展偏重生产力的量的发展，创造了大量的物质财富，但却带来了人与人的不平等、人与自然的不平等、国与国的不平等。在资本主义制度下，工人为资本家创造了大量的物质财富，却为自己生产了赤贫。马克思指认，资本主义条件下工人的劳动发生异化，“工人生产的财富越多，他的生产的影响和规模越大，他就越贫穷。工人创造的商品越多，他就越变成廉价的商品。物的世界的增值同人的世界的贬值成正比”[①]。工人创造了大量的物质财富，这个财富不属于工人自身，而属于与工人对立的存在物——资产阶级，资本主义制度带来的是人与人之间的不平等。不仅如此，西方工业文明还以掠夺自然为基本手段来发展经济，大量生产、大量消费、大量废弃的生产生活方式，既给人们带来了丰富的物质生活，也把自然踩在人的脚下，肆意践踏，造成了人与自然的不平等。人是自然的一部分，自然界是人的无机身体，但在资本主义社会，异化劳动却导致“人的类本质，无论是自然界，还是人的精神的类能力，都变成了对人来说是异己的本质，变成了维持他的个人生存的手段”[②]。人与自然界的关系发生异化，作为人的无机身体的自然界被夺走，成为人类控制、奴役的对象，自然环境遭到严重破坏。在资本主义社会，对利润的追求始终放在首位，发达国家打着本国利益优先的旗号，对广大发展中国家和地区进行殖民掠夺，国与国之间的不平等普遍存在，强国对弱国的野蛮、血腥侵略和极限施压，给许多发展中国家和地区的人民带来伤害。

中国绿色发展方案的制度基础是社会主义。中国特色社会主义建设旨在实现人与自然和谐共生、人与人平等共享、国与国合作共赢的统一。根据党的十九大报告要求，建设新时代中国特色社会主义，必须做到十四个“坚持”，其中，“坚持以人民为中心”“坚持在发展中保障和改善民生”

---

① 《马克思恩格斯文集》第1卷，人民出版社2009年版，第156页。

② 《马克思恩格斯文集》第1卷，人民出版社2009年版，第163页。

“坚持人与自然和谐共生”“坚持推动构建人类命运共同体”[①] 等基本方略，体现了新时代中国共产党对人与人平等共享、人与自然和谐共生、国与国合作共赢统一的追求。社会主义为实现人民当家做主、构建人与自然生命共同体和人类命运共同体提供了制度保障。我们要积极践行绿色发展理念，以推进绿色发展的实际行动来创造优美的生态环境，建设美丽中国，促进社会公平正义，“始终做世界和平的建设者、全球发展的贡献者、国际秩序的维护者”[②]。马克思对未来理想社会的设想，是要扬弃私有财产，实现共产主义，“这种共产主义，作为完成了的自然主义，等于人道主义，而作为完成了的人道主义，等于自然主义，它是人和自然界之间、人和人之间的矛盾的真正解决，是存在和本质、对象化和自我确证、自由和必然、个体和类之间的斗争的真正解决”[③]。新时代我们对人与自然和谐共生、人与人平等共享和国与国合作共赢的统一的追求，本质上就是要解决人与人、人与自然的对抗和矛盾，这与马克思的美好社会愿景是一致的。中国绿色发展的行动方案，彰显自身的鲜明特色，把人与自然和谐共生、人与人平等共享、国与国合作共赢作为绿色发展方案的行动指南和评价标准。

四　小结

中国的绿色发展正在从理念走向行动。人类文明的生态转型、全球绿色新政发展和环境污染难题的破解催生了中国的绿色发展理念，并迫切需要中国绿色发展由理念转向行动。中国绿色发展方案所要遵循的行动理念包括人与自然是生命共同体、绿水青山就是金山银山、像对待生命一样对待生态环境。中国绿色发展方案以建设美丽中国，满足人民群众的生态需要作为行动目标，以生产力的高质量发展和先进的生产方式作为行动动力，以实现人与自然和谐共生、人与人平等共享、国与国合作共赢作为自己的行动特色。中国绿色发展由理念转向行动，使中国成为先进生产力和先进生产方式的拥有者，能够为国际社会的绿色发展提供理念引领和行动示范。

---

① 习近平：《决胜全面建成小康社会，夺取新时代中国特色社会主义伟大胜利——在中国共产党第十九次全国代表大会上的报告》，人民出版社 2017 年版，第 21—25 页。

② 习近平：《决胜全面建成小康社会，夺取新时代中国特色社会主义伟大胜利——在中国共产党第十九次全国代表大会上的报告》，人民出版社 2017 年版，第 25 页。

③ 《马克思恩格斯文集》第 1 卷，人民出版社 2009 年版，第 185 页。

山水林田湖草生命共同体建设的江西实践*

华启和　周成莉**

党的十八大以来，习近平总书记多次从生态文明建设的宏观视野提出"山水林田湖草生命共同体"的科学论断，这是对山、水、林、田、湖、草各自然要素内在逻辑关系的科学认识，深刻阐述了在自然生态系统中，各自然要素之间也是和谐共生的关系。江西在深入总结30多年"山江湖工程"综合治理经验的基础上，以生态优先、绿色发展为引领，牢牢把握"共抓大保护、不搞大开发"战略导向，践行"绿水青山就是金山银山"的发展理念，统筹"山水林田湖草"综合治理，彰显习近平生态文明思想在江西的生动实践，谱写新时代美丽中国"江西样板"新篇章。

一　习近平总书记关于山水林田湖草生命共同体的重要论述

党的十八大以来，以习近平同志为核心的党中央深刻回答了"为什么建设生态文明、建设什么样的生态文明、怎样建设生态文明"的重大理论和实践问题，提出了一系列新理念新思想新战略，形成了习近平生态文明思想。"山水林田湖草生命共同体"的重要论断是习近平生态文明思想的重要内容，经历了从"山水林田湖生命共同体"向"山水林田湖草生命共同体"演变的过程。

习近平总书记对山水林田湖草生命共同体的认识，经历了一个演变的过程，最早提出的是"山水林田湖生命共同体"的论断。2013年11月9

* 本文为国家社会科学基金项目（15XKS019）；研究阐释党的十九大精神国家社科基金专项基金课题（18VSJ014）；江西省经济社会发展智库项目：江西省山水林田湖草生命共同体建设研究（19ZK14）阶段性成果。

** 华启和：东华理工大学马克思主义学院教授；周成莉：东华理工大学马克思主义学院讲师。

日习近平总书记《关于〈中共中央关于全面深化改革若干重大问题的决定〉的说明》提出：我们要认识到，山水林田湖是一个生命共同体。人的命脉在田，田的命脉在水，水的命脉在山，山的命脉在土，土的命脉在树。用途管制和生态修复必须遵循自然规律，如果种树的只管种树、治水的只管治水、护田的单纯护田，很容易顾此失彼，最终造成生态的系统性破坏。由一个部门行使所有国土空间用途管制职责，对山水林田湖进行统一保护、统一修复是十分必要的。2014 年 3 月 14 日习近平总书记在《在中央财经领导小组第五次会议上的讲话》中进一步提出：坚持山水林田湖是一个生命共同体的系统思想。生态是统一的自然系统，是各种自然要素相互依存而实现循环的自然链条，水只是其中的一个要素。全国绝大部分水资源涵养在山区丘陵和高原，如果破坏了山、砍光了林，也就破坏了水，山就变成了秃山，水就变成了洪水，泥沙俱下，地就变成了没有养分的不毛之地，水土流失、沟壑纵横。要统筹山水林田湖治理水。要用系统论的思想方法看问题，生态系统是一个有机生命躯体，应该统筹治水和治山、治水和治林、治水和治田、治山和治林等。党的十八届五中全会进一步强调："筑牢生态安全屏障，坚持保护优先、自然恢复为主，实施山水林田湖生态保护和修复工程，开展大规模国土绿化行动，完善天然林保护制度等。"在提出"山水林田湖生命共同体"的基础上，习近平总书记进一步指出，山水林田湖是城市生命体的有机组成部分。2015 年 2 月 20 日习近平总书记在《在中央城市工作会议上的讲话》中提出：山水林田湖是城市生命体的有机组成部分，不能随意侵占和破坏。这个道理，两千多年前我们的古人就认识到了。《管子》中说："圣人之处国者，必于不倾之地，而择地形之肥饶者。乡山，左右经水若泽。"事实上，我们现在一些人与自然和谐、风景如画的美丽城市就是在这样的理念指导下逐步建成的。

党的十九大报告正式提出了"山水林田湖草生命共同体"的科学论断。"建设生态文明是中华民族永续发展的大计，必须树立和践行绿水青山就是金山银山的理念，坚持节约资源和保护环境的基本国策，像对待生命一样对待生态环境，统筹山水林田湖草系统治理，实行最严格的生态环境保护制度，形成绿色发展方式和生活方式，坚定走生产发展、生活富裕、生态良好的文明发展道路建设美丽中国，为创造良好生产生活环境，为全球生态安全做出贡献。"习近平总书记关于"山水林田湖草是一个生命共同体”的重要论述，进一步唤醒了人类尊重自然、关爱生命的意识和情感，为新时代推进生态文明建设提供了行动指南。

二 山水林田湖草生命共同体建设的江西实践历程

江西的赣江、抚河、信江、修河和饶河为江西五大河流，最后注入鄱阳湖、汇入长江，构成以鄱阳湖为中心的向心水系。江西省地形南高北低，成为一个整体向鄱阳湖倾斜而往北开口的巨大盆地，有利于水源汇聚。江西的流域面积与省域面积基本重叠，是一个完整的流域生态系统。因此，加强治山理水的工作、做好显山露水的文章，一直是江西省委省政府在加强生态环境保护、推进生态文明建设中不变的主旋律，以确保一湖清水流入长江。

（一）20世纪80年代至20世纪末探索阶段——山江湖工程

改革开放以后，党中央把环境保护作为基本国策，确立了环境保护在经济和社会发展中的重要地位。江西敏锐地认识到生态建设的重要性，较早树立起生态发展的理念并进行了积极探索。江西省委省政府提出“画好山水画，写好田园诗”的战略构想，即结合农业生态优势，带动整个经济全面发展。1983年，江西省委省政府创造性地提出了“山江湖工程”。这一工程把“山水林田湖”作为一个大生态系统进行保护，提出“治湖必须治江，治江必须治山，治山必须治穷”的基本原则，先后打响了“灭荒”造林、“山上再造”和“跨世纪绿色工程”三大全省性战役，开创了中国大河流域实施“环境与发展”协调战略的先河。“山江湖工程”是江西生态立省的有力探索，拉开了全省生态建设大幕，为江西迈向省级生态经济区奠定坚实基础，是全球生态恢复和扶贫攻坚的典范。1992年初，江西省委省政府在总结“山江湖工程”治理经验的基础上，又做出“在山上再造一个江西”的重大决策，即全面培育、有效保护、合理利用森林资源，充分发挥森林的生态效益和经济效益，促进经济快速发展和社会全面进步，实现可持续发展目标。

（二）21世纪初至党的十八大整体推进阶段——山、水、林、田、湖全面系统整治

21世纪初，党中央提出科学发展观，建设“资源节约型、环境友好型社会”战略目标，党的十七大进一步明确提出建设生态文明的新目标。江西省委省政府深入贯彻落实科学发展观，进一步确立了生态立省、绿色发

展的理念，先后提出“中部地区率先崛起”和“科学发展、绿色崛起”两大发展战略，明确提出“既要金山银山，更要绿水青山”，把保护生态环境摆在更加突出的位置。2003 年，江西对项目引进确立“三个不准搞”的规定，即严重污染环境的项目不准搞、严重危害人民生命健康和职工安全的项目坚决不准搞、“黄、赌、毒”项目不准搞。2005 年 12 月，省委十一届十次全会提出了“五化三江西”的主要任务，其中建设“绿色生态江西”成为“三江西”之一。2008 年省委省政府将鄱阳湖流域生态环境治理重点由山区转入湖区，提出鄱阳湖生态经济区发展战略。2009 年 12 月，国务院正式批复《鄱阳湖生态经济区规划》，建设鄱阳湖生态经济区正式上升为国家战略，开启了探索经济与生态协调发展新模式的重大实践。通过新世纪以来一系列战略的深入实施，江西不仅经济保持平稳较快增长，山、水、林、田、湖生态环境系统也持续优化，生态文明建设水平不断提升，绿色发展之路越走越宽。

（三）十八大以来全面提升发展阶段——山水林田湖草生命共同体的建设

十八大以来，党中央、国务院高度重视江西生态文明建设，2015 年 3 月，习近平总书记在参加十二届全国人大三次会议江西代表团审议时，殷殷嘱托江西要“着力推动生态环境保护，走出一条经济发展和生态文明相辅相成、相得益彰的路子，打造生态文明建设的‘江西样板’”。2016 年春节前夕，习近平总书记在视察江西时，进一步强调，“绿色生态是江西最大财富、最大优势、最大品牌，一定要保护好，做好治山理水、显山露水的文章，走出一条经济发展和生态文明水平提高相辅相成、相得益彰的路子，打造美丽中国的‘江西样板’”。从生态文明建设的“江西样板”到美丽中国的“江西样板”，从生态文明先行示范区建设到国家生态文明试验区建设，江西省委省政府牢记总书记的嘱托，坚持以习近平新时代中国特色社会主义思想为指导，以习近平生态文明思想为遵循，奋力探索江西绿色崛起新道路，谱写新时代美丽中国“江西样板”新篇章。

2013 年 7 月，江西十三届七次全会确立了全省发展的十六字战略方针，“绿色崛起”成为江西发展的战略核心内容。2014 年 11 月，国家六部委批复《江西省生态文明先行示范区建设实施方案》，江西成为首批全境列入生态文明先行示范区建设的省份之一，标志着江西省建设生态文明先行示范区上升为国家战略。2016 年 11 月，江西省第十四次党代会将“走出具有江西特色的绿色发展新路，打造美丽中国‘江西样板’”纳入今后五年全省工作总体要求，提出“决胜全面建成小康社会，建设富裕美丽幸福江西”的总目标，描绘了江西省绿色崛起的美好蓝图。2017 年 10 月，在总结生态文明先行示范区建设经验的基础上，党中央批复《国家生态文明试验区（江西）实施方案》，江西省生态文明建设站在了更高的平台上，迎来新的发展机遇期。

三 山水林田湖草生命共同体建设的江西经验

《国家生态文明试验区（江西）实施方案》将打造山水林田湖草综合治理样板区作为江西省建设国家生态文明试验区的战略定位之一，赋予江西为全国统筹山水林田湖草系统治理发挥示范作用的新使命。近些年来，江西着力开展山水林田湖草生命共同体建设，打造山水林田湖草综合治理样板区，取得显著成效，积累了一些经验，可以从不同的角度与视野加以分析概括。

（一）强化顶层设计，突出规划引领

江西省推动山水林田湖草综合治理，加强顶层设计，实施科学规划。不管“山江湖工程”的实施，还是“山水林田湖草生命共同体”的建设，都是政府规划先行，突出顶层设计，从上而下，通过政府主导推动工作的开展。这种顶层设计、规划先行，既有省级层面的，也有地方层面的。江西省成立了省委书记、省长挂帅的高规格生态文明建设领导小组，形成省委牵头抓总、省人大立法监督、省政府谋划实施、省政协积极参与、各地各部门“一把手”负责的总体推进格局。2019 年江西还专门成立省生态环境保护委员会，由省委书记和省长担任“双主任”，委员会下设自然资源保护、环境污染防治等 10 个专业委员会，分专业分领域协调推进生态环境保护各项工作。在此基础上，编制了一系列省级层面的规划和实施方案。制定《江西省生态保护红线》，科学划定江西“一湖五河三屏”生态保护红线基本格局。出台《江西省山水林田湖草生命共同体建设行动计划（2018—2020）》，做好治山理水、显山露水文章，打造全国山水林田湖草综合治理样板区。出台《江西省耕地草地河湖休养生息规划（2016—2030 年）》，有序推进耕地草地河湖休养生息。出台《鄱阳湖生态环境综合整治三年行动讲话（2018—2020 年）》，推动依法治湖、科学治湖、社会治湖，形成科学合理湖泊治理和保护工作格局，筑牢长江中游生态安全屏障。出

台《江西省长江经济带“共抓大保护”攻坚行动工作方案》，打造百里“最美长江岸线”。全面开展“三线一单”编制工作（生态保护红线、环境质量底线、资源利用上线和生态准入负面清单），严格把握重大产业发展政策，严格推进岸线、河段保护的开发利用，推进能源消费总量和消耗强度“双控管理”。

在省级层面顶层设计的引领下，江西省各地结合自身特点，科学规划。抚州在推进抚河流域生态保护及综合治理时，科学编制《抚河流域综合治理示范区建设规划》，将抚河流域按照水功能要求划分为三段，建立智慧抚河信息化工程，整合、共享和使用流域各类信息。赣州在推动山水林田湖草系统修复过程中，出台《江西赣州南方丘陵山地生态保护修复工程实施方案（2016—2019 年）》，重点解决水土流失、矿山环境破坏、水环境污染等影响区域性生态安全问题，筑牢南方丘陵山地生态安全屏障，确保赣江、珠江水源区生态安全。萍乡在开展海绵城市建设过程中，组建“海绵办”，制定了《海绵城市专项规划》，出台了《萍乡市海绵城市建设管理规定》等一系列行政管理、技术管理、资金管理制度，从立项、土地、规划、建设等全过程实施监管。景德镇在开展“城市双修”过程中，突出规划引领，在充分开展生态环境和城市建设调查评估的基础上科学论证，积极开展城市生态修复、城市功能修补、城市设计及风貌控制等“城市双修”专项规划编制。

（二）强化统一思维，突出系统治理

山、水、林、田、湖、草这些自然要素，其本身合在一起就是一个大的生态系统。因此，在对其进行生态修复时，必须系统治理。习近平总书记指出，用途管制和生态修复必须遵循自然规律，如果种树的只管种树、治水的只管治水、护田的单纯护田，很容易顾此失彼，最终造成生态的系统性破坏。江西在尊重自然生态空间的完整性的基础上，统筹考虑自然生态各要素、山上山下、地上地下、流域上下游，强化流域综合管控，着力推进“四个统一”，即：统一规划，建立农、林、水、环保、国土、交通等相关规划衔接机制，做到干流与支流、岸上与岸下、城镇与乡村涉水环境管理与生态建设有机融合。统一监管，建成全省统一、覆盖市县的断面水质监测网络、河湖管理信息系统和河长即时通信平台，建立网格化管理协调机制和水质恶化倒查机制。统一执法，整合省直各部门涉及河湖保护管理行政执法职能，建立日常巡查、情况通报和责任落实制度，建立省级

环境执法与环境司法衔接机制，在安远等地开展环境保护综合执法改革试点。2019年出台《江西省深化生态环境保护综合行政执法改革实施意见》，在坚决制止和惩处破坏生态环境行为的同时，着力解决多头多层重复执法问题，整合环境保护和国土、农业、水利、林业等部门相关污染防治和生态保护执法职责，统一划归生态环境部门，组建生态环境保护综合执法队伍。2019年出台《江西省在赣江流域开展按流域设置生态环境监管和行政执法机构试点实施方案》，探索建立"统一规划、统一标准、统一环评、统一监测、统一执法"的赣江流域生态环境保护机制体制。统一行动，持续实施"清河行动"，开展水污染整治专项行动，实现河畅、水清、岸绿、景美的目标。

江西坚持把长江九江段与"五河两岸一湖"作为一个整体，按照"水美、岸美、产业美"的总体要求，开展全流域保护和治理，确保一湖清水流入长江，确保长江中下游生态安全。萍乡以系统思维推进海绵城市建设，创新提出了全域管控、系统构建、分区治理的构建思路，建设"上截—中蓄—下排"的排水体系，构建排水系统，确保萍水河干流实现50年一遇防洪标准、支流实现20年一遇防洪标准。赣州坚持全方位、全地域、全过程开展生态保护修复，以山为源，实施废弃矿山环境修复、水土流失和崩岗治理；以水为脉，实施流域水环境保护与整治，深化"河长"工作制，大力开展"清河行动"；以田为要，实施高标准农田建设，顺利通过省级绩效考评。

（三）创新体制机制，突出制度保障

制度建设是生态文明建设中的短板。体制机制的创新，是生态文明建设的基本保障。习近平总书记指出，保护生态环境必须依靠制度、依靠法治。只有实行最严格的制度、最严密的法治，才能为生态文明建设提供可靠保障，加强山水林田湖草综合治理，必须构建山水林田湖草系统保护和综合治理制度体系，推动生态环境治理能力和治理体系现代化。一是建立"源头严防"制度。强化源头治理，严格把好第一道关口。划定生态保护红线共4.69万平方公里，占全省面积的28.06%；全面划定永久基本农田3693万亩，基本完成城乡规划管控体系。同时，完成资源环境承载能力监测预警机制基础评价，推动32个国家省级重点生态功能区建立产业准入"负面清单"制度，推动工业园区建立环境容量评估制度，制定承接产业转移环境管控规划，以"产业门槛"和技术门槛，堵住污染源头。二是建立“过程严管”制度。打造河长制“升级版”，在实施区域与流域相结合的五级河长组织体系基础上，进一步强化和落实河长制责任体系，实现了从“见河长”“见行动”到“见成效”的转变，河湖管护取得积极成效。打造环境监管“综合版”，启动环保机构监测监察执法垂管改革，赣江流域环境监管和行政执法机构试点有序推进；健全生态环境保护领域行政执法和刑事司法衔接机制，初步建立覆盖省市县三级法院的环资审判体系，生态检察试点取得阶段性成果，积极探索生态综合执法与“环保警察”模式。打造生态补偿“扩大版”，在东江流域跨省上下游横向生态补偿、省内区域性上下游生态补偿、鄱阳湖国际重要湿地生态补偿等开展试点，实行全地域、全流域生态环境补偿，将生态补偿领域从水流域补偿扩大到森林、湿地、水流、耕地四个重点领域，把生态质量和水环境质量作为重要的补偿依据，三年来，统筹安排补偿资金共76.7亿元。三是建立“后果严责”制度。率先由省级人民代表大会审议生态环境报告，创全国先例；每年向省人民代表大会报告国家生态文明试验区建设情况，属全国首创。出台《江西省生态文明建设评价考核办法》，实行环保“一岗双责”，各地经济社会发展任务要和生态文明建设任务同评价、同考核，完成对各设区市的绿色发展评价，启动生态文明目标考核工作。全面实施自然资源资产离任审计制度，出台江西省党政领导干部生态环境损害责任追究实施细则，实行精准追究。

（四）着力先行探索，突出模式创新

山、水、林、田、湖、草生态修复，是一项系统工程，涉及的面很广。每一个自然要素都有自身的特点，每一个地方的自然生态系统都有一定差异性。因此，要鼓励各地结合自身特点，先行先试，创新治理模式。江西在开展山水林田湖草综合治理过程中，把顶层设计和基层探索结合起来，先行先试，创新治理模式。一是创新治山、治水模式。开展红丘陵开发治理示范探索了红壤综合开发治理的新途径，创建了驰名中外的“丘上林草丘间塘，河谷滩地果与粮，畜牧水产相促进，加工流通更兴旺”的“千烟洲模式”和“顶林—腰园—谷农”的“刘家站模式”。开展小流域综合治理示范，采取系统规划工程与生物措施相结合，上下游相结合，先坡面后沟道，先支沟后干沟，山、水、田、林、路统一布局的方法，创建国内著名的“赣南山区小流域综合治理模式”。开展平原湖区开发治理示范，建立了新建县厚田乡“亚热带风沙化土地综合治理试验站”和南昌岗上乡“沙荒开发治理试验场”，建立了都昌退田还湖区“单退区湿地恢复”模式和“双退区湿地恢复”模式，形成了既改善湖区生态环境又充分挖掘湖区潜力的保护修复模式。开展废弃矿山治理示范，寻乌县“抱团攻坚”（项目抱团、资金抱团、区域抱团），让“废弃矿山”重现“绿水青山”。开展水土保持示范，使兴国县、修水县成为国家级水土保持生态文明县，江西水土保持科技示范园和南昌水土保持生态科技园被水利部、教育部确定为中小学水土保持社会实践基地，赣州市成为国家水土保持改革试验区。二是创新污染防治模式。开展工业污染防治示范，推进园区改造提升，江西于都南方万年青水泥有限公司等十三家企业先后被列为国家级绿色工厂、丰城市循环经济园区被列为国家级绿色工业园区。开展农业面源污染防治示范，在新余开展规模养殖粪污和病死猪无害化沼气化处理试点，大力推广农村沼气生态家园循环农业模式、秸秆资源化利用的生态循环模式、林下循环经济模式，大力发展生态循环农业。开展城乡生活垃圾无害化处理示范，积极推动南昌市、宜春市、赣江新区、新余市渝水区生活垃圾分类试点，构建“以法治为基础、政府推动、全民参与、城乡统筹、因地制宜”的垃圾分类工作格局；鹰潭开展城乡生活垃圾第三方治理试点，将窄带物联网技术运用到垃圾处理中，实现了“一把扫帚扫城乡，一套体系治全域”；在德兴市、靖安县、宁都县开展农村环境整治政府购买服务试点，取得初步成效。探索赣江上游、乐安河流域重金属污染综合治理模式，在贵溪市、大余县等工矿区开展重金属污染植物修复、微生物修复、物理化学修复示范区。着眼建立产地土壤重金属污染治理与修复技术长效机制，在萍乡、鹰潭开展土壤重金属污染修复试验。三是创新生态经济建设模式。在山区生态经济建设方面，立足当地资源，以优势特色产业为纽带，资源开发和环境保护并举，探索了“南丰蜜橘”“井冈蜜桔”“赣南脐橙”等特色果业模式和赣南“猪—沼—果”生态农业模式。在湖区生态经济建设方面，采用治湖、治穷与治虫相结合等方法，创建了丰城农林复合生态系统及余干大水面自然养殖等模式。在乡村旅游建设方面，依托全省乡村旅游资源优势大力发展踏青游、观花游、采摘游、摄影游、美食游、养老游、民俗游等丰富多彩的乡村旅游产品，培育了婺源、靖安资溪等一批乡村旅游发展典型县。

（五）强化绿色惠民，突出民生福祉

环境问题已经不是一个简单的经济问题，而是演变成一个重大的民生问题。环境就是民生，人民群众对优美生态环境、优质生态产品的向往，已经成为美好生活的重要内容。习近平总书记指出，良好生态环境是最公平的公共产品，是最普惠的民生福祉。江西始终聚焦群众关心关切、反映强烈的突出环境问题，增加生态产品供给，提升人民群众在生态文明建设中的获得感。一是持续实施“三净”行动。全力保卫“蓝天”，开展城市“四尘三烟三气”、农村秸秆燃烧等专项治理，狠抓火电、钢铁、水泥等重点行业排放控制，2018 年秸秆综合利用率达到 88.76%，二氧化硫、氮氧化物排放量均下降 1 个百分点；全力呵护“碧水”，综合开展黑臭水体整治、清河行动、化工企业污染整治等专项行动，所有工业园区建成污水处理设施并达标排放，全面消灭监测断面劣 V 类水；全力守护“净土”，持续推进生活垃圾分类试点，推动城乡环卫“全域一体化”第三方治理。2019 年启动农村垃圾分类减量和资源化利用试点，累计关闭、搬迁畜禽养殖场 3.8 万个，全省规模猪场配套粪污处理设施完成比例达 76%，畜禽粪污资源化利用率达 87.5% 以上。二是推动生态扶贫。江西把生态保护扶贫列入省十大扶贫工程之一，出台《江西省生态保护扶贫实施方案》《上犹县、遂川县、乐安县、莲花县生态扶贫试验区实施方案》，江西持续加大对源头地区、贫苦地区生态补偿，引导贫困地区发展林下经济、绿色农产品精深加工、生态旅游等，全面推进生态扶贫工作。2018 年，25 个贫困县安排补偿资金占全省资金的 43%；安排生态护林员 1.05 万人，年人均收入 1 万元；优先聘用建档立卡贫困户充实农村生态护水员、保洁员队伍；创建了 300 个科技特派团工作站和产业示范基地。全面启动四个生态扶贫试验区建设。井冈山市在全国革命老区中率先脱贫摘帽，全省 18 个贫困县实现脱贫摘帽，贫困人口由 2015 年年底的 200 万减至 2018 年年底的 50.9 万，贫困发生率由 5.7% 降至 1.38%。三是推动绿色共享。强化城市规划建设绿地配比要求，加大园林绿化建设力度和改造提升，全省人均公园绿地面积 14.56 平方米，园林绿化三大指标位列中部第一、全国领先。景德镇以“城市双修”为契机，以“一江三河六山”为重点，打造“显山露水”项目，完善城市基础设施及配套设施建设，稳步推进重大基础设施建设，人居环境得以显著改善，人民群众的获得感，幸福感显著提升。2018 年景德镇“城市双修”获得国务院通报表扬。萍乡在海绵城市建设过程中，以“以人民为中心，城市让生活更美好”为核心，不断改善人居环境，累计改造房屋面积 200 万平方米，大街小巷面积 128.8 万平方米，绿地公园面积 19.36 平方公里。

江西省把承担国家生态文明试验区建设的任务作为全省重大使命和重要机遇狠抓落实，认真学习贯彻习近平生态文明思想，牢固树立生态文明、绿色发展“国家大考”意识，坚持统筹推进试验区建设和长江经济带“共抓大保护、不搞大开发”，着力打造山水林田湖草综合治理样板区。江西在推进山水林田湖草生命共同体建设过程中，呈现出规划引领、系统治理、机制创新、模式创新、绿色惠民的立体性过程。就此而言，江西是全面贯彻习近平关于山水林田湖草生命共同体建设重要论述的典型区域性案例，并初步形成了一定的经验。当然，江西在深入推进山水林田湖草生命共同体建设过程中，也面临一些问题和挑战。比如：资金投入不足的问题。江西是中部欠发达地区，面临既要生态，也要生活；既要建设，也要修复；既要发展，也要保护的三重难题，山水林田湖草综合治理资金总体投入不足，没有建立起有效的投融资机制。除了中央财政对试点地区的基础奖补资金外，工程其余所需资金大部分要依靠地方政府自行配套。山水林田湖草生命共同体建设是一项系统工程，涉及的领域多、部门多，管理职能分散、权责不明，过分强调本地区、本部门的利益，忽略整体性的生态环境综合治理，在主要任务执行中存在“部门化”“碎片化”现象。部门之间的系统协同推动作用还没有体现出来，有待在部门主体、部门分工和协调机制方面进一步明确和加强。

生态扶贫：经济、生态与民生的三维耦合

万健琳　杜其君[*]

一　问题的提出与文献综述

2018年1月，由国家发改委、国务院扶贫办、国家林业局等六部委共同出台的《生态扶贫工作方案》提出要在“绿水青山就是金山银山”的理念的指导下，实施生态工程、发展生态产业、创新生态扶贫方式，实现脱贫攻坚与生态文明建设的“双赢”，这标志着中国生态扶贫理念正式进入实践层面。在实践导向下，生态扶贫如何区别于精准扶贫和传统扶贫方式，如何将消除贫困与生态改善统一起来，需要从生态扶贫的要素出发探究其内在本质。同时，作为一项系统性战略，生态扶贫在本质上也必然表现出多元的特征，而其中的每一要素的指向也直接决定了生态扶贫在实践上的基本方向，因此如何把握生态扶贫的本质成为其实践向度的关键。

国内学界对生态扶贫的本质认识基本以单维的经济指向与生态指向、经济—生态的二维指向和经济—生态—社会三维指向为主。在经济指向下，有学者认为生态扶贫是促进贫困地区发展、实现贫困人口脱贫的方式①，是精准扶贫战略下的减贫方式②。在生态指向下，有学者认为生态扶贫立足于贫困地区的生态环境，通过生态资源的可持续利用等方式实现贫

---

* 万健琳：中南财经政法大学哲学院副教授；杜其君：中南财经政法大学哲学院硕士生。

① 万君等：《绿色减贫：贫困治理的路径与模式》，《中国农业大学学报》（社会科学版）2017年第5期。

② 甘庭宇：《精准扶贫战略下的生态扶贫研究——以川西高原地区为例》，《农村经济》2018年第5期。

困地区的脱贫致富和协调发展[①]。在经济—生态的二维指向下，有学者认为生态扶贫把生态建设与扶贫开发结合起来[②]，是精准扶贫与生态保护目标的结合产物[③]。在经济—生态—社会的三维指向下，有学者认为，生态扶贫是在科学发展观的指导下，实现经济、人口、资源、社会的全面协调与可持续发展[④]。在经济—生态—文化的三维指向下，有学者认为文化是生态扶贫的底蕴和动力[⑤]。

国内学界从各个维度对生态扶贫进行理解，以生态与经济的复合维度概括了生态扶贫的一般内涵。还有学者提出了社会和文化的维度，但社会和文化是经济、生态水平方向上的变量，主张社会和文化维度丰富了生态扶贫的内涵，但没有在本质上指向生态扶贫的主体即贫困人口，没有实现在本质认识上的深入。习近平总书记指出，“消除贫困、改善民生、实现共同富裕，是社会主义的本质要求”[⑥]。经济发展和生态建设的目标都在于实现“人民对美好生活的向往”，因此，生态扶贫的本质维度不仅包括经济与生态，更包括民生。作为生态文明建设的总体要求和扶贫开发的经验总结的产物，生态扶贫以消除贫困为基本指向，以贫困地区的生态改善与保护为基本原则，进而实现贫困人口的生态与经济的双重福祉，而消除贫困与生态保护都在于改善民生，因此生态扶贫的本质在于实现经济、生态和民生的三维耦合。剖析生态扶贫经济、生态与民生的三维耦合本质，是关于生态扶贫研究的理论创新，能够为生态扶贫的实践提供理论上的先导。

二 生态扶贫：扶贫开发与生态文明建设实践中的探索

生态扶贫作为扶贫方式的一种，具有鲜明的实践特征，它肇始于中国在经济贫困、生态恶化和民生惠及度较低的背景下所进行的探索。生态扶

---

① 沈茂英等：《生态扶贫内涵及其运行模式研究》，《农村经济》2016年第7期。

② 刘慧、叶尔肯·吾扎提：《中国西部地区生态扶贫策略研究》，《中国人口·资源与环境》2013年第10期。

③ 史玉成：《生态扶贫：精准扶贫与生态保护的结合路径》，《甘肃社会科学》2018年第6期。

④ 李仙娥等：《构建集中连片特困区生态减贫的长效机制——以陕西省白河县为例》，《生态经济》2014年第4期。

⑤ 杨庭硕等：《生态扶贫概念内涵的再认识：超越历史与西方的维度》，《云南社会科学》2017年第1期。

⑥ 中共中央文献研究室编：《习近平扶贫论述摘编》，中央文献出版社2018年版，第3页。

贫的实践逻辑体现为经济、生态和民生的三位一体。

（一）生态扶贫的提出背景

1. 精准扶贫与生态治理的深入推进

自精准扶贫开展以来，中国扶贫事业稳步推进，取得了前所未有的成绩。但随着精准扶贫进入攻坚阶段，精准扶贫实施过程中暴露出的问题也更加明显地表现出来，例如在精准扶贫过程中如何规避贫困地区持续性、反复性和顽固性的生态环境问题[①]，以及如何与其他治理方式形成耦合，增强精准扶贫长效效应的问题。党的十八大以来，中国生态文明建设取得了跨越式的发展，形成了具有中国特色的生态文明理论，并不断指导生态文明的实践取得新的突破。伴随着这一过程，中国的生态建设也开始逐渐向基层延伸，实现从宏观布局到基层推进的转变。在精准扶贫和生态建设的实践基础上，经过不断的探索和总结，精准扶贫与生态建设的耦合路径即生态扶贫逐渐进入讨论的范围。

2. 传统扶贫中的生态缺位

中国传统的扶贫措施主要是针对经济贫困而提出的，没有对于绿色发展和生态保护给予充分关注，造成贫困地区生态破坏，进而影响精准脱贫效果的持久性、稳定性和全面性[②]。扶贫方式的经济主向使得对资源的利用和对环境的开发程度加大，从而容易产生苦守“绿水青山”而无缘“金山银山”，既无“绿水青山”也无“金山银山”，有了“金山银山”却丢了“绿水青山”的不同困境[③]。同时，当前中国的基层扶贫工作机制难以完全满足绿色发展的要求，一些派驻基层的扶贫工作者缺乏相关的专业技能和知识背景，难以有效实现在扶贫过程中兼顾生态效益。[④] 概言之，中国传统的扶贫方式不但在贫困的生态属性的判断上出现了偏差，在扶贫方式上也存在生态的缺席。

3. 人民对美好生活的向往和贫困人口民生惠及度低的错位差

党的十九大报告指出，“当前社会主要矛盾已经转化为人民日益增长

---

① 杨文静：《绿色发展框架下精准扶贫新思考》，《青海社会科学》2016 年第 3 期。

② 于法稳：《基于绿色发展理念的精准扶贫策略研究》，《西部论坛》2018 年第 1 期。

③ 于开红等：《深度贫困地区的“两山困境”与乡村振兴》，《农村经济》2018 年第 9 期。

④ 莫光辉等：《绿色减贫：脱贫攻坚战的生态精准扶贫策略——精准扶贫绩效提升机制系列研究之六》，《广西社会科学》2017 年第 1 期。

的美好生活需要和不平衡不充分的发展之间的矛盾”[①]。一方面，贫困人口极力想要摆脱贫困状态，提升获得感与幸福感；另一方面，中国当前的民生建设对贫困地区的惠及程度还相对较低，贫困地区的民生建设进行还相对缓慢。民生事业发展资金不足，基础设施落后，教育资源布局不均人口结构断层和留守问题严峻，农民文化生活单一，环境污染严重等成为农村民生事业发展的主要困境。[②] 同时，扶贫开发战略以实现民生保障为着眼点，精准扶贫的根本在于解决民生问题。[③] 这从侧面说明，民生事业的落后是中国当前贫困的深层问题。贫困人口对较高质量生活水平的期待与当前贫困地区民生事业发展水平较低之间存在错位差，成为生态扶贫的重要出发点。

（二）生态扶贫的探索历程

生态扶贫的提出过程经历从地方和中央在扶贫过程中融合生态建设、在生态建设中兼顾扶贫的探索，到中央的认可和对各地实践经验总结的基础上，正式提出生态扶贫，再到生态扶贫实践在全国大范围推广的过程，其主要历程如表1，主要包括四个方面。一是重大生态工程建设。1978 年以来，各地在实施了一系列生态保护工程，如“三北”防护林工程、天然林资源保护、风沙源治理、三江源生态保护、石漠化综合治理、湿地保护、退耕还林等，在这些实践中，一些地区提出了在生态建设过程中兼顾经济效益的理念。二是生态保护补偿。在经过云南和原国家环保局的生态收费的尝试和试点后，天津、浙江等地开始探索建立生态补偿机制，最后经国务院的认同和推广，将生态补偿这一重要治理方式用制度的方式确定下来。三是生态产业。发展生态产业是各地在经济发展过程中同时实现生态效益的主要途径，主要包括生态农业如广西等地对生态农业模式的探索、生态工业如江西等地对生态工业园区建设的探索、生态旅游如云南利用生态优势发展旅游业等。四是贫困地区建设的创新方式。这主要是西部贫困地区在减贫过程中探索出的生态与减贫协调之路，如贵州在“扶贫开发，生态建设”理念下的毕节试验区的建设，宁夏进行的生态移民工程等。

---

① 习近平：《决胜全面建成小康社会 夺取新时代中国特色社会主义伟大胜利——在中国共产党第十九次全国代表大会上的报告》，人民出版社 2017 年版，第 11 页。

② 覃国慈：《哪些农村民生问题亟待解决》，《人民论坛》2018 年第 3 期。

③ 董聪慧：《从扶贫视角看习近平的人民观》，《思想理论教育导刊》2019 年第 3 期。

表1　　中国生态扶贫地方探索的主要历程

主题	主要领域	主要地区/组织单位	基本历程	
			时间（年）	主要政策措施/理念
重大生态工程建设	“三北”防护林工程	青海省、甘肃省	1978	采取民办国助形式，实行群众投工、多方集资、自力更生等的建设方针，走生态效益和经济效益并重的防护林建设之路
	天然林资源保护	内蒙古自治区等地区	1998	《东北、内蒙古等重点国有林区天然林资源保护工程实施方案》提出保护现有天然林资源，调整森林经营方向
	风沙源治理	北京市、天津市、河北省等	2001	实施京津风沙治理项目工程，以林草植被建设等措施为主，在荒山荒地植树造林，防风固沙
	三江源生态保护	青海省	2011	《青海三江源国家生态保护综合试验区总体方案》提出划分主体功能区、恢复和保护草原植被、转变农牧业发展方式
	石漠化综合治理	贵州省	2008	《贵州省岩溶地区石漠化综合治理试点工程项目管理办法（试行）》提出进行封山育林，人工造林
	湿地保护	吉林省	2010	《吉林省湿地保护条例》对吉林省湿地保护进行了详细规制
	退耕还林	四川省、陕西省等	1998	中央提出“封山植树、退耕还林，平垸行洪、退田还湖，以工代赈、移民建镇，加固干堤、疏浚河道”的“三十二字”方针，退耕还林开始实践
			1999	朱镕基提出“退耕还林、封山绿化、以粮代赈、个体承包”政策措施
				四川、陕西、甘肃开始试点，率先启动退耕还林工程
			2000	全国17个地区开始实施退耕还林还草试点工程
			2002	国务院印发《关于进一步完善退耕还林政策措施的若干意见》，退耕还林开始在全国开始大范围推广
生态保护补偿	生态补偿	云南省	1983	在昆阳磷矿试点，对每吨矿石征收0.3元用于矿区植被恢复和生态破坏的恢复治理
		原国家环保局	1994	在部分省份进行生态环境补偿费征收试点

续表

主题	主要领域	主要地区/组织单位	基本历程	
			时间（年）	主要政策措施/理念
生态保护补偿	生态补偿	天津市	1996	《天津市海域环境保护管理办法》提出开发利用海洋资源遵循“谁开发谁保护、谁利用谁补偿”等方针
		浙江省	1999	陆续出台《浙江省农业自然资源综合管理条例》等文件，提出在农业资产中建立和完善生态补偿制度
		黑龙江省	2003	《黑龙江省湿地保护条例》，提出在湿地领域建立生态补偿机制
		青海省	2010	《三江源生态补偿机制总体实施方案》提出探索建立三江源生态补偿长效机制
		甘肃省	2011	《关于切实转变发展方式推动农业农村工作再上新台阶的意见》提出实施草原生态保护补助奖励政策
		国务院	2016	《国务院办公厅关于健全生态保护补偿机制的意见》标志着生态补偿机制在全国进一步强化
生态产业	生态农业	广西壮族自治区	1978	探索建立了农—林—牧—渔相结合、稻鱼共生系统、农田多层次立体利用、草—猪—禽—鱼复合等生态农业模式
			1997	召开全区生态农业现场会，总结、推广恭城生态农业建设模式
		北京市	1982	北京市环境保护科学研究所在京郊大兴县留民营村进行生态农业的实践试验
		中央部委	1993	国家七个部委在51个县开展县域生态农业建设，作为我国生态农业示范试验，发展高产优质的高效农业。
			2000	第二批50个县域生态示范县建设开始
		辽宁省、河南省、湖北省等	2013	在农业部的统一部署下分别建立了5个现代生态农业创新示范基地

续表

主题	主要领域	主要地区/组织单位	基本历程	
			时间（年）	主要政策措施/理念
生态产业	生态工业	国家环保总局	1999	启动生态工业示范园区建设试点工作
			2001	建立了第一个国家级贵港生态工业（制糖）示范园区
			2002	正式确认广西贵港生态工业园、广东南海生态工业园等大型国家级生态工业示范园区
		江西省	2003	《江西省人民政府关于进一步加快工业园区建设推进城市化进程的若干意见》提出工业园区建设兼顾经济、社会和生态效益
				《江西省工业园区、生态工业园区环境保护标准》对生态工业园区的具体环境指标进行了规定
		海南省	2005	《关于加快发展海洋经济的决定》提出要实现海洋产业与生态环境建设协调发展
		湖南省	2009	《关于进一步促进产业园区发展的意见》对健全和完善园区土地等管理，促进生态建设进行了具体规定
			2013	《岳阳市优化产业园区经济发展环境管理办法》强调洞庭湖生态经济区在经济建设中建立联合审批制、责任追究制度建立和完善监督考评机制等
	生态旅游	四川省	1999	《四川省旅游发展总体规划》提出建立川西自然生态旅游区，开发自然生态旅游产品
		黑龙江省	2000	《黑龙江省旅游管理条例》提出发展旅游业要坚持经济效益和环境效益相统一的原则
		云南省	1997	《云南省旅游业管理条例》提出旅游开发坚持严格保护、合理开发等原则
			2008	《云南省旅游产业发展和改革规划纲要》提出构建旅游产业带动生态建设和民生改善
			2009	《云南省人民政府关于推进国家公园建设试点工作的意见》提出进行国家公园建设试点
			2013	《中共云南省委云南省人民政府关于建设旅游强省的意见》提出旅游与生态建设融合发展

续表

主题	主要领域	主要地区/组织单位	基本历程	
			时间（年）	主要政策措施/理念
生态产业	生态旅游	西藏自治区	2012	《西藏自治区“十二五”时期旅游业发展规划》提出开发生态旅游、森林生态观光等旅游产品
贫困地区建设的创新方式	扶贫开发、生态建设	贵州省	1987	《贵州省农村经济远景发展研究》提出进行扶贫开发和生态建设试点
				毕节地委编制《毕节地区经济社会发展的战略构想》，提出扶贫开发、生态建设的基本对策
			1988	胡锦涛提出按照“开发扶贫，生态建设”的基本原则，将毕节地区建设成为试验区
			1988以后	毕节地区制定《毕节试验区“九五”总体实验方案》《毕节试验区“十五”总体实验方案》等方案，深入实施扶贫开发与生态建设
	生态移民	宁夏回族自治区	1983	按照“以川济山、山川共济”原则，采取吊庄移民的形式进行开发扶贫
			2001	宁夏印发《关于实施国家易地扶贫移民开发试点项目的意见》，吊庄移民京津风沙治理转变为生态移民
			2007	按照“人随水走，水随人流”的思路，对居住偏远分散、生态失衡地区贫困人口进行搬迁，发展优势特色农业

经过地方的探索，生态建设与扶贫开发协调推进的理念得到中央的认可，最终在中央层面正式提出了生态扶贫并不断深化（如表2）。2015年，习近平总书记在“2015减贫与发展高层论坛”上提出要通过生态补偿脱贫一批的主张。同年10月，中央发布《中共中央关于制定国民经济和社会发展第十三个五年规划的建议》，其中明确提出了要对生态特别重要和脆弱的地区实行生态保护扶贫。之后发布的《“十三五”脱贫攻坚规划》《中共中央 国务院关于打赢脱贫攻坚战的决定》对坚持扶贫开发与生态保护并重、结合生态建设进行脱贫的思想进行了进一步的规范。2018年，国家发改委、国务院扶贫办等六部委出台的《生态扶贫工作方案》对生态扶

贫的具体实施政策进行了设计，提出要实施生态工程、加大生态补偿、发展生态产业、创新生态扶贫方式。此后，中央下发《中共中央国务院关于打赢脱贫攻坚战三年行动的指导意见》，进一步提出要推进生态扶贫，创新生态扶贫机制，加大贫困地区的生态保护和修复力度。

表2 生态扶贫在中央的提出、深化过程

阶段	时间	主要理念、规划与设计
正式提出	2015年10月16日	习近平总书记在“2015减贫与发展高层论坛”上提出通过“生态补偿脱贫一批”
	2015年10月29日	《中共中央关于制定国民经济和社会发展第十三个五年规划的建议》明确提出对生态特别重要和脆弱的地区实行生态保护扶贫
深化发展	2015年11月23日	《“十三五”脱贫攻坚规划》提出要加大生态保护修复力度，建立健全生态保护补偿机制
	2015年11月29日	《中共中央国务院关于打赢脱贫攻坚战的决定》提出创新生态扶贫机制，加大贫困地区生态保护修复力度
	2018年1月18日	国家发改委等六部委出台《生态扶贫工作方案》，提出实施生态工程、加大生态补偿、发展生态产业等措施
	2018年6月15日	《中共中央国务院关于打赢脱贫攻坚战三年行动的指导意见》提出要推进生态扶贫，创新生态扶贫机制

随着生态扶贫在中央的正式提出，生态扶贫在全国大面积推广（如表3）。在中央部委层面，国家林业和草原局印发了《林业草原生态扶贫三年行动实施方案》，生态环境部出台《关于生态环境保护助力打赢精准脱贫攻坚战的指导意见》，提出了国土绿化扶贫、同时打好两大攻坚战等措施，实现脱贫攻坚与生态建设的“双赢”。在地方层面，部分省市出台生态扶贫方案，对生态惠民、生态产业发展、生态建设扶贫合作社建设等原则和措施进行了详细设计，例如贵州提出了生态扶贫十大工程，江西提出坚持绿色民生导向，宁夏以生态产业发展为侧重点，云南也注重实施生态扶贫工程建设，陕西注重在生态建设过程中发挥经济效应，新疆提出要提高生态产品的供给能力等。由此，生态扶贫在全国开始推广开来。

表3 **生态扶贫在部委/省域的主要实施规划**

部委/省份	主要文件	侧重点	主要措施
国家林业和草原局	《林业草原生态扶贫三年行动实施方案》	林草业发展推动扶贫	实施生态补偿扶贫、推进国土绿化扶贫、实施生态产业扶贫、开展定点扶贫
生态环境部	《关于生态环境保护助力打赢精准脱贫攻坚战的指导意见》	污染防治助推脱贫	打好打赢污染防治和精准脱贫两个攻坚战，通过生态环境保护推动脱贫攻坚
贵州省	《贵州省生态扶贫实施方案（2017—2020年）》	生态扶贫工程建设	以工代赈资产收益扶贫试点、农村小水电建设扶贫工程、碳汇交易试点扶贫工程等
江西省	《江西省推进生态保护扶贫实施方案》	生态民生导向	坚持绿色民生导向，坚持保护优先、绿色发展、生态惠民和倾斜支持
宁夏回族自治区	《宁夏生态扶贫工作方案》	生态产业发展	建立生态建设扶贫专业合作社，吸纳贫困人口参与生态工程建设
云南省	《云南省生态扶贫实施方案（2018—2020年）》	生态扶贫工程建设	实施生态扶贫建设工程，推广生态建设扶贫合作社等
陕西省	《陕西生态脱贫攻坚三年行动实施方案（2018—2020年）》	扶贫融入生态治理过程	选聘生态护林员、实施国土绿化和林业培训发展生态产业、开发公益岗位等
新疆维吾尔族自治区	《自治区生态扶贫工作方案》	生态产品的供给	加强生态工程建设、加大生态补偿力度、发展生态产业、组建脱贫攻坚造林合作社

（三）生态扶贫的实践逻辑

1. 出发点：经济贫困与生态退化

一方面，由于历史原因和本身自然地理环境闭塞等因素的影响，贫困地区产业等基础薄弱，经济发展缺乏现实条件，进而带来贫困人口的经济意识和发展意识淡薄问题，并表现在经济发展的能力上，从而导致贫困地区经济发展的瓶颈难以逾越，造成这些地区经济贫困。另一方面，迫于生计，一些贫困地区尝试扭转经济贫困的被动局面，开始探索发展之路，但是，由于缺乏产业基础，贫困地区自力更生的发展路径在很大程度上表现出对环境的依赖，而国家传统的扶贫方式也更多以经济导向为主，两种方式的生态缺位及由此刺激的经济规模的扩大加剧了对生态环境的掠夺，造成生态环境的破坏，进而导致经济贫困和生态退化的叠加。以毕节地区为例，1988 年，毕节地区人均 GDP 为 288.9 元，农民人均纯收入仅为 182 元，人均粮食产量不到 200 公斤；与此同时，当地迫于生计而盲目开荒，造成生态环境的极大破坏，毕节地区 1985 年森林覆盖率仅为 14.94%，1987 年水土流失面积达 1.683 万平方公里，占国土总面积的 62.7%。[①]

2. 方式：经济建设与生态建设的融合

面对经济贫困和生态退化的双重困境，中央和地方在探索发展过程中不断反思经济发展与生态环境之间的关系，并逐渐认识到生态环境在扶贫开发中的基础地位。但是，由于传统的扶贫方式中把经济与生态相对立，虽然把生态作为影响扶贫质量的一个重要变量，但依然面临着先发展后保护还是先保护后发展的选择。在此过程中，由于经济建设大环境的影响，多地还是以经济发展促进扶贫为主，生态环境的保护处于从属地位。经过实践的探索发现，扶贫开发与生态建设之间并不是冲突的，相反是相适应的，于是各地开始探索扶贫开发与生态保护的融合路径，尝试在保护经济发展的过程中兼顾生态环境，减少对生态的掠夺与污染，并探索通过生态环境保护来促进贫困人口增收致富。例如，1978 年启动的“三北”防护林工程在建设中就提出要走一条生态效益和经济效益并重的中国特色防护林建设之路；2001 年实施的京津风沙治理项目工程也提出要“坚持生态优先，生态、经济和社会效益相结合”的原则。

3. 落脚点：经济、生态与民生的三位一体

无论是扶贫的政策刺激还是生态保护，其最终目的都在于改善贫困人口的生产生活状况，为贫困人口提供良好的经济社会与自然环境，增强他们的获得感和幸福感。换言之，强调经济发展、生态改善的协调，其共同的落脚点都是增加贫困人口的发展所得，实现贫困人口和贫困地区经济、生态和民生的共同进步。在经济建设和生态治理的基础上，中央和地方也在这一过程中明确地表现出对民生的导向。例如，2011 年青海发布的《青海三江源国家生态保护综合试验区总体方案》就明确提出在三江源的保护过程中坚持“尊重文化、保护生态、保障民生”的基本原则，坚持生态保护、绿色发展和提高人民的生活水平相结合；2014 年国家林业局出台的

---

① 刘子富：《攻坚——毕节试验区开发扶贫生态建设纪实》，新华出版社 2015 年版，第 67—69 页。

《国家林业局关于加快特色经济林产业发展的意见》提出在林业经济发展过程中要兼顾生态与民生；在生态扶贫的实践中，江西省发布的《江西省推进生态保护扶贫实施方案》也直接提出了要坚持绿色民生导向，坚持保护优先、绿色发展、生态惠民和倾斜支持原则。

三 生态扶贫的本质追寻：经济、生态与民生何以耦合

从生态扶贫的探索历程中内在地包含从经济出发到经济与生态的耦合，再到民生的逻辑，因此，生态扶贫包含经济发展、生态改善和民生惠及三个本质要素，这三个要素的耦合也同样建立在经济与生态的耦合并最终指向民生的逻辑上。

（一）生态扶贫的本质要素

1. 经济发展：对经济贫困的回应

扶贫的重要出发点是贫困地区的经济落后问题，它是导致贫困地区生态破坏的重要动因，要想从根本上改善贫困地区的经济与生态的双重困境，就不能将经济发展排斥在外。现阶段，强调发展不能唯 GDP，但这并不意味着因为生态保护而不注重或者放弃 GDP，而是要放弃低端产业、高能耗高污染产业的 GDP，发展有利于“绿水青山”的 GDP，有利于增进人民生态福祉的 GDP。[①] 在生态扶贫的概念中，生态与扶贫是一个有机整体，生态是先导，扶贫是落脚点，它建立在同一个时间维度内，为了生态保护而完全放弃经济利益既是对“两山论”的曲解，也不符合现实发展的实际。生态扶贫依然要坚持经济的重要地位，在经济贫困与生态破坏的双重压力下，没有一定的经济基础作为支撑，生态保护也会失去经济条件。因此，经济发展在生态扶贫中具有基础性的地位。

2. 生态改善：对生态贫困的回应

在扶贫过程中强调生态的重要地位是生态扶贫与其他扶贫方式的本质区别，使之成为生态扶贫的本质要素。如前所述，在传统扶贫的过程中，由于对经济的偏向加大了扶贫对生态环境的依赖，造成了生态环境的极大破坏，并由此影响了扶贫的长效经济效应，造成环境破坏的现实状况。也即是说，生态环境是影响传统扶贫效应的中介环节，要防止返贫，就必须

---

① 罗成书等：《以“两山”理论指导国家重点生态功能区转型发展》，《宏观经济管理》2017 年第 7 期。

重视生态环境的作用，这是生态扶贫强调生态改善的重要出发点。此外，生态环境本身就是人类财富的一部分，它通过生态资源表现出来。因此，当生态环境被破坏，贫困人口的生态财富就会出现赤字和短缺，从而陷入生态贫困，因而就需要进行生态扶贫。基于此，生态扶贫强调扶贫方式的绿色化，强调对资源消耗的降低，并通过积极的手段修复和保护生态环境，改善生态环境的质量，增加贫困人口的生态财富。

3. 民生惠及：对贫困人口需求的回应

贫困人口的对经济财富和生态财富的需求与现实中这种需求没有得到满足的状况，就构成了贫困的基本范畴。根据这种范畴，才会产生生态扶贫的概念。因此，贫困人口的需求没有得到满足就是生态扶贫的前提条件。从贫困的角度来说，致贫因子包括自然物质资源和社会资源的短缺两个方面，这种短缺就构成了贫困人口的特定需求。生态扶贫的过程就是通过资源转移、刺激等手段对贫困人口和地区的帮扶，是资源的创造和流动过程，是对这种需求的回应。中国的民生包含了民众的生存需要，蕴藏着人们的生活理想，它要求国家治理必须回应并解决民众的生活关切。[①] 因此，生态扶贫对贫困人口需求的回应就是民生惠及的体现。

（二）经济发展与生态改善何以耦合

贫困的主要标准是对特定产品需求和这种产品供给的不足，经济发展在满足这种需求中扮演着基础性作用，为其他需求的满足提供支撑，因此贫困问题在根本上是经济发展落后的问题。

1. 消除贫困与生态改善的统一关系

第一，贫困与生态的协调关系。环境经济学家认为，贫困本身并不能造成生态恶化，但是，当贫困人口对环境选择余地及外界的刺激发生变化时，生态和贫困之间就具有了相关性。一般来说，区域性的生态质量的降低可能会导致生态与贫困的恶性循环。生态属于公共资源，为一定区域内居民共同所有，由于贫困地区的居民缺乏其他发展机会，只能依靠对生态的开发来获取生存资源。但是，由于资金和技术的短缺，这种开发对生态是往往破坏性的，对生态的破坏又进一步损害了人们生存的基础。同时，生态的破坏又导致自然灾害频发，加剧贫困地区人口生存的窘状，使其陷

---

① 高和荣：《民生的内涵及意蕴》，《厦门大学学报》（哲学社会科学版）2019 年第 4 期。

入“贫困—生态破坏—更加贫困”的恶性循环。[①] 贫困问题与生态问题并不是完全相伴而生的，贫困能否转化为生态退化，取决于贫困人口拥有的选择余地和他们对外界刺激的反应[②]。因而，贫困与生态的恶性循环可以通过人类的积极行动来得以抑制，并且能够实现两者的相互促进。

第二，消除贫困与改善生态的协调。从马克思的人本观点出发，生态马克思主义经济学认为，人既是自然生态人又是社会经济人，即人具有二重性[③]。人既是自然存在物也是社会存在物，既是物质资料的生产者也是物质资料的消费者，人在本质上是自然生态本质和经济社会本质的统一。生态马克思主义经济学认为，要满足人的需求，就需要进行生产，由于人的二重性，这种生产就包括物质资料的生产和生态的再生产。生态的再生产和不断生产新的生态环境是物质资料生产的条件，物质资料的生产又为生态环境的生产提供条件。生态生产和再生产主张对人类和非人类物种生活必需的生态资料进行生产，从而为人类和自然界创造出生态财富。[④] 但是，当这种生态财富陷入短缺时，人的物质需求和生态需求就会得不到满足，就会陷入生态贫困状态。按照生态马克思主义经济学的解释，生态贫困包括人的维度和生态的维度[⑤]。就人的维度而言，物质资料的生产和环境的再生产的起点是人的二重性，对自然进行生产的主体是人，对物质资料进行的生产和对生态环境进行的再生产，始终是人的行为，因此人始终是贫困的主体，脱离人而谈贫困，就失去了意义。就生态的维度而言，人的一切生产资料和空间都是由自然提供的，当自然的物质供应减弱，人的需求加大对自然的开发时，自然的供给与人的需求之间就存在了不相适应的状况，生态逐渐陷入短缺，最终导致贫困。因此，要满足人的物质需求和生态需求，就需要从人的二重性出发，把握贫困的人和生态维度，进行生态扶贫。

要发展生态生产，进行生态扶贫，就要发展生态生产力。生态马克思主义经济学认为，生态生产力来源于社会经济生产力和自然生态生产力在

---

① 钟水映等编：《人口、资源与环境经济学》，北京大学出版社2017年版，第217—244页。

② 杨云彦等编：《人口、资源与环境经济学》（第2版），湖北人民出版社2011年版，第166页。

③ 刘思华：《生态马克思主义经济学原理》（修订版），人民出版社2014年版，第211页。

④ 刘思华：《生态马克思主义经济学原理》（修订版），人民出版社2014年版，第297页。

⑤ 龙先琼：《关于生态贫困问题的几点理论思考》，《吉首大学学报》（社会科学版）2019年第3期。

整个生产力系统中的相互作用。[①] 社会经济生产力包括物质生产力和精神生产力，自然生态生产力指的是“自然生态系统所具有的物质循环、能量转换和信息传递的能力，这种能力在本质上是自然力量或生态力量”[②]。依据生态生产力理论，要推动人类社会的发展，需要坚持人的主体地位，从人的二重性出发，一方面要发展社会经济生产力，即提高人类改造、利用自然的能力，增强对自然规律的把握，提高对科学发展的认识；另一方面要保持良好的生态环境，保障生产力发展的生态底线。因此，要进行生态扶贫，既需要着眼于贫困人口的物质匮乏，利用物质生产力和精神生产力改造和利用自然，发展社会经济生产力，满足人的物质需要，又需要在改造自然的过程中保护自然、美化自然，创造良好的生态环境，发展自然生态生产力，满足人的生态需要。既将生态环境作为扶贫的一种可利用的资源，又把生态环境的保护作为资源开发的限度，从而在生态扶贫的过程中既缓解人的经济贫困和生态贫困，同时在扶贫过程中改善和维持生态环境质量的良好，进而实现人与自然的和谐，实现消除贫困与生态改善的双重目标。

第三，消除贫困与生态改善的空间耦合。长期以来，中国贫困人口多集中在生态脆弱地区。习近平总书记也强调，中国现有贫困大多集中在自然条件差、经济基础弱、贫困程度深的地区[③]。贫困地区本来经济发展能力较弱，为了解决生存问题，一些地区开始大规模地开发和利用自然，并在此过程中忽略对自然的修复与保护，而自然资源的有限性决定了这种经济发展的效果必然是短期的，当资源开发达到阈值之后，经济发展失去了基础，从而又陷入贫困，由此导致中国贫困地区与自然环境恶劣、生态破坏严重地区在空间分布上具有一致的特征[④]。中国经济贫困和生态恶化之间的空间耦合为同时实现消除贫困和生态改善的目标提供了现实空间，从而为两者在现实路径上的耦合准备了条件。

---

① 张胜旺：《生态文明内在本质的理论阐释——一个基于生态经济视角的分析》，《生态经济》2016 年第 7 期。

② 刘思华：《生态马克思主义经济学原理》（修订版），人民出版社 2014 年版，第 323 页。

③ 中共中央文献研究室编：《习近平扶贫论述摘编》，中央文献出版社 2018 年版，第 20—21 页。

④ 蔡典雄等编：《中国生态扶贫战略研究》（修订版），科学出版社 2016 年版，第 14—15 页。

2. 民生：消除贫困与生态改善的终极指向

马克思强调，是人们自己创造了自己的历史，这肯定了人的主体地位。坚持以人民为中心，把满足人的基本需要、实现人的全面发展、增进人民福祉作为发展的出发点和归宿，是马克思主义政治经济学的一般原理。作为马克思主义执政党，中国共产党始终坚持人民的主体地位，实现“发展为了人民，发展依靠人民，发展成果由人民共享”。习近平总书记也指出，“增进民生福祉是发展的根本目的”①。要增进民生福祉，就要不断满足人民的需要，提升人民的幸福感与获得感。

发展生产和经济的出发点和归宿点是改善民生。② 面对长期物质文化落后的状况，党的十一届三中全会把国家建设转移到经济建设上来。强调经济在国民经济中的基础性地位，是因为通过经济的发展才能不断满足“日益增长的物质文化需要”，满足这种需要就是民生的体现。在新的历史阶段，“人民日益增长的美好生活需要和不平衡不充分的发展之间的矛盾”更加明显地表现出来。人民对美好生活的需要是新的历史时期人民的需要，这些需要的满足建立在经济基础之上，要超越发展不平衡不充分的问题，关键还是要发展经济。因此，经济发展是对新时代民生需求的回应，再次证明了经济发展的民生指向。

习近平总书记指出，“生态环境问题归根到底是经济发展方式问题”③，因此要消解环境问题，实现生态改善，就要从转变经济发展方式入手，而转变经济发展的目的还是在于发展生产力，促进贫困地区的发展，最终消除贫困，实现共同富裕。在此基础上，习近平总书记进一步提出：“保护环境本身就是保护生产力，改善环境既是发展生产力。”④ 也即是说，发展生产力本身就是保护和改善生态环境，从而与环境问题是经济发展方式的观点构成一个系统逻辑。由于经济发展的指向是民生，保护生态环境与发展经济是相互统一的，因此改善生态就是改善民生，正如习近平总书记所言，“良好生态环境是最公平的公共产品，是最普惠的民生福祉”⑤。

---

① 中共中央文献研究室编：《习近平扶贫论述摘编》，中央文献出版社 2018 年版，第 22 页。

② 程恩富：《要坚持中国特色社会主义政治经济学的八个重大原则》，《经济纵横》2016 年第 3 期。

③ 中共中央宣传部：《习近平总书记系列重要讲话读本》，人民出版社 2016 年版，第234 页。

④ 《习近平谈治国理政》第 2 卷，外文出版社 2017 年版，第 209 页。

⑤ 中共中央文献研究室：《习近平关于全面深化改革论述摘编》，中央文献出版社 2014 年版，第 107 页。

（三）小结

生态扶贫包含经济、生态和民生三个基本要素，经济发展、生态改善和民生福祉三个维度在本质上是相互统一的[①]。生态扶贫首先承认环境与经济发展之间的辩证统一，超越了贫困地区环境与经济的零和关系，通过生态保护实现经济发展和在经济发展中保护生态环境两种方式降低扶贫对自然的开发，增强经济发展的生态化治理能力，完善贫困地区的经济结构。其次，从人的二重性出发，生态扶贫摒弃了传统扶贫过程中建立主要依靠自然资源、对资源的大规模开发的方式，虽然也强调对资源的利用，但是这种利用是建立在生态原则基础上的。生态扶贫通过发展生态生产力将生态资源转化为生态产品，进而提高绿色经济效益，实现经济与生态的耦合。最后，生态扶贫所坚持的经济与生态的耦合是建立在以人为本的基础上的，无论是经济发展还是生态建设都以人为主体，以改善贫困人口的生活状况和生活环境为基本导向，从而促进贫困地区的民生发展。因此，总体来看，生态扶贫实现了经济、生态与民生的三维耦合。

四 生态扶贫的要素失衡及其校正

从本质上考量生态扶贫在现实中存在的问题，其表现就在于三要素之间的失衡，对此，需要从经济、生态和民生三个角度精准问题靶向，实现问题的校正。生态扶贫是中国扶贫开发和生态建设的经验总结，是对西方反贫困和环境治理实践的超越。

（一）生态扶贫的乱象：三要素失衡

1. 经济可持续发展能力较弱

首先，作为一种扶贫方式，生态扶贫表现出阶段性的特征，也即生态扶贫的实施基本与政府政策的时间跨度是一致的，而当前生态扶贫政策的目标更多指向短期内消除绝对贫困，生态扶贫的长期效应不突出。因此，当前生态扶贫的经济刺激效果对于在短期内消除绝对贫困是有益的，但是从长远来看，这种刺激并不具有明显的长效效用，尤其是当前财政转移支付等“输血式”的扶贫方式，造成政策回收带来的返贫现象较为突出，从而导致经济的持续发展能力还相对较弱。其次，生态扶贫也同样具有贫困

---

① 万健琳：《习近平生态治理思想：理论特质、价值指向与形态实质》，《中南财经政法大学学报》2018 年第 5 期。

陷阱的“弹性门槛”，成为制约贫困地区经济可持续发展的掣肘。“弹性门槛”主要表现在贫困户脱贫能力不稳定，风险应对能力不健全，对环境的变化不适应。[①] 贫困户自身的脱贫能力与意识与当前生态扶贫资源的大规模向贫困地区的转移不相适应，贫困地区对生态扶贫资源的消化内力较弱，在一些地区甚至还助长贫困户“等、靠、要”的思想，贫困户的脱贫意愿不强烈，从而难以调动贫困户自身的积极性，进而实现经济的可持续发展。最后，中国诸多贫困地区尤其是深度贫困区的生态资源丰富，生态扶贫还是要依靠这些生态资源。生态扶贫提出了经济与生态的耦合，但是，由于“地方性知识”的局限，加之各地情况的差异，很少有成功的样板可以提供经验借鉴，对于如何在生态扶贫中实现经济利益与生态效益耦合，许多地区难以在这二者之间形成科学的平衡，因而在生态扶贫中，虽然对生态环境的开发程度减缓，但依然形成对生态的破坏，造成发展的不可持续。

2. 生态扶贫的生态效应不突出

第一，当前中国的生态扶贫区域一般与精准扶贫识别的地区重合，但是，这在逻辑上将其他生态破坏严重，从长期来看将可能由于生态困境而带来的经济返贫地区排除在外。也即是说，当前的生态扶贫区域的识别更多以经济指数为标准，尚未将生态指数纳入贫困地区的识别过程中。与之类似，生态扶贫的测评、考核指标仍然以经济指数为主，生态治理的情况在政策绩效、干部考核与贫困退出的标准中没有具体体现出来，测评、考核等的生态标准不明确，使得在地方生态扶贫中依然以经济扶贫和经济脱贫为主，造成生态扶贫的生态效应不突出。第二，一些地区的生态扶贫措施从长远来看并不具有生态性。从当前中国生态扶贫的实践来看，许多地方在原有生态农业发展的基础上实施生态扶贫，但是，中国的生态农业理论体系仍然不够完善，其运作、监督、管理和激励机制不完善，标准体系不健全，使得生态农业的绿色性缺乏坚实的保障，一些生态农业模式中还存在各种形式的污染，还未真正提供“绿色产品”[②]。还有一些地区采用比如地面硬化的方法来改善贫困地区的环境，虽然从短期来看，当地的居住环境确实有相对改观，但是，这种方法实际构成对土地的长久性侵占，尤其

① 郭立平：《精准扶贫的内生矛盾与改革建议》，《宏观经济管理》2018 年第 9 期。
② 张予等：《生态农业：农村经济可持续发展的重要途径》，《农村经济》2015 年第 7 期。

是一些地区对耕地进行的硬化。还有一些地区采用改田为地、改地为林等措施，盲目扩大植被的覆盖率，没有遵循土地利用的生态规律。从长远来看，这些措施都不具有生态性，造成生态扶贫的生态性原则维持乏力。

3. 扶贫的现实要求与生态扶贫的堕距

生态扶贫以改善贫困地区的经济状况、生态质量，促进民生发展为终极指向，但是，从当前实践的情况来看，生态扶贫能够使得扶贫的基本要求得到满足，但是并没有有效满足较深层面的需求，这种需求包括两点。第一，贫困人口之间、贫困区域之间的协调发展。扶贫的优惠政策在建档立卡贫困户身上不断叠加，而与贫困户收入差距不大的非贫困户却没有享受到这种政策补给，造成贫困群体与边缘群体矛盾加深，发展收益分配不公平。[①] 同时，扶贫政策的不断叠加使得边缘群体在扶贫之后转变又转变为相对贫困人口，从而引发新的不平衡。生态扶贫将政策资源向贫困地区的转移，从微观层面看，会造成贫困群体与边缘群体之间的矛盾；从中观层面看，同一区域内的贫困区与非贫困区也存在这样的矛盾。第二，贫困人口对精神文化的需求。精神文化是每个人的普遍需求，随着贫困地区经济状况的相对改善，贫困人口对精神文化的需求更加迫切的表现出来。而在中国当前扶贫过程中，贫困地区文化基础设施较差，文化建设队伍素质不高，偏重于经济目标的实现，对文化素质的培养缺乏可持续性的措施。[②] 生态扶贫虽然也作为一项民生工程，但是在实践层面对文化的关切还不够，其主要还是以满足贫困地区和贫困人口的物质需求为主。同时，中国当前的生态扶贫还未形成较为固定的生态扶贫文化形态，很难为贫困地区输送其所需要的文化。

（二）从失调到耦合：校正的可能

1. 以整体性思维推进三位一体协调发展

习近平总书记强调，“我们的改革要更加注重系统性、整体性、协同性”[③]。坚持用整体性思维协调生态扶贫的三位一体耦合发展，首先要始终把经济、生态与民生统一起来，树立生态扶贫的整体观念与方法，始终用

---

① 高飞：《“中国式减贫”40年：经验、困境与超越》，《山东社会科学》2019年第5期。

② 张春景等：《文化精准扶贫案例研究——以马鞍村、下党村和赤溪村为例》，《图书馆杂志》2016年第6期。

③ 习近平：《在庆祝中国共产党成立95周年大会上的讲话》，《人民日报》2016年7月2日第2版。

三位一体的思维观察和思考生态扶贫的理论与现实问题，避免顾此失彼，避免一味地强调脱贫指数的增长而牺牲环境，一味地强调生态建设而将生态与经济对立起来，一味地强调经济与生态发展而忽视贫困人口的现实需要。其次要将三位一体贯穿到生态扶贫的具体措施中，协调推进经济、生态与民生的共同进步，用经济发展、生态改善、民生提升的标准来衡量生态扶贫的实施效果。需要说明的是，坚持三位一体的整体性思维并不是要搞“一刀切”，它与坚持分类指导、因地制宜的原则并不相矛盾，相反是与之适应的。坚持三位一体的整体观是强调经济、生态与民生的有机协调，并不是完全强调三者的完全均衡，完全均衡的观点也是脱离现实实际的。坚持整体性思维要实现经济、生态与民生的协调，其基本要求和旨趣是要推动三者的共同发展。

2. 坚持以人民为中心的绿色发展观

在理念与方式上，经济发展和生态治理都是统一的，“保护环境本身就是保护生产力，改善环境既是发展生产力”①。因此，应该从经济角度思考生态问题，坚持经济与生态的统一，即是要坚持绿色发展和可持续发展。“绿色发展和可持续发展的根本目的是改善人民生存环境和生活水平，推动人的全面发展”②。因此，民生是坚持绿色发展的最终指向。生态扶贫要坚持以人民为中心的绿色发展观，重点还是要以在不破坏生态环境的基础上消除贫困为基本目的，就是在贫困地区原有的经济基础、人口结构、生态资源分布与质量等基础上，调整贫困地区的经济结构，不仅在资源配置和利用方式上有所转变，更要在经济结构发展模式上进行变革。③ 注重内生性发展，即因地制宜合理开发生态资源，向贫困地区输送和推动贫困地区生产经济产品和生态产品，实现生态优势向经济优势的绿色转换，同时加大对破坏严重地区生态环境的修复，在这一过程中吸纳贫困人口就业，推动贫困人口脱贫致富，提高贫困地区的生产生活水平，改善贫困地区的民生。同时，倡导形成绿色生活方式，培育生活方式的绿色化，倒逼经济结构转型升级，引导生产方式的转变，促进绿色发展。④

---

① 《习近平谈治国理政》第2卷，外文出版社2017年版，第209页。

② 习近平：《携手推进亚洲绿色发展和可持续发展》，《人民日报》2010年4月11日第1版。

③ 陈慧：《习近平绿色发展观的发生逻辑及内在旨趣》，《广西社会科学》2016年第11期。

④ 张涛：《新时代中国特色社会主义绿色发展观研究》，《内蒙古社会科学》（汉文版）2018年第1期。

3. 推动生态扶贫与其他基层治理方式的耦合

生态扶贫从属于基层治理的框架，并不是一个独立的维度，由于在功能与方式上的交叉，生态扶贫也必然与其他扶贫方式具有耦合性。生态扶贫应主动对接乡村振兴战略的目标要求，从政治、文化、社会等方面着手，坚持整体推进，实现贫困人口的持续增收。[①] 在政治层面，生态扶贫要主动融入基层治理的政治运行体系中，增强与村民自治等的互动，提高贫困人群的参与度，发挥农民的监督作用，调整和完善生态扶贫的识别、帮扶、监督、运行和考核机制，提升生态扶贫的实施效果。在文化层面，总结生态扶贫的实际经验，从传统和现实、理论和实际等多元角度挖掘具有中国特色和底蕴的生态价值，模塑生态扶贫的文化形态；要开辟农民生态文化意识培养的实践途径，开展生态扶贫宣传教育实践活动，拓宽农民生态扶贫文化自我创新、发展和管理的路径；要营造积极向上的生态扶贫文化氛围，将生态扶贫文化融入农村社会文化的各个方面，增强生态扶贫文化的濡化能力和感染能力，提高生态扶贫文化的影响力。在社会层面，要注重调节贫困户与非贫困户之间、贫困地区和非贫困地区之间的不平衡矛盾，增强生态扶贫的对象、区域相互间的互动，扩大生态扶贫的受益范围，实现重点帮扶、均衡受益；积极鼓励企业、社会组织、个人等依托自身优势参与到生态扶贫过程中，支持社会资金技术的融入，提高贫困人群的获得感与幸福感。

（三）生态扶贫的展望

1. 生态扶贫是打赢脱贫攻坚战和生态治理攻坚战的创新之举

党的十八大以来，中央始终把精准扶贫和生态建设作为重点工作来抓，制定了一系列措施来推进其实施，也取得了显著的成效。精准扶贫和生态建设反映了党和政府在新的历史条件下对中国过去发展存在的问题的回应，也是对历史发展方式的进一步思考，对于实现“两个一百年”的伟大目标具有深远意义。在此基础上，生态扶贫进一步将两者耦合起来，坚持问题导向，生态扶贫直面发展中的突出困境，聚焦问题靶向，是对传统发展方式的创新；坚持实践导向，生态扶贫不仅仅是停留在理念的探讨，以中国长期扶贫开发和生态建设的实践情况为依据，它牢牢把握住我国经

① 廖彩荣等：《协同推进脱贫攻坚与乡村振兴：保障措施与实施路径》，《农林经济管理学报》2019 年第 2 期。

济社会发展的实际，瞄准现实社会发展的需要，真正落实到解决人民关心的实际问题上去；坚持人民的主体地位，坚持经济、生态与民生的统一，是打赢扶贫攻坚战和生态治理攻坚战的创新之举，对于全面建成小康社会具有重要推动作用。

2. 生态扶贫为全球的贫困和环境治理贡献了中国方案

贫困和环境污染问题不仅是中国面临的现实难题，更是人类发展进程中的困境。但是，从全球发展实际来看，西方国家并没有提出有效解决这两大难题的方法。西方发达国家的学者们对欧美发达国家生态治理成功路径的描述是一种假象，发达国家的环境改善与环境污染的空间转移有关，其生态治理从全球范围来看并不具备生态性。① 对于贫困与生态之间的关系，西方理论界也始终争论不休。生态扶贫立足中国的现实，在理论上突破了经济与生态内在矛盾，明确了两者的耦合关系，形成了对贫困与经济关系之间的辩证认识，进而深刻阐释了生态扶贫经济、生态与民生三位一体的本质。同时，在总结历史经验的基础上，经过不断的探索，中国提出了生态扶贫的具体措施，这些措施也正在为全球减贫事业和环境治理做出源源不断的努力，对于全球有效应对贫困和环境问题具有重要的借鉴意义，为全球的贫困和环境治理贡献了中国方案。

① 张劲松：《全球化体系下全球生态治理的非生态性》，《江汉论坛》2016 年第 2 期。

多学科视域中的气候正义及其治理逻辑

陈春英*

习近平总书记在党的十九大报告中多次提到社会主要矛盾转变过程中的生态维度，其不仅关乎美好生活的实现，对于不平衡和不充分发展的问题解决也有建设性意义。气候因素作为生态问题的重要表征之一，已经成为社会发展中不可忽视的因素，其诱发原因的复杂性决定了矫治路径的多元化。特别是针对治理过程中的正义问题来说，多学科的视角融合方能为现实中的策略选择提供一个总体性的理论关照。

一　气候治理的政治学考量

气候变化及治理具有较强的政治意蕴。因而，气候治理也呈现为一个严重的政治问题。尤其是全球化境遇下，气候治理的无政府状态更是决定了全球气候治理要取得成效，政治学视域的考量必不可少。民主政治是当代政治学及政治实践中最核心的议题，在气候治理过程中将发挥重大作用，气候资源的公共产品属性也意味着民主政治的限度。本文以期从政治学的视角对气候治理及正义问题进行理论及现实关照，以求更多的政治学者对气候问题进行政治学探寻。

（一）气候治理的政治学思想渊源

随着气候变化的加剧，人类进入了一个人为制造的乌尔里希·贝克（Ulrich Beck）意义上的高风险社会，使得人类随时可能遭遇不期而至的风险。这也意味着气候变化动摇了人类生存与发展的根基，危及了国家发展的基础，气候变化与政治产生了不解之缘。“气候变化的主导话语，在世界政治领域具有实质性的垄断地位，但却是指向未来的。不过，从社会学

* 陈春英：中南财经政法大学哲学院副研究员。

的视角来看，气候变化在‘当下’已经发生了，并且正在转变政治、经济、科技、法律、军事和文化等方面的视野，而且速度非常之快。也就是说，风险是一个涉及当前——未来预期的问题。与此同时，气候变化已经从‘低级政治’向‘超级政治’转变：气候变化议题的潜力如此巨大，以至于能够重塑社会和政治的视野。没有一个政党敢于宣称自己忽视气候变化”①。因而，在这样的语境下，国家要获得生存与发展，就必须正视与应对气候变化现象。气候问题的政治学渊源使得要解决与治理气候问题不得不从政治的视角来思考问题，使得人们不禁要思考气候变化的确定性，也要思考气候变化的经济治理成本问题，更根源的是要思考与气候变化及治理相关的权力、公平正义及资源分配问题，这些构成了气候变化的政治学基础。

气候资源的公共产品属性决定了它是超越国界、超越民族、超时空的一种存在物，决定了没有任何一个主体可以独立拥有或者支配它，当然，这也意味着任何一个主体均可以自由自主地向大气中排放温室气体等废气，气候变化的“公地悲剧”就这样产生了。气候作为一种稀缺资源，如果被破坏，人类将面临灭顶之灾，正是基于此，气候资源往往成为权力角逐的对象。现代性境遇下，表面上看，气候变化是现代性的后果呈现，但是实质上却是资本权力竞争的结果。在发达国家的资本优势下，发达的生产力优势与高速的现代化进程使得他们在大气资源的角逐中占据着先天的优势。而发展中国家只能在资本的权力游戏下愈来愈贫困和承受严重的生存危机。

气候变化对人类社会产生了严重的影响，正在导致或将要导致人类生存境遇的嬗变，或多或少都与政治有关。气候变化导致了人们生活方式的变化，气候变化导致的生存条件的改变使得人们为了生存下去可能引发战争。“达尔富尔的‘阿拉伯人’与‘非洲黑人’的差别在于生活方式，而不是身体特征。阿拉伯人多半是牧民，非洲黑人多半是农民，双方并无种族上的区分，大部分也都是穆斯林，双方的矛盾源于其他方面：定居的农民与迁徙的牧民争夺贫瘠的土地。在一片沙漠化、干旱、饥荒之中，军阀穆萨·希特勒的侵略行为，可以追溯到他父亲的恐惧以及气候变化如何摧

---

① ［英］戴维·赫尔德等：《气候变化的治理——科学、经济学、政治学与伦理学》，谢来辉等译，社会科学文献出版社 2012 年版，第 136—137 页。

毁他们原有的生活方式"①。气候变化亦引发了巨大的移民潮，那些气候难民冒着生命危险在从穷国向富国，从沿海向内陆迁徙，在该过程中引发了一系列的政治问题。"发达国家的领袖与人民则为了如何安置这些可怜的难民伤透脑筋，进而引发一波波政治问题"②。气候变化引发的生态灾难和社会危机增加了社会和国家的不安全感，更加剧了资源的稀缺性，接踵而至的是与此相伴随的社会不公平的加剧。这些都与政治学密切相关，全球气候治理的无政府状态决定了人们只有从政治学的维度思考气候变化问题，气候变化的严峻程度才有可能获得缓解。

（二）民主政治与气候治理

民主政治可以看作政治学理论及实践的代名词，当代社会，除了极个别国家属于威权政体或专制政体外，无论社会主义国家还是资本主义国家均将民主作为国家政体的价值基点，故民主政治构成了气候治理的现实社会语境。因而，从政治学视域考量气候治理离不开对民主政治及其对气候治理的作用与价值的考量。

1. 民主及民主政治

讨论民主政治，人们首要的是厘清民主概念的内涵与外延。自民主制从古希腊诞生之日起，在其后的几千年中，思想家或政治学家都对其孜孜以求，企图揭开民主的神秘面纱。因而，不同的学者就对民主做出了富有自身特色的界定。

基于古希腊的民主政治实践，处于近水楼台的古希腊学者率先对其进行了理论考察，学者希罗多德（Herodotus）在其《历史》一书中对民主（demokratia）首次进行了界定，他指出民主是由"demo"（人民）和"kratos"（统治）这两个词根组成，民主也即"人民的统治"。其关于民主的理解对后世影响深远，其后的学者也多是以该概念为基础对民主进行解读。17世纪英国思想家洛克（John Locke）指出民主"是按照人民的意志进行政治统治"，根据洛克生活的时代背景可知，这里的人民是相对于地主阶级而言的；20世纪奥地利经济学家约·阿·熊彼特（Joseph A. Schumpeter）将民主看作"是人民投票决定权力的归属"，美国政治学

---

① ［美］史蒂芬·法里斯：《大迁移——气候变化与人类的未来》，傅季强译，中信出版社2010年版，第5页。

② ［美］史蒂芬·法里斯：《大迁移——气候变化与人类的未来》，傅季强译，中信出版社2010年版，第60页。

家达尔将民主看作“是多种利益集团的相互作用”，与熊彼特相比，达尔（Robert Alan Dahl）对民主的解读进一步触及了民主的实质，看到了民主背后利益集团发挥的巨大作用。以马克思为代表的马克思主义者同样对民主进行了论述，他们将民主界定为“是特定社会经济基础之上的上层建筑，是人类文明发展的成果和世界各国人民的普遍要求，体现了国体与政体的统一”。

透过上述对民主概念的分析，可以发现民主具有鲜明的时代特色。不同时代民主具有不同的内涵。可以说，从古至今，民主经历了古典民主、代议制民主与协商民主三个阶段，亦呈现出与之相对应的民主政治实践。当然，现代意义上的民主主要为代议制民主，以美国的民主政体为典范。马克思主义意义上的民主主要以中国为代表，也可以看作协商民主。从民主政治的视角思考气候政治主要是从现代意义上的民主政治出发对其进行考量。

2. 民主政治与气候治理

民主政治语境下人类的气候治理进程在两个层面展开，国际层面与国内层面。然而，无论是气候治理的全球化展开抑或是国内治理均是举步维艰的，甚至可以说是宣告了“民主失灵”的。因为，国际层面存在着气候治理的“无政府状态下的低效率（Anarchic inefficiency）”[①]，现实气候治理的国际进程中，美国总统特朗普宣布退出《巴黎协定》就是对其的最好解读。哈丁（Hardin）提出的气候治理的“公地悲剧”也进一步说明了在气候治理领域民主政治的无能为力。从国内层面来看，若以气候变化绩效这一指标来衡量民主政治国家在气候治理方面的成就，可以发现“部分重要的欧洲民主国家固然名列前茅，如丹麦、英国、葡萄牙、瑞典、瑞士和法国等，但是成绩表现多低于70分。多数国家的成绩并没有太明显的落差。荷兰、芬兰、新西兰和美国则被列入表现不佳的国家，日本、澳大利亚和加拿大更是被归类为表现极差的国家”[②]。因而，民主政治无论是国际层面还是在国内层面都表现得平淡无奇，这是不是就意味着民主政治在气候治理方面已经一无是处，我们只能另辟蹊径？

要找到上述问题的症结所在，我们首先需要了解到民主政治的问题何

---

① ［英］戴维·赫尔德等：《气候变化的治理——科学、经济学、政治学与伦理学》，谢来辉等译，社会科学文献出版社2012年版，第113页。

② 施亦任：《气候治理、政治体制与民众意向》，《国外理论动态》2005年第3期。

在。从国家层面来看，国际社会早在1992就开启了气候治理的国际行动，并提出了规范各国温室气候排放的全球性协议文件《联合国气候变化框架公约》。然而，时至今日，气候治理的国家合作已经持续了近30年的历程，却收效甚微，原因在于未能取得信任。从政治层面来看就是各国之间的政治信任严重不足。此外，按照西方生态学马克思主义的观点，西方资本主义制度天生地具有反生态的性质，这也是导致西方民主国家内部治理的进展缓慢的制度或政治原因。

协商民主作为当代社会最重要的民主类型，其所展示的价值内涵有助于促进世界各国在气候治理方面取得共识。协商民主“强调公民参与，注重推理论证的决策过程，是公民与政府、政党、社会组织等协商共治的民主。这一民主形式之所以被大家所共同推崇，主要是因为它回归了古典民主的价值本原，同时也弥补了代议制民主的不足”①。应该说，协商民主可以有效地加强不同国家之间的政治信任，气候变化越来越严重的今天和气候治理进入深水区的境遇下，理应通过协议民主促进不同国家之间的信任，协商民主必然可以在全球气候治理层面发挥越来越重要的作用。

（三）气候治理政治学考量的限度与价值

气候变化引发了严重的政治危机，气候变化的全球化特征更决定了应对气候治理需要从政治学的视角进行考量。然而，人们发现政治学并不是无所不能的，传统的政治学在应对气候治理的过程中遭遇了许多困境，体现为政治学应对气候治理的限度。当然，政治学在应对气候治理层面亦有自身重要的价值。

1. 气候治理政治学考量的限度

气候变化导致了严重的生态问题及人类自身的生存危机，若放任气候继续恶化下去，危机的聚集必将瓦解人类社会政治共同体。气候治理是人类缓解气候危机好实现人类社会存续的必然之路。由于现阶段气候治理的人为性特征，这也赋予了气候治理的更多可能性。由于气候变化呈现为一个政治问题，故必须从政治学视角进行回应方能取得成效。

气候产品的公共品属性决定了任何主体都无权独占气候资源，也决定了在气候治理过程中必须构建科学合理与公平公正的气候资源分配方式，必须构建气候行为的共同守护的边界与温室气体的排放限度。要解决上述

---

① 苏向荣：《风险、信任与民主：全球气候治理的内在逻辑》，《江海学刊》2016年第6期。

问题，气候治理的实践已经证明唯有寻求政治的帮助和借助于政治学的学科知识方能取得较好的成效。因而，气候治理为政治学提供了新的研究论域，使政治学获得了新的生命活力。当然，气候产品的公共品属性也决定了气候治理的全球化特征，这意味着要解决全球气候问题必须要从全球化的视角对气候问题从政治层面做出回应。从全球化的视角为气候治理的国家合作贡献可操作性的政治智慧、政治方案。从这个意义上讲，对气候治理进行政治学考量理应加强政治学对气候治理的引导作用。

气候治理的政治学考量要求我们从全球化的视角对气候治理进行政治回应，这与以主权国家为研究对象的传统政治学产生了冲突与矛盾。众所周知，传统政治学是以主权国家或者民族国家为研究对象而形成的政治学理论体系，它们很少或者缺乏对国际社会的关照。而气候治理的全球化决定了必须要从政治学的视角对气候治理进行回应，这就是政治学的限度。

2. 气候治理政治学考量的价值

气候治理的政治学考量具有重要的价值，主要体现在两个层面。一是有助于寻求到合理的全球气候治理模式。通过从政治学向度对气候治理进行考量可以发现，政治学关于政治模式主要提供了两种模式——民主模式和专制模式。尽管在研究中发现民主模式存在着较多问题，存在着气候治理的民主失灵，国际层面存在着气候治理的“无政府状态下的低效率”，然而，毕竟协商民主为我们提供了一条通往全球气候治理的可能路径，“而独裁和威权模式则首先要求确立家长式的信任或自发式的信任，随着这一模式的运行，这种信任很容易瓦解或崩溃，即这种制度化信任反而导出制度化不信任，它只会给帝国主义或霸权主义制造干涉别国内政、破坏全球气候治理的借口”①。二是拓展了政治学研究的视域。气候治理的全球化导致了传统政治学的困境，政治学理应对气候治理进行回应，拓宽自身的研究视域，实现政治学的全球化研究论域的建构。同时，从社会主义民主政治出发对气候治理进行探析的成果也较少，应该加强社会主义民主政治对气候治理的关照。

二　气候治理的伦理学之维

气候变化已经成为全球近二十年来热度最高的重要议题，如何应对不

---

① 苏向荣：《风险、信任与民主：全球气候治理的内在逻辑》，《江海学刊》2016 年第 6 期。

仅仅是一个自然科学的问题，更是一个社会科学的问题。从社会科学的视角来看，气候变化首要的是一个伦理学问题。在市场经济在全球一统天下的语境下，经济手段往往是解决气候问题最有效的方式，然而却并非治本的方法，这需要伦理学的参与。在气候治理过程中，无论采取何种手段解决都需要一个公平正义的途径；在不同的治理主体之间，无论是发达国家与发展中国家，还是当代人与后代人，都少不了正义原则的支撑。

（一）气候治理的伦理属性

气候变化具有较强的伦理属性，气候治理悬而未决的根源在于气候治理的伦理属性未获得解决。正确地认知气候变化的伦理属性，坚持正确的伦理原则，对于我们合理有效地解决气候变化意义重大，更有助于我们加强气候治理。

1. 气候治理的伦理缘起

气候治理的全球化征程已经拉开帷幕，从伦理学的视角来看，气候治理的举步维艰源于对气候变化的伦理属性的不重视。尽管《联合国气候变化框架公约》中确立的“共同而有区别的责任”原则表征着人们对气候治理的伦理学认知，然而具体到经济利益时，人们往往会抛开公平正义的伦理向度，置气候治理的伦理维度于不顾。

为什么会把气候变化作为一个伦理问题？美国学者认为，部分人的奢侈排放引起了气候变化，对大部分人造成伤害；气候变化是灾难性的，它造成的干旱、洪水、饥荒等会对人类造成严重伤害①。

气候治理具有较强的伦理属性，因而，可以说气候治理更多的是一个伦理问题，它关涉社会正义、人的基本伦理。美国克拉克大学伦理与公共政策学者威廉姆·林恩（Wiliam Lynn）表示，气候正义（climate justice）关注重点是气候变化对贫困和边缘化人群造成的不公正影响：气候公平（climate epuity）主要关注的是寻找应对气候变化方面应承担更多责任的群体，划分责任以做到真正公平。无论是国家内部，还是国家、地区之间，气候变化对贫穷和边缘地区的人口都造成了更大的不利影响。

气候治理的伦理属性不仅应该面向人类自身，更应该关照其他物种和生态系统。现阶段，气候正义对人类而言已经不再是一个陌生的词汇，气

---

① 吴运亮：《从伦理视域参与气候治理进程》，《中国社会科学报》2014 年 9 月 22 日第 A01 版。

候变化面前，那个群体应该承担更大的责任，发展中国家与发达国家，穷人与富人在气候变化面前应该何去何从，这体现了气候治理对人类社会的关照。然而，关于气候治理的伦理学讨论甚少涉及对其他物种及生态系统的分析，气候资源并非专属于人类，在气候变化面前人与其他物种处于平等的状态。因而，面对气候变化引发的生存危机，应加强气候正义对其他物种及生态系统的关照。

2. 气候治理伦理原则

伦理原则是气候治理应该坚持的重要原则，全球气候治理成效甚微的缘由在于国际治理主体之间难以形成伦理性的共识基础，未能坚持国际气候协议所达成的伦理原则。“历届气候大会难以达成有效的全球气候协议的主要原因在于各国从经济利益出发，纠缠于历史与现实责任的分担，未能充分探析全球气候治理的伦理原则，使全球气候治理缺乏共识性的伦理基础”。“全球气候治理要取得成功必须放弃基于成本效益分析的利益博弈式的治理路径，而通过各国在全球气候治理伦理原则上的价值共识，建构一种基于全球正义的气候治理路径”①。

底线伦理原则——非伤害原则是基础。底线伦理是人类社会价值规范的伦理基点，是人类社会无论什么都不能逾越的价值基底。尊重人的基本人权——生存权与发展权是其本然的价值追求。底线伦理最主要的是为人类社会建构一个价值基底，非伤害原则是其理论表现。底线伦理是全球气候治理中应该坚持的一种伦理原则，主要是以保障发展中国家、穷人等弱势主体的生存权与发展权为价值追求。没有底线伦理对人的基本物质资料需求的保障，人类就更谈不上发展，贫富差距会越来越大。

共同但有区别的责任原则是实现路径。“共同但有区别的责任原则”这一理念最早出现于 1972 年的斯德哥尔摩人类环境会议，其含义是指，虽然保护环境是世界各国的“共同责任”，但是在具体实施时需要考虑各国的国情，尤其是需要充分顾及发展中国家的“发展不足”问题，给予不同发展阶段的国家“区别责任”———发达国家应承担更多责任。《联合国气候变化框架公约》中正式将其确立为减排的重要原则。各国造成气候变化的历史责任与温室气体减排对各国的影响均存在较大差异，因而，责

① 史军等:《全球气候治理的伦理原则探析》,《湖北大学学报》（哲学社会科学版）2017 年第 2 期。

任分担问题成了全球气候治理的最大困难。责任的共同性是“共同但有区别的责任原则”强调的首要原则，作为人类共享的气候资源，对其进行保护也是人类共同的责任。但是这并不意味着要平均地分担责任，历史上，发展国家已经享受到了气候资源带来的实惠，故“有区别的责任”意味着发达国家应该承担较大的责任。

风险预防原则是关键。如何加强气候变化的预防，即采取风险预防是未来气候治理的关键伦理原则。由于气候变化的风险虽已显现出苗头，并为科学所确证，然而其更为严重的后果或风险却要在未来才能显现，故这里涉及一个代际正义的问题。对于气候资源我们不能够竭泽而渔，不仅要满足当代人的需要，更要实现子孙后代的可持续发展。气候变化的科学不确定性也成为人们反对为了实现子孙后代发展而进行温室气体排放的缘由，这就是气候减排的代际伦理博弈。

自主贡献原则——能力原则是方向。气候变化的“去边界”性决定了应该从全球化的视角对其进行伦理考量。这就意味着气候治理绝非某一个国家、民族的事情，而应该群策群力，以自身的能力为前提，为温室气体减排自主贡献。这也正是《巴黎协定》中确立的温室气体减排方式，所彰显的正是能力原则。它转变了温室气体排放的责任分担方式。通过“自主贡献”的减排方式，人类的气候治理之路可能会迈出具有里程碑意义的一步，尽管依然存在着纷繁的分歧与纷争，但是“自主贡献”的能力原则为我们缓解气候变化指明了正确的方向。

（二）气候治理的伦理思想渊源

伦理学视角是气候治理应该遵守的重要研究视域，全球气候治理成效甚微的缘由在于对气候治理的伦理原则关注不够。气候治理的实践告诉我们气候治理具有较强的伦理意蕴，追溯气候治理的伦理渊源对于加强气候治理意义重大。

20 世纪 80 年代，国外学者开始了对气候变化的伦理学维度的考察。进而学者们逐渐开始从伦理学维度对气候治理进行理论考察与实践探索，并形成了一批卓有成效的研究成果。1992 年《联合国气候变化框架公约》中确立的“共同但有区别的责任原则”开启了气候治理的伦理实践进程。国际气候变化伦理与政策研究的前沿机构美国宾夕法尼亚州立大学罗克伦理学研究所 2004 年发起了气候变化伦理维度的合作研究计划，并联合欧美 16 家气候政策研究机构共同发表了《气候变化伦理维度白皮书》，引起国际社会广泛关注，是气候伦理发展的一个重要节点。2007 年英国学者迈克尔·S. 诺斯科特（Michael S. Northcott）写就的《气候伦理》一书对气候变化关涉的伦理问题进行了系统的探索，具有重要的里程碑意义。他指出“本书所探讨的主题——有关道德、公平（包括国际公平和代际公平）、正义、态度和动机的考量——这些特性和描述物理气候（physical climate）的物理学、化学、生物学和动力学等复杂因素一起构成气候伦理（moral climate）”①。总体而言，西方学者关于气候伦理的研究，多侧重于气候变化的未来影响，代际正义是考察的重要内容。在研究中多坚持“西方中心论”的立场，故刻意忽视气候变化的历史责任，忽略了代内正义的基础性作用。这使得西方气候治理伦理维度的考察多具有乌托邦的色彩。

国内学者关于气候治理的伦理研究起步较晚。其中颇具代表性的是学者唐代兴关于气候伦理的研究。他指出：“气候伦理学是一门新型的综合性应用人文学科，它超越生态伦理学和环境伦理学局限，以追求宇宙、地球、人类共生为目标，构建一种宇观生态伦理学或宇观环境伦理学。气候伦理学也是对灾疫伦理学的拓展研究，它致力于根治当代灾疫这一世界性难题而正面检讨气候失律的人类原因，探求恢复气候的整体道路。”②

（三）气候治理的伦理困境与超越

伦理学视角的参与对气候治理产生了重要的促进作用，为气候治理的国家合作奠定了良好的伦理基础，但是在伦理学视域下气候治理亦面临着严重的治理困境，具体表现为不能保障国家气候治理能严格按照国际气候协议确立的伦理价值原则行动，也不能确保气候治理的伦理理论转化为气候治理的实践。如何实现气候治理的伦理困境的超越是一个值得重点思考的问题。气候治理的伦理困境在于其所确定的关于气候治理的规范是非强制性的，单纯依靠伦理学并不能妥善地解决气候治理问题。对气候正义的价值诉求、“共同但有区别的责任”伦理原则等伦理学规则虽能对气候治理主体提供一定的价值导向，然而气候治理主体是否愿意配合还是要依靠主权国家的政治权力。因而，实现对气候治理伦理困境的超越需要气候治理的政治学参与，需要主权国家的国家权力做后盾，将气候治理的伦理学

---

① ［英］迈克尔·S. 诺斯科特：《气候伦理》，左高山等译，社会科学文献出版社 2010 年版，第 1 页。

② 唐代兴：《气候伦理的研究范围与学科话语平台》，《南京林业大学学报》（人文社会科学版）2013 年第 1 期。

与政治学治理路径结合起来，方能实现气候治理困境的超越。

三 气候治理的生态之思

当今气候变化及其引发的生态后果，使气候变化直观地呈现为一个生态问题，并导致了严峻的生存危机。因而，学者们纷纷基于生态学的视角开启了气候变化的生态之思。关于气候变化的生态学追问虽未形成一套系统化的气候治理的生态理论，但却形成了一股气候治理的生态学思考，对气候治理产生了深远的促进作用。

（一）气候治理的生态学思想考察

当今气候变化及其引发的生态后果，使气候变化呈现为严重的生态效应，并引发了学者们关于气候治理的生态思考。通过考察气候治理的生态效应、思想理论，希望呈现气候治理的生态学思想的“历史原象”。

1. 气候变化的生态效应

气候变化的自然与人为因素相互交织共同勾勒了工业革命以来的气候变化曲线，形成了今天的气候变化图景。抛开气候变化的自然因素不论，今天的气候变化境况更多地归因于气候变化的人为因素。随着人类活动的加剧，当今的气候变化引发了严重的生态后果，产生了严峻的生态效应，并进一步引发了严峻的生存危机。

随着温室气体大规模地排放到大气中，其直接后果是全球平均气温的剧烈上升。“科学研究显示，当前海平面上升速度惊人，如果一切照旧，预计到2100年海平面将上升1米甚至更高。这意味着届时将有十分之一世界人口的生存环境面临严重威胁。科学家们指出。气候变暖还将导致洪水、干旱等自然灾害频发、极端天气屡屡出现的局面，粮食减产、物种灭绝、空气污染，都将随气候变化接踵而来。有评论指出，气候变化问题是人类有史以来面临的最大挑战，是21世界的核心议题。”① 可见，气候变化已经引发了严重的生态问题乃至危机，“现有的证据强烈显示，在基准情境下，我们仅仅在10年之内就将面临气候变化的无可挽回的‘临界点’”②。因而，如果不能缓解气候变化，生态系统将面临崩溃的结局，人类社会也将面临世界末日。

---

① ［英］戴维·赫尔德等：《气候变化的治理——科学、经济学、政治学与伦理学》，谢来辉等译，社会科学文献出版社2012年版，第1页。

② James Hansen, *The Threat to the Planet*, New York Review of Books, July 13, 2006.

通过以上的分析可知，气候变化的后果直接地体现在生态层面，可以说气候变化天然地会产生生态性的影响，并引发了严重的生态效应。面对日益严重的生态后果，不同的学者基于自己的研究视域提出了许多富有建设性的关于气候治理的生态理论关切。

2. 气候治理的生态学思想考察

气候治理的生态学思想流派纷呈、内容丰富、内涵深刻，是关于气候治理的一股重要的气候治理思潮。他们纷纷从气候变化的原因、气候治理的对策等视角对气候治理问题进行了探讨，提出了许多富有创见性的思想，形成了多种思想流派，如可持续发展理论、生态现代化思想、生态文明思想、生态马克思主义、有机马克思主义等。

可持续发展观是基于环境问题、生态问题而形成的一种新的发展理念和发展模式。其首次被提出是在 1992 年举办的世界环境与发展大会上。可持续发展观并非一个内涵与外延极为明晰的生态理论范畴，其有着多重意涵。早期的可持续发展概念是一种基于生态主义的，由于传统经济增长而生发的环境担忧的理论表达，并未形成完整意义上可持续发展的概念范畴。随着可持续性与发展的联姻，它的理论追求可概括为“如何实现生态理性、社会理性和经济理性的内在融合，从而促成一种以可持续性为基本特征的新型生产生活模式，但是，可持续发展的要义应是基于自然生态关心的生态可持续性或环境可持续性”[①]。

生态现代化理论同样是基于生态环境问题引发的人类生存危机而形成的一种生态环境关切。“它更多地体现出一种生态现实主义的色彩，即在最大限度地保持工业文明物质成果的基础上建设一种绿色社会”[②]。尽管生态现代化理论也并未形成关于气候治理的专门论述，但是对于关照气候治理问题具有重要的指导意义。

有机马克思主义基于后现代和建设性的立场提出自己关于气候治理的论述。其主要内容为：①气候变暖是人类面临的最大生存危机，只有新的文明形态方能将人类拉入正常生存轨道；②社会大众对气候危机的缺乏认知；③气候变暖的表层原因为碳排放，深层根源为现代性危机；④认为马克思主义是解决当代气候变化引发的生态危机的重要理论原料；⑤在气候

---

① 郇庆治：《环境政治国际比较》，山东大学出版社 2007 年版，第 7 页。

② 郇庆治：《环境政治国际比较》，山东大学出版社 2007 年版，第 35 页。

治理路径上，“不仅主张节能减排、发展生态经济外还强调需要进行全面的社会改造与文明转型，倡导具有后现代性质的生态社会主义，从追求人类中心主义的消费享受转向追求‘人与自然的福祉’”[①]。

（二）气候治理生态之维的价值与气候治理的超越

气候变化引发了严重的生态问题，气候治理的生态之维的考量对于缓解气候变暖具有重要的价值。不过，从方法论的角度讲，有机马克思主义的气候理论也有明显的不足，即忽视了人类对气候变化的适应性、系统性与敏感性，忽视了人类的主观能动性，以致于对人类的未来前景不甚乐观，缺乏辩证性，使整个理论具有一定的悲情色彩，这也是目前国际气候治理理论普遍存在的一大缺陷。对此，我们有必要认真反思。[②] 生态现代化理论存在着内外两种挑战，这构成其最大的理论缺陷。内部挑战如不同的文化传统、公众价值取向会导致他们对生态现代化理念具有不同的理解，因而影响其实践；外部挑战如发达国家会担心其同伴“搭便车”，也担心来自发展中国家的不正当环境竞争，这些都构成了生态现代化理论的严重缺陷，气候治理的国际合作也证实了这一点[③]。气候变化的生态之维的理论也存在着严重的问题，实现对其的超越对气候治理的理论与实践都具有重要的意义。

---

① 刘魁等：《当代气候治理的有机马克思主义探索及其方法论反思》，《东北大学学报》（哲学社会科学版）2016 年第 5 期。

② 刘魁等：《当代气候治理的有机马克思主义探索及其方法论反思》，《东北大学学报》（哲学社会科学版）2016 年第 5 期。

③ 郇庆治：《环境政治国际比较》，山东大学出版社 2007 年版，第 50—51 页。